淡水生态环境损害
鉴定评估理论与技术

余志晟　吴　钢　张洪勋　主编

The Theory and Technology
for Identification and Evaluation
of the Freshwater
Eco-Environmental Damage

U0364699

化学工业出版社

·北京·

内 容 简 介

本书共分 6 章,从淡水生态环境损害基线的判定、损害溯源、损害程度量化方法、损害评估模型构建及实证应用等方面进行了阐述和探讨;详细介绍了淡水生态环境损害基线判定、因果溯源、损害程度定量评估的理论和技术体系;结合典型淡水生态系统环境损害的实证应用研究,重点阐述了标准化的淡水生态损害分析方法和程序;提出了相应的标准及规范,可为政府问责及司法鉴定提供依据。

本书可以作为高等院校淡水生态环境损害鉴定与评估相关专业学者、研究生和高年级本科生的参考书使用,对于从事环境损害鉴定评估和司法鉴定相关行业从业人员和其他专职人员也具有一定参考价值。

图书在版编目(CIP)数据

淡水生态环境损害鉴定评估理论与技术/余志晟,吴钢,张洪勋
主编. —北京:化学工业出版社,2022.3
ISBN 978-7-122-40468-8

Ⅰ.①淡… Ⅱ.①余…②吴…③张… Ⅲ.①淡水-水环境质量评价Ⅳ.①X824

中国版本图书馆 CIP 数据核字(2022)第 031584 号

责任编辑:徐 娟 文字编辑:冯国庆
责任校对:王 静 装帧设计:史利平

出版发行:化学工业出版社(北京市东城区青年湖南街 13 号 邮政编码 100011)
印 装:北京七彩京通数码快印有限公司
787mm×1092mm 1/16 印张 14¾ 彩插 2 字数 344 千字 2022 年 6 月北京第 1 版第 1 次印刷

购书咨询:010-64518888 售后服务:010-64518899
网 址:http://www.cip.com.cn
凡购买本书,如有缺损质量问题,本社销售中心负责调换。

定 价:98.00 元 版权所有 违者必究

《淡水生态环境损害鉴定评估理论与技术》
编写人员名单

主　　编：余志晟　吴　钢　张洪勋

副 主 编：吴　宣　刘如铟　唐　涛　代嫣然

何　炜　付　晓

编写人员：梁　威　李　烨　王志斌　梁红霞

杨　洁　许又分　韩岗华　王波波

李金梅　吴　琼　靳晓婷

淡水生态系统作为一种重要的生态系统类型，连接着陆地和海洋生态系统，在进行物质循环和能量流动及调节全球气候中发挥着特殊作用，是人类生存的基本要素。但是由于淡水生态系统具有一定脆弱性且极易受人类干扰等特点，在人类工业文明迅猛发展的条件下，大部分淡水生态系统结构与功能均出现了不同程度的损害。据国家统计局数据显示，我国每年生态环境损害事故高达2000起，因而对淡水生态环境损害程度进行鉴定并制定相应的评估制度已刻不容缓。

环境损害评估制度是现代社会认识到仅靠对环境污染行为进行处罚，已无法弥补环境污染造成的实际损害，而衍生出来的一套完备的资源环境损害救济体系，是遏制环境污染行为和实现环境公平正义的一条重要途径。欧洲、美国、日本等国家或地区针对环境污染事件的解决相继制定了一系列法律与技术导则，以有效解决污染事件的环境修复和损害赔偿问题。2000年，欧盟委员会颁布了《环境民事责任白皮书》，界定了传统损害与环境损害概念，将环境损害分为生物多样性损害和场地污染损害，设立了行为人对自然资源损害的民事责任。2004年，欧盟委员会进一步制定《关于预防和补救环境损害的环境责任指令》（Directive，2004/35/CE），基本形成了欧盟环境污染损害评估与赔偿法律制度。2015年12月，中共中央办公厅和国务院办公厅印发的《生态环境损害赔偿制度改革试点方案》，要求通过试点逐步形成鉴定评估管理与技术体系、资金保障及运行机制，探索建立生态环境损害的修复和赔偿制度，从2018年开始，在全国试行生态环境损害赔偿制度。同年，司法部和原环境保护部联合下发了《司法部　环境保护部关于规范环境损害司法鉴定管理工作的通知》。

自2011年"十二五"科技发展规划出台以来，原环境保护部、国家海洋局、农业部等开展了环境污染损害鉴定评估工作，并基于我国环境基准研究基本上是空白的现状，进一步强调了加强基础性研究工作的重要性。生态环境部环境规划院基于"环境污染损害评估"（2011~2015年）项目，编写了《环境污染损害数额计算推荐方法（第1版）》，但缺乏相应的损害判定和评估技术体系，因此难以进行政府问责，以及通过司法手段追责和赔偿。目前，水生态环境保护是以保护水体的"良好生态状态"为目标，因此，更需从生态系统层面上开展损害研究，构建淡水生态环境损害基线、因果关系及损害程度的判定技术方法体系，为生态系统环境损害的政府问责、司法鉴定、损害赔偿与补偿（生态补偿与赔偿）中的调查、取证、溯源、鉴定评估等提供标准化、业务化的技术支持。

基于环境损害鉴定的现状，2016年科学技术部启动重点研发计划项目"生态环境损害鉴定评估业务化技术研究（2016YFC0503600）"，其中设置了课题1"淡水生态环境损害基线、因果关系及损害程度的判定技术方法"。针对淡水生态系统环境损害的主要原因，包括资源开发利用、生产生活排放、污染事故、涉水工程建设等，系统地分析和梳理受到损害的淡水生态系统环境受体及损害形成的机理，根据不同的淡水生态系统类型（静水和流水），构建淡水生态环境损害基线、因果关系和损害程度判定的技术方法体系，为淡水生态系统环境损害的政府问责、司法鉴定、损害赔偿与补偿中的调查、取证、溯源、鉴定评估等提供标准化、业务化的技术支持。

本书由余志晟、吴钢、张洪勋主编，并有多位学者和研究生参加完成。具体分工是：第1章，代嫣然、梁威、唐涛、梁红霞、李金梅、吴宣、刘如铟、王波波、韩岗华；第2章，唐涛、代嫣然、梁威、刘如铟；第3章，付晓、何炜、李烨、余志晟、刘如铟、张洪勋、吴琼、梁红霞、许又分、李金梅、吴钢；第4章，吴宣、吴钢；第5章，吴宣、代嫣然、梁威、唐涛、余志晟、刘如铟、何炜、付晓；第6章，吴宣、王志斌、靳晓婷。全书由杨洁汇总和编辑，王志斌和靳晓婷联系出版。在此向一起参加该书编写和出版的学者及研究生们表示深深的谢意。

本书的主要内容来自国家重点研发计划项目课题1（2016YFC0503601）的研究成果。在编写过程中，得到了中国科学院大学、中国科学院水生生物研究所、中国科学院生态环境研究中心、北京市生态环境保护科学研究院、交通运输部水运科学研究院等单位有关专家的指导和帮助。在出版过程中，得到了化学工业出版社相关工作人员的大力协作和支持，在此一并谢忱。

受研究和认识水平所限，书中难免存在不当之处，欢迎读者对书中存在的问题提出批评意见，便于后续修订和更新。

编者

2021年10月于北京雁栖湖畔

目录

第1章

绪论

第2章

淡水生态环境损害基线判定理论与技术

第3章

淡水生态环境损害溯源技术

第 4 章

淡水生态环境损害程度判定理论与技术

第5章

淡水生态环境损害鉴定评估应用技术指南

第6章

淡水生态环境损害鉴定评估管理办法相关咨询报告

附录

绪 论

1.1 中国淡水生态环境现状

1.1.1 中国水资源现状

水资源总量，主要由地表水资源量和地下水资源量两部分组成。地表水是指陆地表面上动态水和静态水的总称，亦称"陆地水"，包括各种液态的和固态的水体，主要有河流、湖泊、沼泽、冰川、冰盖等。它是人类生活用水的重要来源之一，也是各国水资源的主要组成部分。地下水是指赋存于地面以下岩石空隙中的水，狭义上是指地下水面以下饱和含水层中的水。在《水文地质术语》（GB/T 14157—93）中，地下水是指埋藏在地表以下各种形式的重力水。

1.1.1.1 水资源量

（1）水资源总量 《2020年中国水资源公报》显示，2020年，全国水资源总量31605.2亿立方米，比多年平均值偏多14.0%。其中，地表水资源量30407.0亿立方米，地下水资源量8553.5亿立方米，地下水与地表水资源不重复量为1198.2亿立方米（图1.1）。

（2）地表水资源量 2020年，全国地表水资源量30407.0亿立方米，折合年径流深321.1mm，比多年平均值偏多13.9%，比2019年增加8.6%。从水资源分区看，10个水资源一级区中有6个地表水资源比多年平均值偏多，其中淮河区、松花江区分别偏多54.0%和51.1%；4个水资源一级区地表水资源量比多年平均值偏少，其中海河区、东南诸河区分别偏少43.8%和16.2%。与2019年比较，7个水资源一级区地表水资源量增加，其中淮河区、辽河区分别增加217.7%和53.8%；3个水资源一级区地表水资源量减少，其中东南诸河区减少32.7%。

（3）地下水资源量 2020年，全国地下水资源量（矿化度≤2g/L）8553.5亿立方米，比多年平均值偏多6.1%。其中，平原区地下水资源量2022.4亿立方米，山丘区地下水资源量6836.1亿立方米，平原区与山丘区之间的重复计算量305.0亿立方米。全国平原浅层地下水总补给量2093.2亿立方米。南方4区平原浅层地下水计算面积占全国平原区面积的9%，地下水总补给量385.8亿立方米；北方6区计算面积占91%，地下水总补给量1707.4亿立方米。其中，松花江区401.6亿立方米，辽河区129.1亿立方米，海河区185.7亿立方米，黄河区166.5亿立方米，淮河区341.4亿立方米，西北诸河区483.1亿立方米。

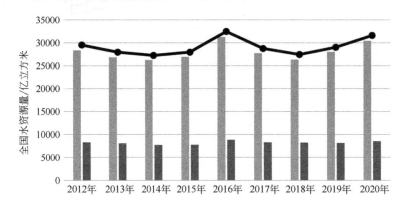

图1.1　2012～2020年全国水资源量（数据源自《2020年中国水资源公报》）

地表水资源量；　地下水资源量；　水资源总量

1.1.1.2 蓄水动态

（1）大中型水库蓄水动态　2020年，根据全国705座大型水库和3729座中型水库的数据统计，水库年末蓄水总量4358.7亿立方米，比年初蓄水总量减少237.5亿立方米。其中，大型水库年末蓄水量3887.9亿立方米，比年初增加190.6亿立方米；中型水库年末蓄水量470.8亿立方米，比年初增加46.9亿立方米。

（2）湖泊蓄水动态　2020年，根据有监测的62个湖泊数据统计，湖泊年末蓄水总量1423.6亿立方米，比年初蓄水总量增加47.5亿立方米。其中，洪泽湖、青海湖蓄水量分别增加16.8亿立方米、14.3亿立方米；太湖蓄水量减少3.7亿立方米。

（3）地下水动态　2020年，东北平原、黄淮海平原和长江中下游平原浅层地下水水位总体上升，山西及西北地区平原和盆地略有下降。在全国22个省（自治区、直辖市）选取深层承压水地下水水位监测站点3362个，与2019年年末相比，水位变幅介于（含）±0.5m的站点共有1089个，占比32.4%；水位下降超过2m的站点共有291个，占比8.7%；水位上升超过2m的站点共有727个，占比21.6%。在深层承压水监测站点超过20个的省级行政区中，水位下降超过0.5m站点比例较大的有新疆、河南和云南3个省（自治区），水位上升超过0.5m站点比例较大的有天津、辽宁和江苏3个省（直辖市）。

1.1.1.3 水资源开发利用

（1）供水量　2020年，全国供水总量5812.9亿立方米，占当年水资源总量的18.4%。其中，地表水源供水量4792.3亿立方米，占供水总量的82.4%；地下水供水量892.5亿立方米，占供水总量的15.4%；其他水源供水量128.1亿立方米，占供水总量的2.2%。与2019年相比，供水总量减少208.3亿立方米，其他水源供水量增加23.7亿立方米（图1.2和图1.3）。

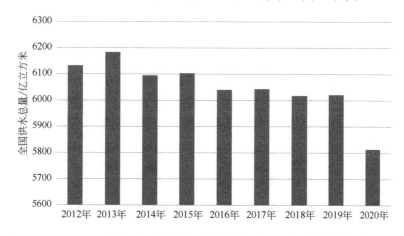

图1.2　2012～2020年全国供水总量（数据源自《2020年中国水资源公报》）

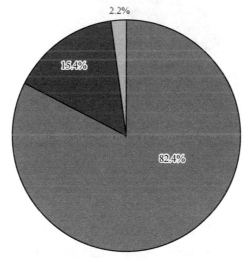

图1.3　2020年全国供水结构（数据源自《2020年中国水资源公报》）

■地表水；■地下水；▨其他

（2）用水量　2020年，全国总用水量5812.9亿立方米。其中，生活用水量863.1亿立方米，占总用水量的14.9%；工业用水量1030.4亿立方米，占总用水量的17.7%；农业用水3612.4亿立方米，占总用水量的62.1%；人工生态环境补水307.0亿立方米，占总用水量的5.3%。与2019年相比，受新冠疫情、降水偏丰等因素影响，用水总量减少208.3亿立方米，其中，农业用水减少69.9亿立方米，工业用水量减少187.2亿立方米，生活用水量减少8.6亿立方米，人工生态环境补水增加57.4亿立方米（图1.4和图1.5）。

（3）耗排水量　2020年，全国耗水总量3141.7亿立方米，耗水率54.0%。

（4）用水指标　2020年，全国人均综合用水量412m³，万元国内生产总值（当年价）用水量57.2m³。耕地实际灌溉亩（1亩≈666.67m²，下同）均用水量356m³，农田灌溉水有效利用系数0.565，万元工业增加值（当年价）用水量32.9m³，城镇人均生活用水量（含公共用水）207L/d，农村居民人均生活用水量100L/d。

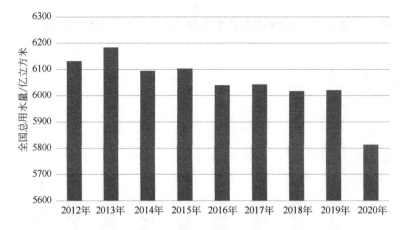

图1.4　2012～2020年全国总用水量（数据源自《2020年中国水资源公报》）

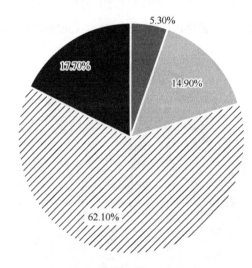

图1.5　2020年全国用水结构（数据源自《2020年中国水资源公报》）

■人工生态环境补水；■生活用水；▨农业用水；■工业用水

1.1.2　水资源的污染检测

1.1.2.1　水资源质量国家及行业标准

地表水环境的质量与人类的生存发展条件有着极大的关系，水环境的质量标准是国家制定污染物的排放标准的依据，也是评估污染行为是否造成水体污染以及是否应承担法律责任的重要根据。国家环境保护部门根据《水污染防治法》的规定，制定相关的水环境质量标准，各地方政府制定本地的补充标准，并上报至国家环境保护部门，全国各地形成系统的整体。

目前，我国相关部门已经形成了一系列水资源质量标准（表1.1）。其中，水源水水质标准有《地表水资源质量标准》（SL 63—94）、《地表水环境质量标准》（GB 3838—2002）、《农田灌溉水质标准》（GB 5084—2005）、《渔业水质标准》（GB 11607—89）、《地下水环境质量标准》（GB/T 14848—2017）、《生活饮用水水源水质标准》（CJ 3020—93）和《海水水质标准》（GB 3097—1997）；经处理后作为饮用水的相关水质标准有《生活饮用水卫生标准》(GB 5749—2006)、《城市供水水质标准》(CJ/T 206—2005)、《饮用净水水质标准》(CJ 94—2005)、《无公害食品畜禽饮用水水质》(NY 5027—2008)和《无公害食品畜禽加工用水水质》(NY 5028—2008);处理后再利用水质标准有《城市污水再生利用　城市杂用水水质》(GB/T 18920—2002)和《城市污水再生利用　景观环境用水水质》(GB/T 18921—2002);污水排放标准有《污水综合排放标准》(GB 8978—2002)、《污水排入城镇下水道水质标准》(GB/T 31962—2015)。

表1.1　水资源质量标准

编号	名称	行业	备注
GB 3838—2002	地表水环境质量标准	国家标准	代替GB 3838—1988和GHZB1—1999
GB/T 14848—2017	地下水环境质量标准	国家标准	代替GB/T 14848—1993
GB 3097—1997	海水水质标准	国家标准	
GD 5084—2005	农田灌溉水质标准	国家标准	代替GB 5084—92
GB 11607—89	渔业水质标准	国家标准	
GB/T 18920—2002	城市污水再生利用　城市杂用水水质	国家标准	代替CJ/T 48—1999
GB/T 18921—2002	城市污水再生利用　景观环境用水水质	国家标准	代替CJ/T 95—2000
GB 5749—2006	生活饮用水卫生标准	国家标准	代替GB 5749—85
GB 8978—2002	污水综合排放标准	国家标准	代替GB 8978—1996
GB/T 31962—2015	污水排入城镇下水道水质标准	国家标准	代替CJ 3082—1999和CJ 343—2010
CJ 3020—93	生活饮用水水源水质标准	行业标准（城建）	
SL 63—94	地表水资源质量标准	行业标准（水利）	
CJ 94—2005	饮用净水水质标准	行业标准（城建）	代替CJ 94—1999
CJ/T 206—2005	城市供水水质标准	行业标准（城建）	
NY 5027—2008	无公害食品畜禽饮用水水质	行业标准（农业）	代替NY 5027—2001
NY 5028—2008	无公害食品畜禽加工用水水质	行业标准（农业）	代替NY 5028—2001

1.1.2.2　水质分级及污水水质指标

（1）地表水水质分类

① 依据地表水水域功能和保护目标划分。在《地表水环境质量标准》(GB 3838—2002)中,依据地表水水域功能和保护目标,将地表水划分为五类:Ⅰ类主要适用于源头水、国家自然保护区;Ⅱ类主要适用于集中式生活饮用水地表水源地一级保护区、珍稀水生生物栖息地、鱼虾类产卵场、仔稚幼鱼的索饵场等;Ⅲ类主要适用于集中式生活饮用水地表水源地二级保护区、鱼虾类越冬场、洄游通道、水产养殖区等渔业水域及游泳区;Ⅳ类主要适用于一般工业用水区及人体非直接接触的娱乐用水区;Ⅴ类主要适用于农业用水区及一般景观要求水域。如果要确定不同类型地表水水质类别,需对表1.2中的监测项目进行检测,将测定结果与《地表水环境质量标准》中标准限值进行对照,即可判断水质类别。

表1.2　地表水监测项目［取自《地表水和污水监测技术规范》（HJ/T 91—2002）］

类型	必测项目	选测项目
河流	水温、pH值、溶解氧、高锰酸盐指数、化学需氧量、生化需氧量、氨氮、总氮、总磷、铜、锌、氟化物、硒、砷、汞、镉、铬（六价）、铅、氰化物、挥发酚、石油类、阴离子表面活性剂、硫化物和粪大肠菌群	总有机碳、甲基汞，其他项目参照原文件中表6-2，根据纳污情况由各级相关环境保护主管部门确定
集中式饮用水源地	水温、pH值、溶解氧、悬浮物、高锰酸盐指数、化学需氧量、生化需氧量、氨氮、总氮、总磷、铜、锌、氟化物、铁、锰、硒、砷、汞、镉、铬（六价）、铅、氰化物、挥发酚、石油类、阴离子表面活性剂、硫化物、硫酸盐、氯化物、硝酸盐和粪大肠菌群	三氯甲烷、四氯化碳、三溴甲烷、二氯甲烷、1,2-二氯乙烷、环氧氯丙烷、氯乙烯、1,1-二氯乙烯、1,2-二氯乙烯、三氯乙烯、四氯乙烯、氯丁二烯、六氯丁二烯、苯乙烯、甲醛、乙醛、丙烯醛、三氯乙醛、苯、甲苯、乙苯、二甲苯、异丙苯、氯苯、1, 2-二氯苯、1,4-二氯苯、三氯苯、四氯苯、六氯苯、硝基苯、二硝基苯、2,4-二硝基甲苯、2,4,6-三硝基甲苯、硝基氯苯、丙烯酰胺、丙烯腈、邻苯二甲酸二丁酯、邻苯二甲酸二（2-乙基己基）酯、水合肼、四乙基铅、吡啶、松节油、苦味酸、丁基黄原酸、活性氯、滴滴涕、林丹、环氧七氯、对硫磷、甲基对硫磷、马拉硫磷、乐果、敌敌畏、敌百虫、内吸磷、百菌清、甲萘威、溴氰菊酯、阿特拉津、苯并［a］芘、甲基汞、多氯联苯、微囊藻毒素-LR、黄磷、钼、钴、铍、硼、锑、镍、钡、钒、钛、铊
湖泊水库	水温、pH值、溶解氧、高锰酸盐指数、化学需氧量、生化需氧量、氨氮、总磷、总氮、铜、锌、铬（六价）、铅、氰化物、挥发酚、石油类、阴离子表面活性剂、硫化物和粪大肠菌群	总有机碳、甲基汞、硝酸盐、亚硝酸盐，其他项目参照原文件中表6-2，根据纳污情况由各级相关环境保护主管部门确定
排污河（渠）	总有机碳、甲基汞、硝酸盐、亚硝酸盐、其他项目参照原文件中表6-2，根据纳污情况由各级相关环境保护主管部门确定	总有机碳、甲基汞、硝酸盐、亚硝酸盐，其他项目参照原文件中表6-2，根据纳污情况由各级相关环境保护主管部门确定

② 依据利用目标划分。根据《水功能区划分标准》（GB/T 50594—2010），可将水功能区划分为两级：一级水功能区包括四类，即保护区、保留区、开发利用区、缓冲区；开发利用区进一步划分为七类二级水功能区，即饮用水源区、工业用水区、农业用水区、渔业用水区、景观娱乐用水区、过渡区和排污控制区（表1.3）。

根据《全国重要江河湖泊水功能区划》，全国重要江河湖泊一级水功能区共2888个，区划河长177977km，区划湖库面积43333km²。其中，保护区618个，占总数的21.4%；保留区679个，占总数的23.5%；缓冲区458个，占总数的15.9%；开发利用区1133个，占总数的39.2%。在1133个开发利用区中，划分二级水功能区共2738个，区划长度72018km，区划面积6792km²，区划成果见表1.3。二级水功能区的分布及长度与我国水资源开发利用状况总体一致，其中松花江区、长江区、黄河区、辽河区位于前四位，东南诸河区和西南诸河区居后两位。

表1.3　水功能区分类及执行水质标准

水功能区	执行水质标准 GB 3838—2002	备注
一级水功能区		
保护区	Ⅰ类或Ⅱ类	当不满足Ⅰ类或Ⅱ类时，应维持水质现状
保留区	不低于Ⅲ类	或维持现状

水功能区	执行水质标准 GB 3838—2002	备注
开发利用区		根据二级水功能区划相应类别的水质标准确定
缓冲区		执行相关水质标准或维持现状
二级水功能区		
饮用水源区	Ⅱ类或Ⅲ类	
工业用水区	Ⅴ类	
农业用水区	Ⅴ类	或根据《农田灌溉水质标准》（GB 5084—2005）
渔业用水区	Ⅱ类或Ⅲ类	或根据《渔业水质标准》（GB 11607—89）
景观娱乐用水区	Ⅲ类或Ⅴ类	
过渡区		按照出流断面水质达到相邻功能区的水质目标要求
排污控制区		按照出流断面水质达到相邻功能区的水质目标要求

（2）水质指标分类　水质指标，即各种水体中污染物质的最高允许浓度或限量阈值的具体限制和要求，是判断水体质量的具体衡量尺度。水质指标项目繁多，因用途的不同而各异。国家对水质的分析和检测制定有许多标准，根据不同的水资源类型，需要选择不同的检测项目和监测指标，如《地表水环境质量标准》（GB3838—2002）、《生活饮用水卫生标准》（GB 5749—2006）和《农田灌溉水质标准》（GB 5084—2005）等。根据水质指标的性质，可将其分为物理性水质指标、化学性水质指标和生物性水质指标三大类。

① 物理性水质指标

a. 感官物理性指标，如温度、颜色和色度、嗅和味、浑浊度和透明度等。

b. 其他物理性指标，常见的指标包括总固体、悬浮性固体和溶解固体、挥发性固体和固定性固体、电导率等。总固体指水样在103～105℃下蒸发干燥后所残余的固体物质总量，也称蒸发残余物；悬浮性固体和溶解固体分别指水样过滤后，滤样截留物蒸干后的残余固体量称为悬浮性固体，滤过液蒸干后的残余固体量称为溶解固体；挥发性固体指在一定温度下（600℃）将水样中经蒸发干燥后的固体灼烧而失去的质量，可在一定程度上表示有机物含量；电导率指一定体积溶液的电导，可以间接表示水中溶解盐的含量。

② 化学性指标

a. 一般化学性指标，如pH值、碱度、硬度、各种阳离子、各种阴离子和总含盐量等。

b. 有毒化学性指标，如石油类、重金属、氰化物、硫化物、多环芳烃、各种氯代有机物和各种农药等。这类化学物质一般来自于工业或农业生产活动中，存在毒性高和难降解等特点。如果不经处理排入水体中，将会对水体生态环境和人类健康造成一定的威胁。

c. 氧平衡指标，如溶解氧（DO）、化学需氧量（COD）、生化需氧量（BOD）、总需氧量（TOC）等。生活污水和某些工业废水中所含的碳水化合物、蛋白质、脂肪等有机化合物在微生物作用下最终分解为简单的无机物质、二氧化碳和水等。这些有机物在分解过程中需要消耗大量的氧，此类耗氧有机污染物是使水体产生黑臭的主要原因之一，常用氧平衡指标衡量其耗氧量。

d. 营养元素指标，如氨氮、硝态氮、亚硝态氮、有机氮、总氮、可溶解性磷、总磷、硅等。从农作物生长角度看，植物营养元素为植物的成长提供一定的营养物质，但过多的氮、磷进入天然水体却易导致水体富营养化。水体中氮、磷含量的高低与水体富营养化程度有密切关系。

③ 生物性指标。主要包括细菌总数、总大肠菌数、各种病原细菌和病毒等。

a. 细菌总数。细菌总数可作为评价水质清洁程度和考核水净化效果的指标，细菌总数增多说明水的消毒效果较差，但不能直接说明对人体的危害性有多大，必须结合粪大肠菌群数来判断水质对人体的安全程度。

b. 大肠杆菌数。水是传播肠道疾病的一种重要媒介，而大肠菌群被视为最基本的粪便传染指示菌群。水中大肠菌群数可间接地表明水中含有肠道病菌（如伤寒、痢疾、霍乱等）存在的可能性，因此作为保证人体健康的卫生指标。

c. 各种病原微生物和病毒。许多病毒性疾病都可以通过水传染，比如引起肝炎、小儿麻痹症等疾病的病毒存在于人体的肠道中，通过病人粪便进入生活污水系统，再排入污水处理厂。污水处理工艺对这些病毒的去除作用有限，在将处理后污水排放时，如果受纳水体的使用价值对这些病原微生物和病毒有特殊要求时，就需要消毒并进行检测。

1.1.2.3 河流污染程度及类型确定方法

河流污染类型确定的标准主要是参考我国《水功能区划分标准》（GB/T 50594—2010）和《地表水环境质量标准》（GB 3838—2002）。依据《水功能区划分标准》及该河流规定的水质目标，结合《地表水环境质量标准》中关于不同级别水质标准（Ⅰ～Ⅴ类水体）具体水质参数规定，与河流水质监测资料对比，可以进行水质达标或超标状况的评价。分析水质现状与水功能达标的差距，结合污染超标倍数、超标指标治理需求，以耗氧污染、富营养化和重金属污染中度及以上污染程度的河长进行排序，将污染河长最长的污染类型界定为河流的主要污染类型。

（1）河流污染程度表征方法　按照污染物的主要类型，河流水污染分为耗氧污染、富营养化和重金属污染3种污染类型，计算方法如下。

河流耗氧污染程度表征方法如下。

$$X = \frac{1}{N} \sum \frac{C_i}{B_i}$$

式中，X 为综合超标倍数；C_i 为污染物 i 的浓度，mg/L；B_i 为污染物 i 在《地表水环境质量标准》中Ⅲ类水质浓度限值；N 为污染指标数量，个。

河流富营养化程度表征方法如下。根据水中总氮、总磷等指标计算各采样点水体的营养状态。评价公式如下。

$$EI = \sum_{j=1}^{n} W_j EI_j = 10.77 \times \sum_{j=0}^{\infty} W_j (\ln X_j)^{1.1926}$$

式中，W_j 为指标 j 的归一化权重值，本书将各指标视为等权重；EI_j 为指标 j 的富营养化评价普适指数；X_j 为指标 j 的"规范值"。

沉积物重金属污染指数表征方法如下。

采用瑞典Lars Hakanson提出的生态风险指数法评价沉积物中重金属污染生态风险。计算公式为

$$RI = \sum_{i=1}^{n} \left(T_f^i \frac{C_m^i}{C_n^i} \right)$$

式中，C_m^i为沉积物中重金属i含量的实测值，mg/kg；C_n^i为计算所需的参比值（环境背景值）；T_f^i为重金属i的毒性响应因子，Cd、Cr、Cu、Ni、Pb和Zn分别为30、2、5、5、5和1。

（2）河流污染程度评价标准　按照各污染指数计算方法将不同类型的污染划分为5个不同等级（无或低、轻度、中度、重度、极重度），各指数评价标准见表1.4。

表1.4　河流污染程度评价标准

等级划分	各类型污染指数范围		
	耗氧污染指数X	富营养化指数EI	沉积物重金属生态危害指数RI
低或无	<0.5	<20	<50
轻度	0.5～1	20～39.42	50～150
中度	1～2	39.42～61.29	150～300
重度	2～4	61.29～76.28	300～600
极重度	>4	>76.28	>600

1.2　中国淡水资源质量现状

1.2.1　中国淡水资源总体质量

（1）河流水质　2020年，长江、黄河、珠江、松花江、淮河、海河、辽河七大流域和浙闽片河流、西北诸河主要江河监测的1614个水质断面中，Ⅰ～Ⅲ类水质断面占87.4%，比2019年上升8.3%；劣Ⅴ类占0.2%，比2019年下降2.8%。主要污染指标为化学需氧量、高锰酸盐指数和五日生化需氧量。

（2）湖泊水质　2020年，对112个湖泊（水库）进行了水质评价，Ⅰ～Ⅲ类、劣Ⅴ类湖泊（水库）占76.8%，比2019年上升7.7%；劣Ⅴ类占5.4%，比2019年下降1.9%。主要污染项目是总磷、化学需氧量和高锰酸盐指数。110个湖泊（水库）营养状况评价结果显示，轻度富营养状态占23.6%，中营养湖泊占61.8.5%；中度富营养湖泊占4.5%，重度富营养状态占0.9%。

（3）地下水　2020年，自然资源部门10171个地下水水质监测点中，Ⅰ～Ⅲ类水质监测点占13.6%，Ⅳ类占68.8%，Ⅴ类占17.6%；水利部门10242个地下水水质监测点中，Ⅰ～Ⅲ类水质监测点占22.7%，Ⅳ类占33.7%，Ⅴ类占43.6%，主要超标指标为锰、总硬度和溶解性总固体（TDS）。

（4）重点水利工程水体　2020年，三峡库区水质为优。汇入三峡库区的38条主要河流水

质为优。监测的77个水质断面中，Ⅰ～Ⅲ类水质断面占98.7%，Ⅳ类占1.3%，无Ⅴ类和劣Ⅴ类均与2019年持平。贫营养状态断面占1.3%，中营养状态占75.3%，富营养状态占23.4%。

（5）全国地级及以上城市集中式饮用水水源水质　2020年，监测的902个地级及以上城市在用集中式生活饮用水水源断面中，852个全年均达标，占94.5%。其中地表水水源监测断面598个，584个全年均达标，占97.7%，主要超标指标为硫酸盐、高锰酸盐指数和总磷；地下水水源监测点位304个，268个全年均达标，占88.2%，主要超标指标为锰、铁和氨氮，锰和铁主要是由于天然背景值较高所致。

1.2.2　中国各大流域和湖泊水体质量

2020年，全国地表水监测的1937个水质断面（点位）中，Ⅰ～Ⅲ类比例为83.4%，比2019年上升8.5%；劣Ⅴ类比例为0.6%，比2019年下降2.8%。

1.2.2.1　流域

2020年，长江、黄河、珠江、松花江、淮河、海河、辽河七大流域和浙闽片河流、西北诸河、西南诸河监测的1614个水质断面中，Ⅰ类占7.8%，Ⅱ类占51.8%，Ⅲ类占27.8%，Ⅳ类占10.8%，Ⅴ类占1.5%，劣Ⅴ类占0.2%（图1.6，见彩插）。与2019年相比，Ⅰ～Ⅲ类水质断面比例上升8.3%，劣Ⅴ类下降2.8%。西北诸河和西南诸河水质为优，长江、珠江流域和浙闽片河流水质良好，辽河流域和海河流域为轻度污染（图1.7，见彩插）。

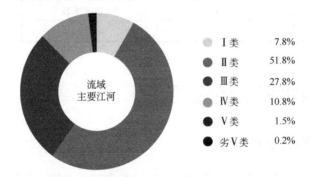

图1.6　2020年全国流域总体水质状况

注：数据源自《2020年中国生态环境状况公报》

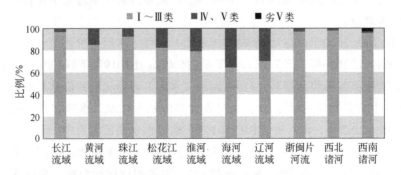

图1.7　2020年七大流域和浙闽片河流、西北诸河、西南诸河水质状况

注：数据源自《2020年中国生态环境状况公报》

（1）长江流域　长江（含太湖）区面积178.3万平方千米，约占全国总面积的1/5，涉及青、藏、川、滇、渝、鄂、湘、赣、皖、苏、沪、甘、陕、贵、豫、桂、粤、闽、浙19个省（自治区、直辖市）。由长江干流、金沙江、岷沱江、嘉陵江、乌江、汉江、洞庭湖、鄱阳湖、太湖水系等河系组成，区内包括青藏高原、云贵高原、四川盆地、江南丘陵、江淮丘陵及长江中下游平原。

长江流域水资源总量9958亿立方米，水资源可利用量2827亿立方米。长江流域纳入全国重要江河湖泊水功能区划的一级水功能区共1181个（其中开发利用区416个），区划河长52660km，区划湖库面积13610km^2；二级水功能区978个，区划河长11031km，区划湖库面积1961km^2。按照水体使用功能的要求，在水功能一、二级区中，共有1506个水功能区水质目标确定为Ⅲ类或优于Ⅲ类，占总数的86.4%。

根据《2020年中国生态环境状况公报》，长江流域水质良好。在监测的510个水质断面中，Ⅰ～Ⅲ类占96.7%，比2019年上升5.0%；劣Ⅴ类比2019年下降0.6%。其中干流和主要支流水质均为优（表1.5）。

表1.5　2020年长江流域水质状况

水体	断面数/个	比例/%						比2019年变化/%					
		Ⅰ类	Ⅱ类	Ⅲ类	Ⅳ类	Ⅴ类	劣Ⅴ类	Ⅰ类	Ⅱ类	Ⅲ类	Ⅳ类	Ⅴ类	劣Ⅴ类
流域	510	8.2	67.8	20.6	2.9	0.4	0	0.8	0.8	-0.8	-3.8	-0.6	-0.6
干流	59	10.2	89.8	0	0	0	0	-1.7	-1.7	-1.7	0	0	0
主要支流	451	8.0	65.0	23.3	3.3	0.4	0	1.2	1.2	-0.7	-4.3	-0.7	-0.7
省界断面	60	8.3	78.3	13.3	0	0	0	-3.4	-3.4	0	-1.7	0	0

注：数据源自《2020年中国生态环境状况公报》。

（2）黄河流域　黄河流域地跨青、川、甘、宁、内蒙古、晋、陕、豫、鲁9个省（自治区），全长5464km，仅次于长江，是中国第二长河，是世界第六长河，也是我国西北和华北地区最大的供水水源。黄河总面积79.5万平方千米，包括黄河干流、泾洛渭河、汾河等河系，区内包括青藏高原、黄土高原、宁蒙灌区、汾渭河谷、渭北、汾西旱塬，伏牛山地及下游平原。黄河主要支流有白河、黑河、湟水、祖厉河、清水河、大黑河、窟野河、无定河、汾河、渭河、洛河、沁河、大汶河等。

黄河流域水资源总量为719亿立方米，水资源可利用量为396亿立方米。黄河流域纳入全国重要江河湖泊水功能区划的一级水功能区共171个（其中开发利用区59个），区划河长16883km，区划湖库面积456km^2。二级水功能区234个，区划河长9836km，区划湖库面积8km^2。按照水体使用功能的要求，在一、二级水功能区中，共有219个水功能区水质目标确定为Ⅲ类或优于Ⅲ类，占总数的63.3%。

根据《2020年中国生态环境状况公报》，黄河流域为轻度污染，主要污染指标为氨氮、化学需氧量和五日生化需氧量。监测的137个水质断面中，Ⅰ～Ⅲ类占84.7%，比2019年上升11.7%；无劣Ⅴ类，比2019年下降8.8%。其中，干流水质为优，主要支流水质良好（表1.6）。

表1.6　2020年黄河流域水质状况

水体	断面数/个	比例/%						比2019年变化/%					
		Ⅰ类	Ⅱ类	Ⅲ类	Ⅳ类	Ⅴ类	劣Ⅴ类	Ⅰ类	Ⅱ类	Ⅲ类	Ⅳ类	Ⅴ类	劣Ⅴ类
流域	137	6.6	56.2	21.9	12.4	2.9	0	3.0	4.4	4.4	0	-2.9	-8.8
干流	31	3.2	96.8	0	0	0	0	-3.3	19.4	-16.1	0	0	0
主要支流	106	7.5	44.3	16.0	16.0	3.8	0	4.7	0	10.4	0	-3.7	-11.3
省界断面	39	5.1	69.2	12.8	12.8	5.1	0	2.5	12.8	-5.1	2.5	-5.2	-7.7

注：数据源自《2020年中国生态环境状况公报》。

（3）珠江流域　珠江是我国第二大河流，第三长河流。年径流量3492多亿立方米，居全国江河水系的第二位，仅次于长江，是黄河年径流量的6倍。全长2320km，流域面积约44万平方千米，是我国境内第三长河流。珠江包括西江、北江和东江三大支流，其中西江最长，通常被称为珠江的主干。珠江是我国南方的大河，流经滇、黔、桂、粤、湘、赣等省（区）及越南的东北部，流域面积453690km²，其中我国境内面积442100km²。

珠江流域水资源总量为4723亿立方米，水资源可利用量为1235亿立方米。珠江流域纳入全国重要江河湖泊水功能区划的一级水功能区共339个（其中开发利用区143个），区划河长16607km，区划湖库面积1213km²；二级水功能区323个，区划河长6608km，区划湖库面积218km²。按照水体使用功能的要求，在一、二级水功能区中，共有496个水功能区水质目标确定为Ⅲ类或优于Ⅲ类，占总数的95.6%。

根据《2020年中国生态环境状况公报》，珠江流域水质为优。在2020年监测的165个水质断面中，Ⅰ～Ⅲ类占92.7%，比2019年上升6.6%；无劣Ⅴ类，比2019年下降3.0%。其中，干流和主要支流和海南岛内河流水质均为优（表1.7）。

表1.7　2020年珠江流域水质状况

水体	断面数/个	比例/%						比2019年变化/%					
		Ⅰ类	Ⅱ类	Ⅲ类	Ⅳ类	Ⅴ类	劣Ⅴ类	Ⅰ类	Ⅱ类	Ⅲ类	Ⅳ类	Ⅴ类	劣Ⅴ类
流域	165	9.1	67.3	16.4	6.1	1.2	0	5.5	-1.8	3.1	-3.6	0	-3.0
干流	50	10	72.0	8.0	10.0	0	0	10.0	-8.0	4.0	-6.0	0	0
主要支流	101	9.9	63..4	19.8	5.5	2.0	0	4.0	0	4.0	-2.9	0	-5.0
海南岛内河流	14	0	78.6	21.4	0	0	0	0	7.2	-7.2	0	0	0
省界断面	17	11.8	82.4	5.9	0	0	0	0	0	0	0	0	0

注：数据源自《2020年中国生态环境状况公报》。

（4）松花江流域　松花江流域位于我国最北端，由额尔古纳河、嫩江、第二松花江、松花江、乌苏里江、绥芬河和图们江等河系组成，地跨黑、吉、辽、内蒙古4个省（自治区），区域总面积93.5万平方千米。该区地貌基本特征是西、北、东部为大、小兴安岭、长白山，腹地为松嫩平原，东北部为三江平原，湿地众多，多为沼泽、湖泊河流湿地。该区工业基础雄厚，其能源、重工业产品在全国占有重要地位；耕地资源丰富，水土匹配良好，光热条件适宜，是我国粮食主产区。

松花江流域水资源总量为1492亿立方米，水资源可利用量为660亿立方米。松花江流域纳入全国重要江河湖泊水功能区划的一级水功能区共289个（其中开发利用区102个），区划河长25097km，区划湖库面积6771km²；二级水功能区219个，区划河长11925km，区划湖库面积5km²。按照水体使用功能的要求，在一、二级水功能区中，共有318个水功能区水质目标确定为Ⅲ类或优于Ⅲ类，占总数的78.3%。

根据《2020年中国生态环境状况公报》，松花江流域水质良好，主要污染指标为化学需氧量、高锰酸盐指数和氨氮。在监测的108个水质断面中，Ⅰ~Ⅲ类水质断面占82.4%，比2019年上升16.0%；无劣Ⅴ类，比2019年下降2.8%。其中，干流水质优，主要支流、图们江水系、绥芬河和乌苏里江水质良好，黑龙江水系为轻度污染（表1.8）。

表1.8　2020年松花江流域水质状况

水体	断面数/个	比例/%						比2019年变化/%					
		Ⅰ类	Ⅱ类	Ⅲ类	Ⅳ类	Ⅴ类	劣Ⅴ类	Ⅰ类	Ⅱ类	Ⅲ类	Ⅳ类	Ⅴ类	劣Ⅴ类
流域	108	0	18.5	63.9	17.6	0	0	0	5.4	10.6	-8.6	-4.7	-2.8
干流	17	0	23.5	70.6	5.9	0	0	0	23.5	-17.6	-5.9	0	0
主要支流	56	0	25.0	57.1	17.9	0	0	0	3.2	15.3	-5.7	-7.3	-5.5
黑龙江水系	18	0	11.1	55.6	33.3	0	0	0	0	22.3	-22.3	0	0
图们江水系	7	0	0	100.0	0	0	0	0	0	14.3	-14.3	0	0
乌苏里江水系	9	0	0	77.8	22.2	0	0	0	0	11.1	-11.1	0	0
绥芬河	1	0	0	100.0	0	0	0	0	0	0	0	0	0
省界断面	23	0	47.8	47.8	4.3	0	0	0	4.3	4.4	0	0	0

注：数据源自《2020年中国生态环境状况公报》。

（5）淮河流域　淮河位于我国东部，介于长江与黄河之间。淮河发源于河南省南阳市桐柏县西部的桐柏山主峰太白顶西北侧河谷，干流流经河南、安徽、江苏三省，淮河干流可以分为上游、中游、下游三部分，全长1000km，总落差200m。洪河口以上为上游，长360km，地面落差178m，流域面积3.06万平方千米；洪河口以下至洪泽湖出口中渡为中游，长490km，地面落差16m，中渡以上流域面积15.8万平方千米；中渡以下至三江营为下游入江水道，长150km，三江营以上流域面积为16.46万平方千米。淮河流域地跨河南、湖北、安徽、江苏和山东五省，流域面积约为27万平方千米，以废黄河为界，整个流域分成淮河和沂沭泗河两大水系，流域面积分别为19万平方千米和8万平方千米。

淮河流域水资源总量911亿立方米，水资源可利用量512亿立方米。淮河流域纳入全国重要江河湖泊水功能区划的一级水功能区共226个（其中开发利用区107个），区划河长12036km，区划湖库面积6434km²；二级水功能区275个，区划河长8331km，区划湖库面积447km²。按照水体使用功能的要求，在一、二级水功能区中，共有256个水功能区水质目标确定为Ⅲ类或优于Ⅲ类，占总数的65.0%。

根据《2020年中国生态环境状况公报》，淮河流域水质良好。在监测的180个水质断面中，Ⅰ~Ⅲ类占78.9%，比2019年上升15.2%；无Ⅴ类，比2019年下降0.6%。其中，干流和沂沭泗河水系水质为优，主要支流水质良好，山东半岛独流入海河流为轻度污染（表1.9）。

表1.9　2020年淮河流域水质状况

水体	断面数/个	比例/%						比2019年变化/%					
		I类	II类	III类	IV类	V类	劣V类	I类	II类	III类	IV类	V类	劣V类
流域	180	0	20.6	58.3	20.0	1.1	0	-0.6	0.5	5.0	-15.2	0.5	-0.6
干流	10.0	0	40.0	60.0	0	0	0	0	-50.0	10.0	0	0	0
主要支流	101.0	0	24.8	51.5	23.8	0	0	0	-1.0	13.9	3.9	-16.8	0	0
沂沭泗水系	48.0	0	12.5	81.2	6.2	0	0	0	8.3	6.3	-14.6	0	0
山东半岛独流入海河流	21.0	0	9.5	38.1	42.9	9.5	0	0	23.1	4.7	-17.1	4.5	-5.0
省界断面	30.0	0	10.0	50.0	40.0	0	0	0	6.7	3.4	-6.7	0	0

注：数据源自《2020年中国生态环境状况公报》。

（6）海河流域　海河流域即海河水系的流域，东临渤海，西倚太行，南界黄河，北接蒙古高原。流域总面积32.06万平方千米，占全国总面积的3.3%。海河水系包括五大支流（潮白河、永定河、大清河、子牙河、南运河）和一个小支流（北运河）。地跨京、津、冀、晋、鲁、豫、辽和内蒙古8个省（自治区、直辖市），区域总面积32.0万平方千米。该区域的北部和西部为燕山、太行山，东部和南部为平原。海河区水资源严重不足，属资源型严重缺水地区。由于上中游用水增加，因此中下游平原河道大部分已为季节性河流。

海河流域水资源总量为370亿立方米，水资源可利用量为237亿立方米。海河流域纳入全国重要江河湖泊水功能区划的一级水功能区共168个（其中开发利用区85个），区划河长9542km，区划湖库面积1415km^2；二级水功能区147个，区划河长5917km，区划湖库面积292km^2。按照水体使用功能的要求，在一、二级水功能区中，共有117个水功能区水质目标确定为III类或优于III类，占总数的50.9%。

根据《2020年中国生态环境状况公报》，海河流域为中度污染，主要污染指标为化学需氧量、高锰酸盐指数和五日生化需氧量。在监测的161个水质断面中，I～III类水质断面占64.0%，比2019年上升12.1%；劣V类占0.6%，与2019年相比，下降了6.9%。其中，干流2个断面，三岔口为II类水质，海河大闸为V类水质；滦河水系水质为优；主要支流、徒骇马颊河水系和冀东沿海诸河水系为轻度污染（表1.10）。

表1.10　2020年海河流域水质状况

水体	断面数/个	比例/%						比2019年变化/%					
		I类	II类	III类	IV类	V类	劣V类	I类	II类	III类	IV类	V类	劣V类
流域	161	10.6	26.7	26.7	27.3	8.1	0.6	3.7	-2.1	10.5	-0.2	-5.0	-6.9
干流	2.0	0	0	0	0	50.0	0	0	0	0	0	0	0
主要支流	125	11.2	24.8	24.8	28.8	8.8	0.8	3.1	3.0	7.9	0.6	-5.7	-8.9
滦河水系	17	17.6	29.4	29.4	5.9	0	0	11.7	-23.5	11.8	0	0	0

水体	断面数/个	比例/%						比2019年变化/%					
		Ⅰ类	Ⅱ类	Ⅲ类	Ⅳ类	Ⅴ类	劣Ⅴ类	Ⅰ类	Ⅱ类	Ⅲ类	Ⅳ类	Ⅴ类	劣Ⅴ类
徒骇马颊河水系	11	0	27.3	27.3	45.5	9.1	0	0	-9.1	-18.2	0	-9.1	0
冀东沿海诸河水系	6	0	66.7	66.7	33.3	0	0	0	-33.3	50.0	-16.7	0	0
省界断面	48	10.4	16.7	16.7	37.5	8.3	2.1	-2.4	16.5	-0.3	7.7	-13.0	-8.5

注：数据源自《2020年中国生态环境状况公报》。

（7）辽河流域　辽河流域位于我国东北地区南部，由西辽河、东辽河、辽河干流、鸭绿江、浑太河、东北沿黄渤海诸河等河系组成，地跨辽、吉、内蒙古、冀4个省（自治区），面积31.4km²。流域东西两侧主要为丘陵、山地，东北部为鸭绿江源头区，森林覆盖率达70%以上，有部分原始森林，中南部为平原。辽河流域是我国的重要工业基地，工业主要集中在辽河干流、辽东沿海诸河地区。辽河流域中西辽河和辽河干流水资源开发利用程度较高，沿海诸河和鸭绿江区域水资源开发利用程度较低。

辽河流域水资源总量为498亿立方米，水资源可利用量为240亿立方米。辽河流域纳入全国重要江河湖泊水功能区划的一级水功能区共149个（其中开发利用区78个），区划河长11294km，区划湖库面积92km²；二级水功能区262个，区划河长9092km，区划湖库面积92km²。按照水体使用功能的要求，在一、二级水功能区中，共有231个水功能区水质目标确定为Ⅲ类或优于Ⅲ类，占总数的69.4%。

根据《2020年中国生态环境状况公报》，辽河流域为轻度污染，主要污染指标为化学需氧量、五日生化需氧量和氨氮。在监测的103个水质断面中，Ⅰ～Ⅲ类水质断面占70.9%，比2019年上升14.6%；无劣Ⅴ类，比2019年下降8.7%。其中，干流、主要支流为轻度污染，大辽河水系水质良好，大凌河水系和鸭绿江水系水质为优（表1.11）。

表1.11　2020年辽河流域水质状况

水体	断面数/个	比例/%						比2019年变化/%					
		Ⅰ类	Ⅱ类	Ⅲ类	Ⅳ类	Ⅴ类	劣Ⅴ类	Ⅰ类	Ⅱ类	Ⅲ类	Ⅳ类	Ⅴ类	劣Ⅴ类
流域	103	3.9	40.8	26.2	27.2	1.9	0	0	2.9	11.6	2.0	-7.8	-8.7
干流	14	0	7.1	14.3	78.6	0	0	0	-7.2	14.3	21.5	-21.4	-7.1
主要支流	19	0	5.3	36.8	57.9	0	0	0	-5.2	21.0	21.1	-15.8	-21.1
大辽河水系	28	3.6	50.0	21.4	17.9	7.1	0	-3.5	14.3	3.5	0	-3.6	-10.7
大凌河水系	11	0	54.5	36.4	9.1	0	0	0	0	18.2	0	-9.1	-9.1
鸭绿江水系	13	7.7	92.3	0	0	0	0	-7.7	7.7	0	0	0	0
省界断面	10	40.0	20.0	40.0	0	0	0	0	0	20.0	10.0	-20.0	-10.0

注：数据源自《2020年中国生态环境状况公报》。

（8）浙闽片河流　根据《2020年中国生态环境状况公报》，浙闽片河流水质良好。监测的

125个水质断面中，Ⅰ～Ⅲ类水质断面占96.8%，比2019年上升1.6%；无劣Ⅴ类，比2019年下降0.8%（表1.12）。

表1.12 2020年浙闽片河流水质状况

水体	断面数/个	比例/%						比2019年变化/%					
		Ⅰ类	Ⅱ类	Ⅲ类	Ⅳ类	Ⅴ类	劣Ⅴ类	Ⅰ类	Ⅱ类	Ⅲ类	Ⅳ类	Ⅴ类	劣Ⅴ类
河流	125	4.8	62.4	29.6	3.2	0	0	1.6	5.6	-5.6	0	-0.8	-0.8
省界断面	2	0	100.0	0	0	0	0	0	0	0	0	0	0

注：数据源自《2020年中国生态环境状况公报》。

（9）西北诸河区 西北诸河区主要分布在我国甘肃、青海、宁夏、内蒙古、新疆等省（区），包括内蒙古内陆河、河西内陆河、青海湖水系、柴达木盆地和新疆诸河，共有大小河流600余条，总流域面积为336.23万平方千米。在天山、昆仑山、祁连山等高山冰雪融水和雨水的补给下，产生了一些比较长的内陆河，如塔里木河、伊犁河、黑河等。

西北诸河区水资源总量为1276亿立方米，水资源可利用量为495亿立方米。西北诸河区纳入全国重要江河湖泊水功能区划的一级水功能区共80个（其中开发利用区35个），区划河长12146km，区划湖库面积10658km²；二级水功能区62个，区划河长5058km，区划湖库面积3012km²。按照水体使用功能的要求，在一、二级水功能区中，共有97个水功能区水质目标确定为Ⅲ类或优于Ⅲ类，占总数的90.7%。

根据《2020年中国生态环境状况公报》，西北诸河水质为优。监测的62个水质断面中，Ⅰ～Ⅲ类水质断面占98.4%，比2019年上升1.6%；无劣Ⅴ类，与2019年持平（表1.13）。

表1.13 2020年西北诸河水质状况

水体	断面数/个	比例/%						比2019年变化/%					
		Ⅰ类	Ⅱ类	Ⅲ类	Ⅳ类	Ⅴ类	劣Ⅴ类	Ⅰ类	Ⅱ类	Ⅲ类	Ⅳ类	Ⅴ类	劣Ⅴ类
河流	62.0	46.8	50.0	1.6	1.6	0	0	24.2	-21.0	-1.6	-1.6	0	0
省界断面	2.0	0	100.0	0	0	0	0	-50.0	50.0	0	0	0	0

注：数据源自《2020年中国生态环境状况公报》。

（10）西南诸河区 西南诸河区位于我国西南边陲，包括红河、澜沧江、怒江及伊洛瓦底江、雅鲁藏布江、藏南诸河、藏西诸河等，属国际性河流。本区地广人稀，经济不发达，以农牧业为主，工业化水平低。本区面积84.4万平方千米，大部分为青藏高原及滇南丘陵。

西南诸河区水资源总量为5775亿立方米，水资源可利用量为978亿立方米。西南诸河区纳入全国重要江河湖泊水功能区划的一级水功能区共159个（其中开发利用区37个），区划河长16876km，区划湖库面积1482km²；二级水功能区59个，区划河长1012km，区划湖库面积26km²。按照水体使用功能的要求，在一、二级水功能区中，共有180个水功能区水质目标确定为Ⅲ类或优于Ⅲ类，占总数的99.4%。

根据《2020年中国生态环境状况公报》，西南诸河水质为优。监测的63个水质断面中，Ⅰ～Ⅲ类水质断面占95.2%，比2019年上升1.5%；劣Ⅴ类占3.2%，与2019年持平。（表1.14）。

表1.14　2020年西南诸河水质状况

水体	断面数/个	比例/%						比2019年变化/%					
		Ⅰ类	Ⅱ类	Ⅲ类	Ⅳ类	Ⅴ类	劣Ⅴ类	Ⅰ类	Ⅱ类	Ⅲ类	Ⅳ类	Ⅴ类	劣Ⅴ类
河流	63	6.3	81.0	7.9	1.6	0	3.2	-1.6	4.8	-1.6	-1.6	0	0
省界断面	2	0	100.0	0	0	0	0	-50.0	50.0	0	0	0	0

注：数据源自《2020年中国生态环境状况公报》。

（11）东南诸河区　东南诸河区主要为浙江、福建、台湾独流入海的河流，包括钱塘江、浙东诸河、浙南诸河、闽东诸河、闽江、闽南诸河、台澎金马诸河等，总面积24.5万平方千米。东南诸河区是我国东部沿海经济发达地区。本区大部分为丘陵山地，占总面积的81%；平原很少，只占19%，主要分布在河流下游的沿海三角洲地区。

东南诸河区水资源总量为1995亿立方米，水资源可利用量为560亿立方米。东南诸河区纳入全国重要江河湖泊水功能区划的一级水功能区共126个（其中开发利用区71个），区划总河长4836km，区划湖库面积1202km²；二级水功能区179个，区划河长3208km，区划湖库面积731km²。按照水体使用功能的要求，在一、二级水功能区中，共有211个水功能区水质目标确定为Ⅲ类或优于Ⅲ类，占总数的90.2%。

1.2.2.2　湖泊（水库）

2020年，我国监测水质的112个重要湖泊（水库）中，Ⅰ～Ⅲ类湖泊（水库）占76.8%，比2019年上升7.7%；劣Ⅴ类占5.4%，比2019年下降1.9%。主要污染指标为总磷、化学需氧量和高锰酸盐指数。监测营养状态的110个重要湖泊（水库）中，贫营养状态的占9.1%；中营养状态的占61.8%；轻度富营养状态的占23.6%；中度富营养状态占4.5%重度富营养状态占0.9%（表1.15）。

表1.15　2020年重要湖泊（水库）水质

水质类别	太湖、滇池、巢湖	重要湖泊	重要水库
Ⅰ类、Ⅱ类	—	班公错、红枫湖、香山湖、高唐湖、花亭湖、柘林湖、抚仙湖、泸沽湖、洱海、邛海	云蒙湖、大伙房水库、密云水库、昭平台水库、瀛湖、王瑶水库、南湾水库、大广坝水库、龙岩滩水库、水丰湖、高州水库、里石门水库、大隆水库、石门水库、龙羊峡水库、怀柔水库、长潭水库、双塔水库、丹江口水库、解放村水库、黄龙滩水库、鲇鱼山水库、隔河岩水库、千岛湖、太平湖、松涛水库、党河水库、东江水库、湖南镇水库、漳河水库、新丰江水库
Ⅲ类	—	色林错、骆马湖、衡水湖、东平湖、斧头湖、瓦埠湖、东钱湖、梁子湖、南四湖、百花湖、武昌湖、阳宗海、万峰湖、西湖、博斯腾湖、赛里木湖	于桥水库、察尔森水库、三门峡水库、崂山水库、鹤地水库、磨盘山水库、鸭子荡水库、红崖山水库、山美水库、小浪底水库、鲁班水库、尔王庄水库、董铺水库、白龟山水库、白莲河水库、富水水库、铜山源水库
Ⅳ类	太湖、滇池	白洋淀、白马湖、沙湖、阳澄湖、焦岗湖、菜子湖、南漪湖、鄱阳湖、镜泊湖、乌梁素海、小兴凯湖、洞庭湖、黄大湖	松花湖、玉滩水库、莲花水库、峡山水库
Ⅴ类	巢湖	杞麓湖、龙感湖、仙女湖、淀山湖、高邮湖、洪泽湖、洪湖、兴凯湖	—

水质类别	太湖、滇池、巢湖	重要湖泊	重要水库
劣Ⅴ类①	—	艾比湖、呼伦湖、星云湖、异龙湖、大通湖、程海、乌伦古湖、纳木错、羊卓雍错	—

① 程海、乌伦古湖和纳木错的氟化物天然背景值较高，程海和羊卓雍错的pH天然背景值较高。

注：数据源自《2020年中国生态环境状况公报》。

（1）太湖　太湖流域位于长江三角洲南缘，北抵长江，南濒钱塘江，东临大海，西以天目山、茅山为界，地跨江苏、浙江、上海三省市，面积3.69万平方千米。太湖流域湖泊河网密布，河道总长12万千米，超过0.5km²的大小湖泊有189个。太湖位于流域中心，水面积2338km²，南北长68.5km，东西宽34km，常水位下水深1.89m，库容44.3亿立方米，是一个典型的平原浅水型湖泊。

太湖流域纳入全国重要江河湖泊水功能区划的一级水功能区共254个，区划河长4472km，区划湖泊面积2777km²，水库库容10.6亿立方米。在158个开发利用区中划分二级水功能区284个。按照水体使用功能的要求，在一、二级水功能区中，共有232个水功能区水质目标确定为Ⅲ类或优于Ⅲ类，占总数的61.1%。

根据《2020年中国生态环境状况公报》，太湖为轻度污染，主要污染指标为总磷。其中，东部沿岸区水质良好，湖心区和北部沿岸区为轻度污染，西部沿岸区为中度污染。全湖和各湖区均为轻度富营养状态。环湖河流水质为优。监测的55个水质点位中，Ⅲ类占70.9%，Ⅳ类占5.5%，Ⅱ类水质断面占23.6%，无其他类。与2019年相比，Ⅱ类水质断面比例下降3.7个百分点，Ⅲ类水质断面比例上升7.3个百分点，Ⅳ类水质断面比例下降3.6个百分点，其他类均持平。

（2）巢湖　巢湖俗称焦湖，我国五大淡水湖之一，安徽省境内最大湖泊。巢湖流域总面积1.35万平方千米，常年平均水位8.37m，面积780km²，东西长55km、南北宽21km，湖岸线周长176km，平均水深2.89m，容积20.7亿立方米。

根据《2020年中国生态环境状况公报》，巢湖为轻度污染，主要污染指标为总磷。全湖、东半湖和西半湖均为轻度富营养状态。环湖河流为轻度污染。监测的14个水质断面中，Ⅱ类水质断面占21.4%，Ⅲ类占64.3%，Ⅳ类占7.1%，Ⅴ类占7.1%，无Ⅰ类和劣Ⅴ类。与2019年相比，Ⅳ类下降7.2个百分点，Ⅴ类下降7.2个百分点，劣Ⅴ类下降14.3个百分点。

（3）滇池　滇池，亦称昆明湖、昆明池、滇南泽、滇海。在昆明市西南方，有盘龙江等河流注入，湖面海拔1886m，面积330km²，是云南省最大的淡水湖，有高原明珠之称。平均水深5m，最深8m。湖水在西南海口泄出，称螳螂川，为长江上游干流金沙江支流普渡河上源。

根据《2020年中国生态环境状况公报》，滇池为轻度污染，主要污染指标为化学需氧量和总磷。其中，草海为轻度污染，外海为中度污染。全湖、草海和外海均为中度富营养状态。环湖河流为轻度污染。监测的12个水质断面中，Ⅱ类水质断面占25.0%，Ⅲ类占66.7%，Ⅳ类占8.3%，无其他类。与2019年相比，Ⅱ类水质断面比例下降8.3个百分点，Ⅲ类上升33.4个百分点，Ⅳ类下降25.0个百分点，其他类均持平。

1.3 中国淡水资源污染分析

1.3.1 中国淡水生态环境问题现状

从环境角度看，各地以水污染为代价的发展方式正在发生积极的变化，经济发展质量进一步优化。同时，我们也要清醒地认识到，我国水生态环境保护不平衡、不协调的问题依然相当突出。

（1）水生态破坏以及河湖断流干涸现象比较普遍，部分地区水资源开发利用过度，大量河湖缺乏应有的水生植被和生态缓冲带管控措施，导致湖泊湿地萎缩、自然岸线减少、生态系统破碎化，水生态健康受损严重。

（2）部分地区环境基础设施欠账很大，部分城市收集管网不配套、雨污分流不完善、污泥处置能力不足、工业污水集中处理设施管理不规范等现象依然存在。

（3）城乡面源污染防治任重道远，部分湖库周边水产养殖污染、农业面源污染问题突出，城市雨水、农业种植、养殖等面源污染防治尚未取得有效突破。

（4）环境风险隐患不容忽视，部分地区江河沿岸高环境风险工业企业密集分布，与饮用水水源犬牙交错。重点湖泊水华问题虽经多年治理仍居高不下。水生态环境保护形势依然严峻，任务十分艰巨。

1.3.2 中国淡水生态环境污染源

2020年，我国农业用水量、工业用水量和生活用水量分别占全国总用水量的62.1%、17.7%和14.9%。农业发展中所使用的水资源量在我国水资源消耗中占有非常大的比例，水资源已逐渐成为制约农业发展的一项主要因素。同时，随着社会经济发展进步，城市化进程不断加快，生活用水和工业用水量均有了明显上升。消耗巨大水量的同时也产生了相当比例的污水量，我国的水资源污染在经济社会发展过程中逐渐累积形成。依据《2020年生态环境统计年报》中废水污染物的来源，将污染源分为工业污染源、农业污染源、生活污染源和集中式污染治理设施源四类。

（1）工业污染源（含非重点）。2020年，我国工业源（含非重点）废水中化学需氧量、氨氮、总氮和总磷的排放量分别为49.7万吨、2.1万吨、11.4万吨和0.4万吨，分别占全国废水中对应污染物的1.9%、2.2%、3.5%和1.1%。除此之外，全国排放的废水中产生的石油类、挥发酚、氰化物和重金属等其他污染物几乎均来自工业源。工业废水是水环境污染主要源头之一，近些年来，虽然我国对工业废水加大了处理力度，但污水的排放量还在不断增加，导致水环境不断恶化。以黄河水域为例，其在2018～2019年间水质污染主要以点源工业污染为主，COD和氨氮排放量较多，COD和氨氮年日均排放浓度平均值分别为51.1mg/L和3.1mg/L，工业废水处理率整体偏低。并且我国的工业生产主要集中在江河沿岸的大城市，人口密度相对较大，若废水处理不达标，更易造成城市下游江段河流水质严重污染，导致水环境恶化。

（2）农业污染源。在2020年，我国农业源废水中化学需氧量、氨氮、总氮和总磷的排放量分别为1593.2万吨、25.4万吨、158.9万吨和24.6万吨，分别占全国废水中对应污染物的62.1%、25.8%、49.3%和73.2%。在农业生产活动中，溶解的或固体的污染物（农田中的土粒、氮素、磷素、农药、重金属及其农业家畜粪便与生活垃圾等有机或无机污染物质）从特定或非特定的地域，在降水和径流冲刷作用下，通过农田地表径流和地下渗透，使大量污染物质进入受纳水体中会引起水体污染事件。在农业污染源中，主要污染类型为面源污染。"十三五"以来，生态环境部、农业农村部大力实施《农业农村污染治理攻坚战行动计划》《打好农业面源污染防治攻坚战的实施意见》等系列攻坚行动，全国化肥农药使用量持续减少，农业废弃物资源化利用水平稳步提升。但是，我国农业面源污染防治工作仍任重道远，主要原因是源头防控压力大、法规标准体系不完善、环境监测基础薄弱和监管能力亟待提升等。

（3）生活污染源。2020年，我国城镇和农村居民生活源排放废水中化学需氧量、氨氮、总氮和总磷的排放量分别为918.9万吨、70.7万吨、151.6万吨和8.7万吨，分别占全国废水中对应污染物的35.8%、71.8%、47.0%和25.7%。根据《2020年城乡建设统计年鉴》，2020年城市污水处理率已超过97%，但农村污水处理仍有很大短板，2021年的处理率仅28%。说明在农村地区，生活污水大多未经处理直接或间接排放至水体中。近年来，农村生活污水治理问题不断受到重视。2019年7月，中央农办、农业农村部、生态环境部等九部门印发《关于推进农村生活污水治理的指导意见》，2021年底，中共中央办公厅、国务院办公厅印发《农村人居环境整治提升五年行动方案（2021－2025年）》，要求到2025年，农村生活污水治理率不断提升，乱倒乱排得到管控。但是，目前我国的农村生活污水的排放仍存在较大的挑战，主要原因包括污水治理设施的建设成本高，运行维护难度大，市场缺乏成熟稳定的商业模式等。

（4）集中式污染治理设施源。2020年，集中式污染治理设施废水（含渗滤液）中化学需氧量、氨氮、总氮和总磷的排放量分别为2.9万吨、0.2万吨、0.4万吨和0.01万吨，分别占全国废水中对应污染物的0.1%、0.2%、0.1%和0.03%。根据《2020年城乡建设统计年鉴》，截至2020年底，我国城市、县城和建制镇污水处理厂分别为2618座、1708座和11374座，污水处理率分别为97.53%、95.05%和60.98%。可以发现，城镇的污水处理率仍然存在很大的提升空间。城镇污水处理及再生利用设施是城镇发展不可或缺的基础设施，是经济发展、居民安全健康生活的重要保障。2020年7月，发展和改革委员会、住房和城乡建设部印发《城镇生活污水处理设施补短板强弱项实施方案》，明确提出了2023年城镇生活污水处理设建设目标。同时，国家层面关注城镇（园区）污水处理，出台了《关于进一步规范城镇（园区）污水处理环境管理的通知》。此外，生态环境部取消了污水处理厂污泥含水率的强制要求。同时，我国的污水处理设施也存在行业市场化竞争机制有待完善以及区域发展不平衡等突出问题。

参考文献

[1] 万玉. 地表水环境质量标准体系的构建探析 [J]. 资源节约与环保，2014（1）：100.

[2] 张洪，雷沛，单保庆，等. 河流污染类型优控顺序确定方法及其在海河流域的应用 [J]. 环境科学学报，2015，35（8）：2306-2313.

[3] 薛巧英，刘建明. 水污染综合指数评价方法与应用分析 [J]. 环境工程，2004，22（1）：64-70.

［4］李祚泳，汪嘉杨，郭淳．富营养化评价的对数型幂函数普适指数公式［J］．环境科学学报，2010，30（3）：664-672．

［5］Hakanson L. An ecological risk index for aquatic pollution control：a sediment ecological approach［J］．Water Research，1980，14（8）：975-1001.

［6］Liu J，et al. Ecological risk of heavy metals in sediments of the Luan River source water［J］．Ecotoxicology，2009，18（6）：748-758.

［7］董雪娜，李雪梅，贾新平．西北诸河水资源调查评价［J］．郑州：黄河水利出版社，2006．

［8］高荣伟．我国水资源污染现状及对策分析［J］．资源与人居环境，2018，239（11）：46-53．

第 2 章

淡水生态环境损害基线判定理论与技术

2.1 背景

淡水生态系统是指由淡水生态环境及生活于其中的水生生物所构成的生态系统。根据水体流动与否，淡水生态系统可以分为静水生态系统（主要指湖泊、水库、湿地/沼泽生态系统等）和流水生态系统（包括溪流、河流、水渠等）。淡水生态系统除了提供人类生产生活与工农业用水外，在防洪、灌溉、航运、发电、渔业等方面也给人类带来许多利益，并对调节微气候、净化环境污染物、维持自然地理环境的稳定性起着重要作用。然而，近年来随着社会经济的高速发展，引发了全球范围内的水体富营养化、淡水生态系统物质交换和能量流动失调、淡水生态系统功能退化，这些问题严重影响了淡水生态系统的可持续发展。

生态环境基线是生态环境损害评估的关键技术环节，制定科学、合理的淡水生态环境基线是对河湖生态环境损害进行科学判定的重要基础。然而，目前我国专门针对淡水生态基线的研究处于起步阶段，尚未形成统一、合理、有效的普适性淡水生态环境基线制定方法与流程。我国前期针对淡水水体背景值已开展一定研究，积累了宝贵的数据资料。例如曾开展全国湖泊水体水质营养状况大调查，且各省市均对本辖区水体进行过规律性监测，各地区的重点湖泊具有一定的历史数据积累。我国学者对于湖泊氮磷营养盐限制的研究也取得了大量阶段性成果。与此同时，河流等地表水环境标准的相关研究也有一定积累。这些成果对于后续淡水生态环境基线判定工作的开展将起到重要促进作用。

2.2 基本概念

2.2.1 淡水生态环境损害

淡水生态环境损害是指因干扰、破坏淡水生态环境，造成淡水生态系统的物理生态环境质量、水文特征、水质状况等非生物要素和鱼类、底栖动物、附着藻类、高等水生植物、浮游生物等生物要素的不利改变，以及淡水生态系统功能的退化。

生态环境损害可以从广义与狭义两方面来理解：广义的损害既包括由于对生态环境损害而引起的人身损害及财产损害，也包括对生态环境本身的损害；狭义的损害仅指对生态环境本身的损害。生态环境损害分为传统损害和自身损害：传统损害仅指由于生态环境损害带给人类的经济财产、人身健康及安全方面的损害；而自身损害是指环境损害事件带给生态环境本身的损害。自身损害较之前者受到关注的时间更晚，且关注率也更低。本书关注的淡水生态环境损害主要是淡水生态环境所承受的自身损害。

在对生态环境损害进行研究时，应给予不同层面的"损害"明确的区分，即对生态环境理论层面和法律层面的"损害"予以严格的区分。生态环境理论层面的"损害"更偏向于"污染"，但在法律层面，并非所有的"污染"均属于"生态环境损害"。

《中华人民共和国环境保护法》作为我国环境法体系的基本法，其条文中并未出现关于环境损害的定义，甚至连使用频率较高的"环境污染"和"环境破坏"这两个概念也未有明确的规定。在各种环境保护单行法中，仅在《中华人民共和国海洋环境保护法》和《中华人民共和国水污染防治法》中出现"海洋环境污染损害"和"水污染"概念相关条文，而其他单行法并未针对其所保护的自然环境目标进行明确的"生态环境损害"界定。总之，在我国现行环境保护立法中尚未对"生态环境损害"这一概念进行规范化、系统化、统一化的界定。

2.2.2 淡水生态环境基线

对于生态环境损害判定基线这一概念，世界各国之间存在不同的理解和认识。欧盟环境责任指令（Directive 2004/35/CE）认为，生态环境损害基线是指在损害事件没有发生时自然资源和服务功能的状态，通常是基于现有的可利用信息估算得到的。美国内政部（DOI）法规则规定，基线是指受评估区域在没有出现石油泄漏或其他有害物质排放时所处的状态。美国《油污法》（OPA，Oil Pollution Act Regulations）规定，基线是损害事件尚未发生时，评估区域内自然资源及其提供服务的存在状态，通常按照评估区域历史数据、邻近参考区域数据、控制数据等其中某一种或几种的组合来判定。我国原环保部2014年印发的《突发环境事件应急处置阶段环境损害评估推荐方法》中将基线定义为突发环境事件发生前影响区域内人群健康、财产以及生态环境等的原有状态。《生态环境损害鉴定评估技术指南 总纲和关键环节 第1部分：总纲》（GB/T 39791.1—2020）中对基线的定义为污染环境或破坏生态未发生时评估区域生态环境及其服务功能的状态。本书结合不同定义将淡水生态基线总结为淡水环境损害或生态破坏行为未发生时，受影响区域内生态环境的物理、化学或生物特性及其生态系统服务的状态或水平，即基线代表了生态环境损害发生前的生态系统状况。

2.2.3 基线指标

基线指标是指用于指示淡水生态环境基线水平的某个或某些生态环境指标。对水生态环境的损害，一般以特征污染物浓度为评价指标。对生物要素的损害，一般选择生物的种群特征、群落特征或生态系统特征等指标作为评价指标。对于生态服务功能的损害，应明确受损生态服务功能类型，如提供栖息地、食物和其他生物资源、娱乐、地下水补给、防洪等，并根据功能或服务类型选择适合的评价指标，如栖息地面积、受损地表水资源量等。在淡水生态环境损害评价及基线判定过程中，可能使用到的指标主要包括以下几类：水质指标、沉积物指标和水生态指标等。每种指标具体包含的指标种类见下文详述。

2.3 淡水生态环境基线判定技术

2.3.1 基线判定原则

（1）科学性原则 基线的判定需科学、客观。判定过程中要排除损害事件以外的其他因素如自然环境背景时空变化、常规人类活动等对评估淡水生态系统的影响。在准确度量损害-生态环境响应关系的基础上确定基线标准。

（2）准确性原则 采用规范化和标准化的现场调查、采集和测试方法，并严格遵循质量保证和质量控制要求，确保基线数据的真实性、准确性。

（3）方法优选原则 根据淡水生态环境损害事件的特点以及资料信息，合理筛选基线判定方法，并注意多种方法的组合运用和比较，确定出最优的基线判定方法或方法组合。

（4）可操作性原则 基线判定应考虑所拥有的人力、资金和后勤保障等条件，评估区域应具备一定的交通条件和工作条件，以便于野外调查工作的开展。

（5）及时性原则 应在生态环境损害事件发生后尽早介入，尽快开展基线判定工作，为后续生态环境损害程度鉴定评估提供数据证据。

2.3.2 基线判定程序

淡水生态环境基线判定工作主要包括5个步骤：工作准备；基线指标识别；基础资料、数据收集；确定基线标准；编制淡水生态环境基线判定报告书。在基线判定实践中，可根据具体的生态环境损害事件适当简化工作程序。必要时，也可针对基线判定中的关键问题开展专题调查研究。

2.3.2.1 工作准备

组建基线判定专业队伍、收集分析受损地点的自然背景历史资料、了解淡水生态环境损害事件的性质和特点等。同时，应及时准备现场采样监测的采样工具和设备。

2.3.2.2 基线指标识别

（1）损害对象及污染物的识别 在进行基线判定之前首先要明确所需评估的对象，即识别损害的受体，并识别污染源及具体污染物。该步骤需要对发生损害事件的生态系统进行现场勘察，确定损害事件对受损湖泊生态系统所产生的具体影响。识别污染物的途径主要包含正向识别和反向识别两种：正向识别即从直接识别事故发生原因进而锁定损害源，例如某些有毒有害物质泄漏导致的突发性水污染事件；反向识别即通过对损害结果的判定反推可能的损害源，例如湖泊水体中砷元素严重超标时，可能由周边化肥、涂料等化工厂的废水排放导致。

（2）现场勘察　现场踏勘的主要内容包括：受损淡水生态环境现状和相邻淡水生态环境现状。具体调查内容包括：受损对象所属区域的自然气候、水文、地质、地形地貌特征、土地利用格局情况、产业布局等；受损湖泊水域物理生态环境状况、水体理化性质、水生生物多样性、生态系统服务功能等特征。

在现场勘察时，应根据事故发生地的情况进行合理布设采样点。对于一些能够在现场进行原位监测的项目，应保证在现场完成检测和数据的采集；对于必须带回实验室进行室内检验的样品，必须按照相关操作规范做好保存和运输，并在运回实验室后尽快测定，以保证最终数据的准确性。与此同时，应保证参与采样工作人员的人身安全。工作人员应配备合乎规格的工作服、安全帽、防护口罩、耳塞、劳保鞋以及防护眼镜、手套等物品。

（3）需要考虑的具体基线指标　结合我国目前所发生的淡水生态环境损害事件，在对基线指标进行识别时，需要考虑的基线指标主要有水质指标、沉积物指标和水生态指标三大类，各类均包含多种可能需要考虑的具体指标。各指标的测定方法可参照国标或各类行业标准。

① 水质指标。参考《地表水环境质量标准》（GB 3838—2002），需要考虑的水质指标主要包括：水体溶解氧（DO）、pH值、水温、氧化还原电位（ORP）、总溶解态固体（TDS）、总氮（TN）、氨氮（NH_4^+-N）、硝态氮（NO_3^--N）、亚硝态氮（NO_2^--N）、总磷（TP）、无机磷（IP）、化学需氧量（COD）、叶绿素a（Chl. a）、重金属类（汞、铅、镉、锌、铜、铬、硒）、氰化物、重铬酸盐、农药类［丙烯醛、艾氏剂、滴滴滴（DDD）、滴滴伊（DDE）、滴滴涕（DDT）、狄氏剂、硫丹和硫酸硫丹、异狄氏剂和异狄氏醛、七氯、七氯环氧化物、六氯环己烷、γ-六氯环己烷、六氯二苯并二噁英、毒杀芬］、多氯联苯［6种PCB（多氯联苯）化合物、2-氯萘］、多环芳烃（荧蒽、苯并荧蒽、苯并芘、苯并苊、茚并苊）、卤代烃类（二氯甲烷、三氯甲烷、1,1-二氯乙烷、1,2-二氯乙烷、1,1,1-三氯乙烷、四氯乙烯、三溴甲烷、氟三氯甲烷、四氯甲烷、二溴一氯甲烷、一溴二氯甲烷等）、酚类（苯酚、2-氯苯酚、2,4-二氯苯酚、五氯苯酚、对-硝基苯酚、邻-硝基苯酚、2,4-二甲基苯酚）、亚硝胺和其他化合物、非持久性有机污染物（苯、氯苯、1,2-二氯苯、甲苯、乙苯、2,4-二硝基氯苯、2,4-二硝基甲苯、硝基苯、邻二硝基苯、1,2,4-三氯苯）等。

② 沉积物指标。该类型指标主要包括含水率、总氮、总磷、有机物含量、重金属类等。

③ 水生生物指标。该类型指标主要包括大型水生植物种类及覆盖面积，浮游植物及浮游动物种类、密度及多样性，底栖生物的种类、密度及多样性，鱼类的种类、密度及多样性，微生物群落结构等。

2.3.2.3　基础资料和数据的收集

根据基线判定方法对基础数据的需求，通过文献与监测站、水文站记录查阅、现场深入调查、标准查询等方式，获取受损区域气候条件、地形地貌、土地利用类型、水文特征等自然背景数据，区域主要社会、经济统计数据以及水体主要干扰、损害指标的国家环境标准和环境基准。

资料的收集应依据污染事件发生时间收集相应时段如平水期、枯水期、丰水期的数据。此外收集资料过程中，应注意并记录项目的分析方法，重视资料的可靠性和准确性。

2.3.2.4　确定基线标准

根据基线判定方法要求，分析、研究受损淡水生态系统环境基线。条件允许时通过比对多个基线判定方法的基线范围，确定受损区域的生态环境基线标准。具体基线标准确定方法在下面将有详细叙述。

2.3.2.5　编制基线判定报告书

按照规范编制生态环境基线判定报告书，同时建立完整的基线判定工作档案，为后续生态环境损害程度鉴定评估提供参照标准。

基线判定报告由封面、目录、正文、参考文献、附件部分等组成。封面需要包括报告标题、编写单位及编写事件等必要信息；正文部分由前言、调查区域概况、受损区域生态环境损害事件基本情况、现场调查方案、基线判定依据及方法、基线判定结论六部分组成；附件部分应包含所有湖泊生态环境基线判定过程中所涉及的数据、示意图、表格及照片等信息。

2.3.3　基线判定常用方法

国际上有关环境损害鉴定评估基线的判定尚未形成统一规范。目前常用的基线判定方法包括历史数据法、参照区域法、环境标准法和模型推算法四类。以下对各类方法的运作流程、适用范围及优缺点进行详述。

2.3.3.1　历史数据法

历史数据法是指以损害事件发生前的区域状态为参照，采用能够用于描述评估区域环境损害事件发生前场地特性的历史资料信息和相关数据作为该区域的基线。历史数据资料是了解评估区域历史状态的直接证据资料，能够提供评估区域有价值的背景信息。在环境损害评估中，理想情况下就应该采用被损害区域的历史数据作为衡量损害程度的依据，在此参考下可获得真实的损害。历史数据来源包括历史监测、专项调查、学术研究等反映湖泊生态环境状况的历史数据。该方法的具体操作步骤为：首先，通过基础调研收集可用的历史数据，然后对所获取的历史数据进行筛选、分析和评估，最后采用一定的数据统计方法进行基线判定。如美国在判定和评估有机污染物多环芳烃（PAH）对布法罗河、科麦奇化学厂区域的沉积物资源的损害时，基于历史研究文献中的PAH阈值效应浓度（1.61mg/kg）等历史数据确定的基线水平准确判定和评估了沉积物资源的损害程度和范围，这为后续修复的开展提供了有利依据。

有研究者指出，该方法可以分为两大类：损害发生的事前水平和假设损害未发生的无事水平。前者即如上面所述直接通过分析该区域的历史数据进而判定基线；后者则一般适用于该评估对象一般状态变化规律已知的情况，是一种对基线或无事水平的预测或模拟，通常情况下这类基线水平也是呈规律变动的。

历史数据是判定损害评估基线的一种有效办法，但利用评估区域历史数据作为基线也存在不足之处。首先，历史数据往往非常有限，因为在事故发生前对湖泊进行常年规律性监测的情况往往仅局限于某些重点湖泊，并非所有湖泊都存在充足可用的历史数据。其次，即使该湖泊存在历史监测数据，但可用的指标数据也许并不能满足损害鉴定的定性和定量标准要求。同时，自然环境介质的可变性可能导致历史数据难以用于确定生态环境基线。且随着科学技术水平的不断发展，不同时期针对相同指标进行监测的方法可能不尽相同，这就导致了同一指标之间数据的不可比性，进而会导致基线的不准确。除此之外，由于技术水平、采样方法科学性和数据资料有效性的限制，导致历史数据质量参差不齐，难以直接用于判定基线。

2.3.3.2 参照区域法

参照区域法是指从一组生态环境类似、可用以比较的参照区域中选择未受损害事件影响的区域作为对照，利用该区域的历史数据或现场监测数据作为基线值与评估区域进行数值比较。该方法的操作步骤为：通过进行基础调研，科学合理地确定参考区域或参考点位；深入调查分析后收集参考区域历史数据或现场监测数据并进行分析；确定相应基线指标数值与评估区域进行比较。

在欧美国家的环境损害评估中，当历史数据不满足要求致使无法使用历史数据法进行基线判定时，参照区域法常作为判定评估区域环境基线水平的重要方法。Lejeune等采用参照区域法确定科达伦河流域地表水污染物基线浓度，在该研究中所选取的参照区域为评估区域的上游区域和附近相似区域，最终成功判定了损害范围和具体损失赔偿数额。与该案例类似，Mugdan等在评估矿业生产中产生的铜等重金属对地表水资源造成的环境损害时，将上游参照区域的物质浓度水平作为该损害区域的基线水平。

使用该方法进行基线判定时，必须遵循以下几点原则：首先，参照区域的周边环境、水文地理条件及服务功能应与评估区域保持一致或相似，且参照区域需要保证没有受到污染事件的影响；其次，获取参照区域基线数据的方法应该与评估区域数据获取方法相似或具有可比性，且应该满足评估计划中规定的质量保证要求；再者，应对所获取的参照区域数据进行科学有效的验证，证明这些数据的合理性、可靠性和科学有效性，在实际工作中可通过查阅相关文献来进行验证。

参照区域法是判定基线的重要方法之一，但该方法仍然有许多客观存在且难以忽视的问题。例如，由于人类对于自然生态系统的干扰，与损害区域接近、特征相似但未受损害的参照区域几乎不存在。此外，参照区域与损害区域间的某些差异可能并非是由于环境损害所引起，也可能是两者之间的固有差异或是由于外界自然环境变化引起的，因此可能造成损害鉴定结果的偏差。由于气候和自然干扰的影响均会导致参照区域状态的变化，因此利用单一的参照区域无法准确反映真实情况。

2.3.3.3 环境标准法

环境标准法是以国家或地方颁布的环境标准作为评估参照，将相关法规和环境标准中的适用基准值或修复目标值作为基线水平，用偏离标准值或修复目标值的程度衡量损害程度的大小。该方法首先通过基础调研搜集损害现场信息，再选用相关环境标准中的基准值作为基线水平进行损害评估。

美国自然资源损害评估规则明确指出，当资源中的目标污染物浓度超过相关法律法规或标准规定的限量标准（如土壤环境质量标准、饮用水标准和灌溉用水标准等）即认为自然资源受到损害。在美国已开展或正开展自然资源损害评估的案例中，有相当一部分是采用相关环境标准判定资源损害的。例如哈德逊河、莫顿锌堆积超基金场地及布法罗河的自然资源环境损害评估等案例均采用联邦或地方水质环境标准和饮用水标准中多氯联苯（PCB）、苯酚、PAH等目标污染物的标准值或指导值作为基线进行判定评估损害，进而成功确定了资源损害程度以及修复补偿范围和规模，为后续开展损害修复和经济赔偿提供了参考依据。

目前我国可用于基线判定的水环境相关标准包括《地表水环境质量标准》（GB 3838—2002）、《生活饮用水卫生规范》（GB 5749—2006）、《城市供水水质标准》（CJ/T 206—2005）、《景观娱乐用水水质标准》（GB 12941—91）、《农田灌溉水质标准》（GB 5084—2021）、《渔业水质标准》（GB 11607—89）等（表2.1）。就沉积物而言，鉴于我国没有专门的水环境沉积物质量标准，可参考《土壤环境质量标准》（GB 15618—1995）、《海洋沉积物质量标准》（GB 18668—2002）或国际沉积物标准，如沉积物环境质量基准（Sediment Quality Guidelines，SQGs）等。

表2.1　与淡水生态系统环境损害基线相关的环境标准（所有标准以最新版本为准）

标准类型	标准名称
水环境质量标准	《农田灌溉水质标准》（GB 5084） 《地表水环境质量标准》（GB 3838） 《地下水质量标准》（GB/T 14848） 《渔业水质标准》（GB 11607） 《船舶水污染物排放控制标准》（GB 3552） 《石油炼制工业污染物排放标准》（GB 31570） 《再生铜、铝、铅、锌工业污染物排放标准》（GB 31574） 《合成树脂工业污染物排放标准》（GB 31572） 《无机化学工业污染物排放标准》（GB 31573） 《电池工业污染物排放标准》（GB 30484） 《制革及毛皮加工工业水污染物排放标准》（GB 30486） 《合成氨工业水污染物排放标准》（GB 13458） 《柠檬酸工业水污染物排放标准》（GB 19430） 《麻纺工业水污染物排放标准》（GB 28938） 《毛纺工业水污染物排放标准》（GB 28937） 《缫丝工业水污染物排放标准》（GB 28936） 《纺织染整工业水污染物排放标准》（GB 4287） 《炼焦化学工业污染物排放标准》（GB 16171） 《铁合金工业污染物排放标准》（GB 28666） 《钢铁工业水污染物排放标准》（GB 13456） 《铁矿采选工业污染物排放标准》（GB 28661） 《橡胶制品工业污染物排放标准》（GB 27632） 《发酵酒精和白酒工业水污染物排放标准》（GB 27631） 《汽车维修业水污染物排放标准》（GB 26877） 《钒工业污染物排放标准》（GB 26452） 《磷肥工业水污染物排放标准》（GB 15580） 《硫酸工业污染物排放标准》（GB 26132） 《稀土工业污染物排放标准》（GB 26451） 《硝酸工业污染物排放标准》（GB 26131） 《镁、钛工业污染物排放标准》（GB 25468） 《铜、镍、钴工业污染物排放标准》（GB 25467） 《铅、锌工业污染物排放标准》（GB 25466） 《铝工业污染物排放标准》（GB 25465） 《陶瓷工业污染物排放标准》（GB 25464） 《油墨工业水污染物排放标准》（GB 25463） 《酵母工业水污染物排放标准》（GB 25462） 《淀粉工业水污染物排放标准》（GB 25461） 《制糖工业水污染物排放标准》（GB 21909） 《混装制剂类制药工业水污染物排放标准》（GB 21908） 《生物工程类制药工业水污染物排放标准》（GB 21907） 《中药类制药工业水污染物排放标准》（GB 21906） 《提取类制药工业水污染物排放标准》（GB 21905） 《化学合成类制药工业水污染物排放标准》（GB 21904） 《发酵类制药工业水污染物排放标准》（GB 21903） 《合成革与人造革工业污染物排放标准》（GB 21902）

标准类型	标准名称
水环境质量标准	《电镀污染物排放标准》（GB 21900） 《羽绒工业水污染物排放标准》（GB 21901） 《制浆造纸工业水污染物排放标准》（GB 3544） 《杂环类农药工业水污染物排放标准》（GB 21523） 《煤炭工业污染物排放标准》（GB 20426） 《皂素工业水污染物排放标准》（GB 20425） 《医疗机构水污染物排放标准》（GB 18466） 《啤酒工业污染物排放标准》（GB 19821） 《味精工业污染物排放标准》（GB 19431） 《兵器工业水污染物排放标准　火炸药》（GB 14470.1） 《兵器工业水污染物排放标准　火工药剂》（GB 14470.2） 《兵器工业水污染物排放标准　弹药装药》（GB 14470.3） 《城镇污水处理厂污染物排放标准》（GB 18918） 《畜禽养殖业污染物排放标准》（GB 18596） 《污水海洋处置工程污染控制标准》（GB 18486） 《合成氨工业水污染物排放标准》（GB 13458） 《污水综合排放标准》（GB 8978） 《烧碱、聚氯乙烯工业水污染物排放标准》（GB 15581） 《航天推进剂水污染物排放与分析方法标准》（GB 14374） 《肉类加工工业水污染物排放标准》（GB 13457） 《海洋石油开发工业含油污水排放标准》（GB 4914） 《船舶工业污染物排放标准》（GB 4286）

环境标准是判定基线水平最简单易操作的方法，但利用该方法时存在以下几点局限性：第一，环境标准具有高度的时效性，并非一成不变，只有当环境标准随着地区环境特征、污染控制技术的改善以及经济发展水平的提升而不断改善时才能适用于环境损害评估工作的具体开展；第二，由于环境标准种类繁多，误用或混用标准值都会对损害评估结果造成影响；第三，目前我国的水环境标准并未涉及生态系统层面的相关指标，仍只停留在水质层面，故对于现阶段我国的淡水生态系统进行损害判定而言，并无现成水环境标准可用。

2.3.3.4　模型推算法

模型推算法是通过大量数据构建污染物浓度与生物量、生境丰度之间的胁迫-响应关系模型。该方法通过区域性生态调查来构建指示生物与生态环境损害关系模型，通过推演生物群落未发生明显变化时的环境胁迫程度来判定环境损害基线。如果有区域性气象、地质地貌、土壤植被数据的支持，该方法能实现对每个样点背景状况的推演，揭示自然状况下生态环境应有的组成和结构。该方法的具体操作流程为：首先进行基础调研，搜集受损场地现场数据及历史数据，再对数据进行分析、建模并对模型进行优化，利用模型进行深入分析和评估；最终预测或判定生态环境基线水平。

Karr等认为，通过建立人类活动干扰程度与生态系统响应之间关系的预测模型，能够对未受人类活动干扰情况下生态环境状态进行预测。Lipton等通过对模型推算的研究，认为该方法能够加快基线条件的分析过程，能够判定有效且可靠的损害资源的基线水平。

尽管模型推算能够有效判定或重现基线水平，但是在应用模型判定基线水平时仍需谨慎。使用的模型必须具有可靠的科学逻辑支撑，这是保证模型科学性和模拟结果准确性的必要前提，也是确保模型方法可行性的重要保证。模型通常具有场景不确定性、模型不确定性、参数可变性和参数不确定性等不足，以及输入数据的质量和可用性限制，这些将导致模型推算结果具有不确定性。因此，在使用模型确定基线条件时，必须结合其他相关信息共同判定推测结果准确性和可用性。随着国家基础数据的不断完善，该类方法将在环境损害鉴定评估基线判定中发挥越来越重要的作用。

2.3.4 基线判定的难点问题

前面列举了几类基线判定方法，但面对具体问题时选用哪种方法判定基线水平仍然存在争议。当评估区域的背景值、对照值、相应标准值均存在时，各数据的优先级如何选择？当评估区域缺乏背景值、对照值，且多种类型标准值差别较大时如何判定基线水平？根据实践经验，基线判定方法的选择可以参考以下几点建议：

① 有背景值、对照值或标准值，且评估区域功能未发生改变时，可以按照背景值>对照值>标准值的顺序判定基线水平；

② 有背景值、对照值，但评估区域的使用功能已经发生改变，可以基于风险评估或剂量反应关系推导基线水平，综合比较背景值、对照值合理确定；

③ 有标准值，但评估区域的使用功能已经发生改变，可以重新选择标准，或基于风险或剂量反应关系推导基线水平合理确定。

2.4 基线判定常用模型推算法

基线判定是环境损害鉴定评估的重要步骤之一，是判断环境是否受到损害的关键，也是确定受损害范围以及受损害程度的参照标准，对后续的生态修复工作有重要指导意义。生态环境损害的影响很广，就淡水生态系统而言，除水环境可能受损外，重要/敏感的水生生物物种、种群、群落，甚至淡水生态系统功能、服务都可能受损。对于不同的淡水生态环境、生态系统中的不同成分，受损害程度也不尽相同。

前面已经对四类基线判定方法做了介绍，相比较而言，历史数据法、参照区域法、环境标准法简单，相关判定程序也易于操作，但往往不够精准、科学。模型推算法虽然相对复杂，但精确度较高，正在成为基线判定的主要依据。利用模型法判定基线时，根据判定受体类型的差异，以及模型的适用条件，有多种模型可供选择选择，本节详细介绍常用的模型推算法。

2.4.1 损害受体分类

环境损害的受体既包括非生物环境成分，也包括环境中生存的生物成分。对于淡水生态系统而言，非生物环境成分通常是指沉积物等非生物资源，生物成分指的是水生动植物资源。干扰事件发生后，需要对环境损害情况进行判断，并根据判定结果进行后续追责及修复工作。在进行判定时，可以某种单一资源作为受体，也可以整个淡水生境作为受体。

2.4.2　非生物受体损害基线判定方法

对于沉积物、地下水等非生物资源，在进行基线判定时，可以根据实际情况，依次选择四种基线判定方法中的一种或几种进行判定。利用模型法判定基线时，根据构建模型种类的不同可以有多种选择。比如在对某污染物的沉积物质量基准进行判定时，可以采用物种敏感度分布曲线法（Species Sensitivity Distribution，SSD）来进行。沉积物中的污染物对底栖物种的影响最大，因此在筛选物种毒性数据时应选择底栖生物的毒性数据进行基准推导。SSD法是推导水生生物基准的主要方法，将在后续内容中进行详细介绍。

2.4.3　单一物种或种群受体损害基线判定方法

当以单一物种或种群受体为研究对象时，可以采用生态毒理模型和高斯模型来进行基线判定。

2.4.3.1　生态毒理模型

生态毒理模型主要用于对已存在的或隐藏的生态风险进行评估，其判断生态环境是否存在生态风险的依据是该环境中一年内各物种或种群生物量与无毒性物质存在情况下相比其变化量是否在合理的波动范围内。一般把安全波动范围定义为±20%（EC_{50}），波动超出这一范围则认为存在生态风险。常用的模型有AQUATOX、CASM等。生态毒理模型能够在一定程度上反映出生态系统各组分之间的结构功能关系，量化各组分的变化，反映出污染物对各组分之间相互关系带来的影响，更能反映出区域生态环境的真实情况。但是生态毒理模型对数据量的要求较高，限制了它的广泛应用。而且生态毒理模型是以物种或种群生物量的变化来表征生态系统变化的，并不能全面地反映污染物对环境的危害。

2.4.3.2　高斯模型

高斯模型通常用于分析植物种群与环境因素之间的关系。通过高斯模型，可对植物种群随环境因子（盐度、水分等）定量变化的趋势进行模拟，进而从趋势变化分析得出生态阈值。

2.4.4　生物群落损害基线判定方法

2.4.4.1　评价因子法

评价因子法是早期研究水生生物基准的常用方法，适用于可获得的毒性数据偏少的情况，且计算简单，有较高的通用性。评价因子法推导水质基准时是在所有毒性数据中选择最敏感物种的毒性数据，除以合适的评价因子后得到单一的基准值，不属于双值基准体系。由于很多物种及污染物的毒性数据并不完整，尤其是慢性毒性实验数据较少，并不能满足其他研究方法所需数据量。评价因子法所需数据量较少且可以根据急性毒性实验数据进行基准值的推导，因此即使评价因子法的准确性对经验的依赖性很高，但依然是主要的基准值推导方法之一。评价因子法推导基准时既可以利用急性毒性实验数据，也可以利用慢性毒性实验数据，但是计算时使用的评价因子不同。当使用急性毒性实验数据时，如果能够获得该物质的急慢性比率，则可以用最敏感物种的半致死浓度（LC$_{50}$）或半效应浓度（EC$_{50}$）除以适当的急慢性比率得到基准值。但是这种利用急慢性比率计算基准值的方法的准确性依然存在争议：如果急慢性比率未知，则需要根据经验确定一个评价因子与LC$_{50}$或EC$_{50}$相乘得到基准值。当使用慢性毒性实验数据进行推导时，则以最敏感物种的无观察效应浓度（No Observed Effect Concentration，NOEC）或最低观察效应浓度（Lowest Observed Effect Concentration，LOEC）乘以适当的评价因子得到。

评价因子法是由搜集到的独立数据除以评价因子从而得到基准值，由此可见基准值的大小与评价因子的大小有很大关系，评价因子的取值是运用此法的关键所在。但是评价因子的取值是根据经验及国家政策来确定的，不同国家对在评价因子的取值上有不同的规定。且有研究表明，按经验取值的评价因子对某些污染物并不适用，评价因子取值的不确定性造成评价因子法的不确定性。除评价因子外，该法的最终结果完全来源于最敏感物种的毒性数据，因此当最敏感物种的毒性数据并不准确时，得到的结果误差就会很大。相对于其他方法，评价因子法没有坚实的数理统计理论基础，其合理性也没有得到充分的科学验证，因此，现今大多数研究不会单独使用评价因子法来进行水质基准的推断，而是将其作为其他研究方法的辅助方法来初步推断基准值，或者在搜集到的数据不足以支持其他研究方法的推导过程时采用。评价因子法得到的基准值不是一个范围，而是一个单独的数值，只能作为水生生物保护的污染物警戒值预测，而不是污染物浓度的安全范围。

2.4.4.2 物种敏感度分布曲线法

物种敏感度曲线分布法（Species Sensitivity Distribution，SSD）是国际上主流的水质基准推导方法，美国、欧盟、澳大利亚及荷兰在进行水生生物基准的推断时都采用此法。SSD法是有数理统计理论支持的基准推导方法，在原理上假设用于推导的毒性数据是随机从生态系统中选取的，并且生态系统中各物种的毒性数据符合一定的概率分布。为尽可能符合假设，美国环保署（USEPA）规定选取的毒性数据物种必须满足"三门八科"的要求，即用于推导的物种数据至少涵盖来自三个门八个科的物种，欧盟国家则规定要有10个以上的物种毒性数据。在数据缺乏的情况下，根据SSD法进行水生生物基准推导时需要满足"三门六科"的最小毒性数据需求原则。刘征涛等提出"三门六科"物种应包括：一种鲤科鱼类、一种非鲤科鱼类（冷水鱼优先）、两栖类、浮游甲壳类、昆虫类、环节动物类。利用搜集到的物种毒性数据建立物种敏感度分布曲线，再根据曲线进行统计外推，计算出保护一定比例物种时的污染物浓度作为该污染物的基线水平。SSD法能够充分利用搜集到的毒理数据，在统计理论与毒性数据的支持下得到的结果更有说服力，并且数据质量越高，得到的结果越准确。不同国家利用SSD法选用的拟合曲线不尽相同，不同曲线可能适用于不同的数据类型，曲线模型对数据的拟合效果也会对最终结果产生影响。在数据量不足的情况下，利用不同模型得出的最终结果差距可能较大，但是数据量充足时会减轻模型拟合效果不同带来的影响。

SSD法虽然适用面很广，是经典的水生生物基准推导方法之一，但是在曲线拟合效果等方面仍然存在许多不足。由于使用SSD法的研究者很多，经过长时间的运用和研究，关于其原理、缺陷及其改进方法等方面的研究已经很深入。曲线的选择对SSD法推导基准的最终影响很大，但是对于如何选择曲线模型并没有定论。模型拟合有参数法和非参数法两种。参数法较多，但是模型拟合的分布形式有限，对数据的拟合效果不佳。有研究表明，污染物对生物的毒性有着明显的种内差异。而SSD法在处理数据时是计算数据的几何平均值，并没有考虑种内差异以及物种间相互关系带来的影响，这种数据处理方式放弃了数据中蕴含的部分信息，有着明显缺陷。除此以外，SSD法也没有考虑到毒性物质在生物体内的富集效应，得到的基准可能不能很好地保护某些物种。基于对SSD法相关原理及其统计方法的研究，有研究者开始采用概率物种敏感度分布法（PSSD）、物种敏感度权重分布曲线法等在SSD法基础上进行了改进的方法。这些方法相对于SSD法有更好的稳定性，对数据的利用也更全面，能够得到精度更高的基准值。PSSD法根据单个物种的毒性数据数量确定合适的构建物种概率密度函数的形式，根据构建的概率密度函数确定该物种对污染物的敏感度，而不是简单地计算平均值。根据得到的单个物种敏感度的概率密度函数得出物种的敏感度概率密度函数，将所有物种的敏感度概率密度函数组合起来得到所研究环境体系的敏感度概率密度函数。这种数据处理方式对数据的利用更加全面客观，得到的结果会更加精确，也会降低拟合模型不同带来的影响。

2.4.4.3　毒性百分数排序法

毒性百分数排序法也属于双值基准体系，是美国官方推荐使用的水生生物基准推导方法。按要求搜集到毒性数据后先计算属平均急性值（Genus Mean Acute Value，GMAV）并将其从大到小进行排序编号，然后按照与SSD法相同的方式计算累积概率并选取累计概率最接近5%的四个属来计算最终急性毒性值（FAV），计算公式如下。

$$s^2 = \Sigma(\ln \text{GMAV})^2 - \frac{\Sigma \ln \dfrac{(\text{GMAV})^2}{4}}{\Sigma P} - (\Sigma \sqrt{P})^2$$

$$L = \frac{\Sigma \ln \text{GMAV} - s\Sigma \sqrt{P}}{4}$$

$$A = s\sqrt{0.05} + L$$

$$\text{FAV} = e^A$$

式中，s、L、A为计算过程中使用的符号，无特殊含义；GAMV为平均急性值；P为GMAV的累计频率，$P=R/(N+1)$；R为分配的等级；N为属平均急性值的个数；FAV（Final Acute Value）为最终急性值。

最终慢性值（Final Chronic Value，FCV）可用类似于最终急性值的方法推导，也可采用最终急性值除以最终急慢性值获得。

毒性百分数排序法在计算过程中将物种按照自然分布情况进行分类，减少了种内差异引起的误差，并且考虑到生物富集作用，对SSD法存在的部分缺陷进行了改进。但是这种方法需要的毒性数据也很多，且计算烦琐，没有考虑种间关系及生物富集效应。

2.4.4.4　投入响应关系法

以上三种方法是进行水质基准推导时最常用的方法，但是这三种方法只能用于对水生生物具有毒性效应的污染物，而不能推导氮、磷等营养物质的基准值。但营养物质对于生物的生长来说是必不可少的，生物群落的结构、丰富度、多样性等都受到营养盐含量多少的影响。氮、磷等营养物与生物群落尤其是植物群落的生长情况密切相关，有着明显的响应关系。当环境受到人类干扰时，环境因子的改变会导致环境中各生物生长状况的改变，这些改变可以从各项相关指标的波动中得以体现。对于氮、磷等营养元素的波动，植物群落是最敏感的，因此常以植物群落与营养盐之间的响应关系来判断水体中某种营养盐的生态阈值。硅藻群落是河流水体中最常见的植物群落之一，而且采样方便、易于表征，是常用于监测河流状态的植物群落。对于不同的河流水体，可以选择该水体中的代表性群落进行研究。

植物群落的生物量、多样性、丰富度等生态指标都可以用于函数关系的建立，除此以外，还可以用叶绿素等易于测定的、与目标指标间有明显相关性的指标投入响应关系。响应指标的选定要考虑到易于监测、与测定指标的相关性等，还需要有能够获得的历史数据用于支持函数关系的建立。选定相关指标并完成数据搜集后，将两个指标的数据投入响应关系，对二者的变化趋势进行分析，选取合适的时间段作为参照状态并建立回归方程，得到目标营养物基准。

2.4.4.5 局部加权回归散点修匀法

局部加权回归散点修匀法（Locally Weighted Regression Scatterplot Smoothing，LOWESS）能够较好地拟合具有季节性趋势或波动的数据，得到一条相对平滑的曲线。LOWESS法适用于在群落层次上推导营养盐阈值，利用能综合反映群落结构和功能的指标与营养盐数据进行曲线拟合，得到相关营养盐与群落指标之间的曲线模型，分析曲线拐点从而得到阈值。

2.4.4.6 临界指示物种分析法

临界指示物种分析法（Thresholds Indicator Taxa Analysis，TITAN）属于非线性阈值分析法，是通过构建树模型来分析生物与环境之间关系的一类方法。与线性分析方法相比，非线性方法对于生物环境数据的拟合度更高，其分析结果具有更高的精确性。对于某一污染物，同一群落中存在敏感种与耐受种，敏感种的突变点与耐受种的突变点之间的范围即为整个群落的阈值。TITAN法可以分析出群落中全部物种的突变点，然后对这些突变点进行整合比较，确定一个包含大多数突变点的环境因子范围，即为该环境因子的阈值。

2.4.4.7 非参数突变点分析法

非参数突变点分析法（nonparametric Changepoint Analysis，nCPA）是以回归树模型为基础发展而来的。该法认为相关环境变量的平均值及方差的改变是引起群落结构变化的原因，因此，转变点应该是响应变量按环境梯度排列时引起平均值或方差剧烈变化的环境因子的取值。运用nCPA法可以研究得到引起群落结构变化时的某一环境因子取值，即为该环境因子的阈值。

2.4.4.8 水效应比值法

很多大型河流不同河段的异质性很高，流域的水质基准是在保护整个流域的生物及环境的基础上建立的，对于某一确定河段来说可能并不是最合适的，完整的水质基准体系应该将区域的水质基准包括在内。而根据美国环保署文件，可以利用水效应比值法（Water-Effect

Ratio，WER）由流域的水质基准推导出区域水质基准。WER法常用于区域水质与流域整体水质差别较大时由两者水质差异导致污染物毒性差异，选取合适的物种毒性数据算出水效应比值，从而推导出区域的水质基准。由于WER法是建立在区域水质差异上的基准推导方法，因此适用于毒性受水质影响很大的重金属污染物。为确定水效应比值，需取待测河段原水与实验室配制用水进行毒性试验，根据美国环保署规定，应选择区域敏感性或代表性物种，至少选取一种脊椎动物和一种无脊椎动物。经过毒性试验测出两组对照组LC$_{50}$数据，并计算得到WER值，WER值为区域原水与实验室用水毒性终点之比，区域水质基准为流域水质基准与WER之比。

2.4.4.9　生物毒性效应比值法

生物毒性效应比值法（Biological Effect Ratio，BER）可用于基准的预测，其得出的最终结果并不能直接作为基准值使用。BER法是在其他国家对于水质基准的研究基础上，通过计算我国与该国的生物毒性效应比，预测我国相关污染物的基准值。应用BER法进行预测时，首先要选定合适的对照国家水质基准。进行效应比计算的国家应该有较完备的水质基准研究经验，已经有确定的相关污染物的水质基准可以用于计算BER。选定可以进行对比的对照国家后，要先筛选出两国共有的且具有充足毒性数据的污染物，再根据水质基准受试生物筛选原则及美国环保署种间关系估算模型选择用于计算BER的物种组合。根据选定物种组合的毒性数据计算出两国物种间的毒性效应比，BER由两国同一类群生物毒性值相比得出。得出BER值后即可用于推测我国某一未知指标的基准值。生物效应比技术得出的水质基准只是预测值，其真实性还有待后续验证。计算出BER后进行我国污染物的基准预测，只要将对照国家该污染物的基准值与BER相乘即可得到，不需要再进行该污染物毒性数据的搜集，因此，BER法适用于目标污染物的毒性数据相当缺乏时使用。

上述方法中很多都涉及毒性数据的搜集工作，物种毒性数据的来源必须是公开发表的数据库或文献报告等，在毒性数据缺乏时也可以按照国际认可的试验标准进行污染物的毒性试验以获取试验数据。为保证推导的水质基准的准确性，对搜集到的数据需要进行筛选才能用于基准的推导。数据筛选标准如下。

① 对于进行水质基准推算的物种，必须选取试验条件完整清晰、一致合理的毒性数据。试验条件中应该明确受试材料状态、试验用水理化指标、毒性终点、试验时长等具体细节，如果试验条件不明确或不符合要求则不能采用。对于不同的受试物种，规定的试验条件可能不同，但是同一物种间试验条件应尽量保持一致，比如水质条件、毒性终点等，以确保后续数据处理的科学性。

② 由于是进行河流水体水质基准的推导，最好选用流水试验得出的数据。尤其是当污染物为易挥发、易降解的物质时，流水试验得出的数据更符合实际情况。但是当流水试验数据严重不足，无法完成数据分析时，可选用符合试验要求的静水或半静水试验数据。

③ 试验必须设置对照组，以确保试验对象出现的试验反应是由污染物造成的，而不是由其他非试验因素引起的。

④ 尽量选择我国本土物种的试验数据。如果是进行某流域或河段的基准推导，最好选用该流域或河段的代表物种。在进行我国河流水质基准的推导时，所选物种要能代表我国的

生物区系及生态系统特点，还应该涵盖不同的营养级、营养形式、生存位置等，即选择的物种数据要最大限度地表征所研究的生态系统特点。除此以外，还要考虑到重要的经济物种和娱乐服务物种。

⑤ 同一物种的幼体和成体对于污染物的抵抗能力不同，一般来说幼体会较成体敏感。因此在选用数据时，需要关注试验对象所处的生命阶段，选用较敏感的阶段数据。

⑥ 对于急性毒性试验数据，不同生物试验的毒性终点不同。按规定，鱼类、贝类、虾蟹等应选用的测试终点为96h的半致死浓度（LC_{50}）或半效应浓度（EC_{50}），藻类及浮游甲壳类为48h的半致死浓度或半效应浓度，藻类应选用96h对应的半效应浓度为终点。

⑦ 对于慢性毒性试验数据，测试终点为14d以上的LC_{50}或EC_{50}以及无观察效应浓度（NOEC）或最低观察效应浓度（LOEC），在NOEC和LOEC中优先选择NOEC。当试验对象为水生维管束植物时，慢性终点应为7d对应的EC_{50}。

⑧ 由于试验方法、测试手段等的不断进步，筛选数据时尽量选择年份较近的数据。

⑨ 不能采用试验有明显缺陷的试验数据。

2.4.5　生态系统损害基线判定方法

相对于种群和群落，生态系统是一个要复杂很多的生态层次，它不仅包括生物和非生物成分，还提供着各种重要的生态系统功能。在进行生态系统损害基线判定时，必须综合考虑生态系统的各项成分及功能，保证制定的基线水平能对生态系统进行相对全面的保护。对于生态系统损害的基线判定可以从两个角度进行：一是生态系统资源；二是生态系统服务。从资源角度来进行生态系统损害基线判定时可采取综合指数法和频数分布法，从生态系统功能角度进行基线判定时可采用权重法。

2.4.5.1　综合指数法

综合指数法是在参照状态法的基础上建立一套综合指数体系进行生态学基准判定的一种方法。生态系统的复杂性使得其状态不可能由一个单一的指标进行表征。综合指数法就是将一系列数值型或描述型指标转换融合成一个分值型指标的方法。在全面考虑生态系统的各组分及功能后，选择一系列可以表征生态系统状态的生态指标，然后根据这些指标的特点为每一个指标制定一个对应的评分尺度，就可以将不同表示方法的指标转换成同一个无量纲的分数表达，建立一个包含各种生态指标的综合指数体系。

2.4.5.2　频数分布法

与综合指数法相同，频数分布法也是建立在参照状态法基础上的一种基准判定方法。频数分布法是将搜集到的总数据按某种标准分为几组，统计出每一组内含有的数量，每个组别及每组含有的数量即组成频数分布。将研究环境的频数分布与参照状态进行对比得出生态学基准值。

2.4.5.3　权重法

生态系统是一个功能性整体，除了各种生物、非生物资源外，各项资源直接或间接输出的生态系统服务也是生态系统的一部分，对生态系统的保护必须考虑到对生态系统提供的各项服务功能的保护。对单一资源的保护不一定能有效地保护生态系统服务功能，但是生态系统功能是由系统中各项生物和非生物资源来提供的，资源受到损害会直接对生态系统功能造成影响，因此在对生态系统功能保护的同时必然涉及对其资源的保护。生态系统层面的损害基线判定方法发展还不成熟，有许多问题的解决办法还在探索阶段。在进行生态系统损害基线判定时，需要以生态系统服务为指标，最大的难点在于如何量化生态系统服务。罗园等基于生态系统服务产生过程，建立河流生态概念模型，在此基础上根据对生态系统服务水平贡献的大小对生态系统组分与结构进行区分，并建立河流污染损害分层指标体系，用分配权重法结合生物毒理学理论量化河流生态系统损害。与单一资源的损害基线判定相比，从生态系统层面来考虑环境损害问题能更全面地了解到污染事件对河流生态的影响。

2.5 适用性研究

我国湖泊、河流众多，这些湖泊、河流不仅是我国地理环境的重要组成部分，而且还蕴藏着丰富的自然资源，对于我国社会经济的发展具有极其重要的意义。然而，随着我国社会经济的不断发展，湖泊、河流成为人类过度开发环境的直接受害者。特别是近100多年来，随着人口的激增及科技的迅猛发展，湖泊和河流生态系统受到了极大冲击。许多湖泊、河流生态系统遭受严重破坏，生态系统稳定性受到严重干扰，水体水质明显下降，氮、磷元素的超负荷输入致使湖泊和河流水体富营养化现象普遍出现。这里以湖泊和河流为例介绍淡水生态环境基线判定的过程。

2.5.1 湖泊适用性研究案例

2.5.1.1 湖泊营养盐基线判定方法

湖泊水体富营养化是近几年来世界各国政府及研究人员广泛关注的问题。氮、磷元素已被大量研究证实是大多数富营养湖泊中的主要限制性元素。制定湖泊氮、磷营养盐基线水平由此被认为是建立湖泊营养物质基准和评估湖泊水体受到富营养化损害的基础。除氮、磷营养元素外，在对湖泊富营养化程度进行评估时通常也会涉及其他必要或可用的指标变量，例如水体透明度、叶绿素a浓度、大型水生植物现存量、浮游植物现存量、流域土地利用特征等。营养盐基线的制定方法主要有：统计学法、古湖沼学重建法、模型推断法、时间参考状态法、历史数据法及专家评价法等几种方法。

（1）统计学法

① 参照湖泊法。参照湖泊通常为稍微受到人类活动影响或受到人类影响非常小的湖泊，该类湖泊能够代表该地区湖泊生态完整性的最优状态。参照湖泊法是利用某一特定生态分区内参照湖泊营养盐数据资料的频数分布确定该分区湖泊营养盐参照状态的方法，且一般来讲，生态分区内选取的参照湖泊数量应占该分区内湖泊总数的10%以上。在确定了生态分区的参照湖泊之后，对已选取湖泊的历史数据或现收集的数据进行收集整理并做频数分布图（数据分布上限为营养盐参考状态的最低阈值，下限则为最优状态），进而将频数分布结果的上25%的点位作为该生态分区湖泊某营养盐的参考状态。为排除受到数据奇异值的影响，也有学者

采用每个湖泊总磷、总氮、叶绿素、透明度及其他合适的营养物富集指标的中位数作为参考状态值，使得参数统计分析更易于控制。

参照湖泊法的优点在于可以通过取样调查获取参照湖泊当前状态的数据，数据获取方面的限制较小，易于获取。然而，该方法最大的缺点在于如何量化、界定以及选择一个生态分区内的参照湖泊。目前为止，对于参照湖泊的选取尚未形成统一的量化标准，目前尚未形成统一的分区参照湖泊的量化标准方法，一般是通过分析湖泊流域土地利用数据和流域图像资料确定。参照湖泊应满足的条件包括以下几条：预选取的参照湖泊流域范围内的种植面积或城市化面积不得能超过流域总面积的20%；预选取的参照湖泊不能与主要排污管或海岸线有直接联系；预选取的参照湖泊中不能存在明显的内源污染来源等。由此可见该方法更适用于深水湖泊。

② 湖泊群体分布法。湖泊群体分布法是指在当地参照湖泊数量不足的情况下，选择整个区域的湖泊群体为样本（已知遭受严重损害的湖泊可排除在样本之外），将营养盐指标分布的最佳1/4，即频数分布的下25%作为该区域湖泊营养物基准的参照值。在实际应用中，应根据所在区域的湖泊实际情况选择具体的阈值或比值（%）。该方法为参照湖泊法中所用的频数分布法的补充方法，理论上两个得出的结果应一致。

美国环保署采用湖泊群体分布法并分季节推断总体营养物生态分区的参照状态，具体步骤如下：在给定生态区域内，整理各湖泊各营养指标在各季节的中位数；绘出各季节中位数的频数分布图；将各季的下25%点位定为生态分区各季节的参照状态，最后通过计算四者的中值作为该区域营养指标的参考状态。

③ 三分法。三分法是选择生态分区内水质最佳的1/3的湖泊，将这些湖泊营养盐指标的频数分布中位数作为该区域湖泊营养盐的参考状态。该方法是在群体分布法基础上建立起湖泊参照状态的方法，更适用于受到人类干扰较少的区域。

④ 频率分析法。频率分析法是指通过对湖泊水质数据进行统计分析后，确定其中某一分位数为基线水平的分析方法。与前三种方法不同的是，频率分析法可以仅针对某个湖泊的数据进行分析而不以区域划分为基础。

⑤ 回归推断法。回归推断法属于推断统计方法，即利用大量现有数据建立回归模型，从而确定湖泊的参照状态。具体通过回归分析建立湖泊参照状态的方法有如下几种：建立可靠的压力-响应关系，通过拟合曲线推断低压力水平条件下的压力-响应关系；建立人类影响和营养物浓度的回归模型，预测未被人类土地利用的营养物的浓度；结构方程模型预测营养物的相关变量等。由于大多数湖泊的历史监测资料无法获取，通过频数分布法确定湖泊营养物质指标参照状态存在极大困难，因此目前在具体建立参照状态制定基准时，研究者通常将推断统计与频数分布法等描述统计方法相结合。

（2）古湖沼学重建法　古湖沼学重建法又称为沉积物反演法，是指利用古湖沼学方法对湖泊营养状态的演化历史进行重建，揭示湖泊营养物的本底值，进而建立湖泊的参照状态。而对于缺少历史数据的湖泊，在综合分析上覆水体对湖泊沉积物扰动规律的基础上，可利用地球化学及生物学方法对现场采集到的柱状湖泊沉积物进行分析，选取其中有效的营养代用指标建立湖泊富营养化的自然历史发展序列，从而实现对湖泊富营养化过程的历史推演及趋势预测。该方法的使用原理在于将过去与现在的生物区系进行对比，进而得到过去的水体环境条件。目前在该方法中应用比较广泛的物种包括硅藻属、水蚤类等，其中硅藻属的应用最为成熟和成功。

（3）模型推断法　模型推断法是将湖泊及其所在流域作为一个研究整体，通过对湖泊流域内的自然条件及人类、经济社会活动情况的调查，以研究营养物输入与湖泊营养状态之间的动态响应关系为基础，利用模型对流域内营养物的产生及输移过程进行模拟，综合运用湖泊水质、水动力及水生态耦合模型，建立科学的湖泊富营养化反演模型。该方法通过湖泊流域内的历史序列数据来校正模型，进而定量研究自然过程及人类活动对湖泊富营养化进程产生的影响，推断出湖泊在不同历史时期的营养状态水平，再现湖泊富营养化的历史变化过程，推测出受人类活动影响较小条件下湖泊营养物的背景值即湖泊营养物基线水平，从而为研究区域内湖泊营养物基准制定提供依据。

（4）时间参照状态法　时间参照状态法即通过查阅历史资料确定湖泊营养状况转变时间段（例如由草型湖泊转变为藻型湖泊的时间段），将湖泊营养状态转变前（未受到污染或污染尚未严重）的营养物质含量作为该湖泊的基线值。

（5）历史数据法　历史数据法即通过对湖泊未受污染前或受到人类干扰很少时期的数据进行分析进而确定湖泊营养物质基线状态的方法。从本质上讲，历史数据法和时间参照状态法原理相似。该方法简单且便于操作，然而此方法在湖泊生态系统损害鉴定中所起的作用却非常有限，原因在于湖泊未受污染时期受到人类的关注也十分有限，故历史监测数据非常少。且随着科学技术水平的不断发展，不同时期针对相同指标进行监测的方法可能不尽相同，这就导致了同一指标之间数据的不可比性，进而会导致基线的不准确。

（6）专家评价法　专家评价法是依据湖沼学领域专家的专业知识、工作经验并结合受富营养化损害的湖泊历史监测数据及该湖泊的生态结构、服务功能现状，判定该湖泊营养物质的基线水平。该方法操作灵活，且具有一定的权威性，但是最大的缺点在于所做判断主观性较强，可能存在一定的偏见，且判定结果往往不够全面。因此大多研究者认为，专家判断法不能单独使用，只能作为其他客观判定方法的补充方法使用。

综合分析上述各种湖泊营养物质参考状态的方法，结合其各自的优缺点，笔者认为在选取基线判定方法时没有一成不变的最佳方法，使用时应根据受损害湖泊生态系统的具体特征制定有针对性的判定方案：在存在较多未受干扰或受到干扰很少的湖泊生态区，参照湖泊法为首选方法；在大部分湖泊均受到不同程度污染的生态区，应首选胁迫-生态响应模型确定营养物质的基线水平。

将传统的四种环境损害基线判定方法与湖泊生态系统氮、磷营养盐基线水平判定方法进行整合，可以得到如下湖泊氮、磷营养盐生态环境基线判定方法流程体系。如图2.1所示，湖泊生态环境基线的判定方法由历史数据法、参照区域法、环境标准法和模型推算法四大类构成，四类判定方法的推荐使用顺序如箭头从①～③所示。针对氮、磷营养盐基线判定方法，共有10种具体方法可供选择使用，且因其各自的应用原理和具体使用方法与湖泊生态环境基线判定四大类基本方法存在不同程度的相同或相似，故可据此对其进行归类：历史记录分析法和时间参照法可归于历史数据法；参照湖泊法、湖泊群体分布法及三分法本质上可归于参照区域法；回归推断法和模型推断法则属于模型推算法；古湖沼学重建和专家评价法的使用原理与四大类基本判定方法存在较大差异，故两者独立于湖泊生态环境基线判定基本方法之外；频率分析法并不涉及参照区域相关内容，虽然该方法与参照湖泊法、湖泊群体分布法和三分法的数据分析过程十分相似，却仍需将其单独列出。三种独立于基线判定四类基本方法之外的判定方法可根据具体使用过程中的实际情况斟酌选用。

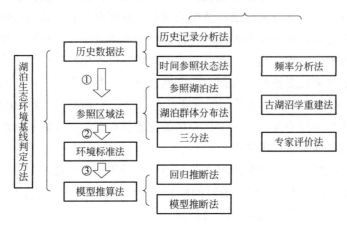

图2.1　湖泊生态环境基线判定方法体系

2.5.1.2　研究区域概况

武汉东湖（N30°31'～30°36'，E114°21'～114°28'）地处湖北省武汉市武昌东部，属于经长江封淤而形成的堰塞湖，湖形极不规则，蓄水面积33.7km²，平均水深2.8m，年均水温17.7℃。2014年前东湖曾是我国最大的城中湖，后因武汉中心城区扩大，东湖居汤逊湖之后，成为我国第二大城中湖。东湖集供水、娱乐、养殖、洪水调蓄等多功能于一体。20世纪60年代，由于人为原因东湖被分割成多个以闸门或涵洞相连的子湖，包括水果湖、郭郑湖、汤凌湖、团湖、后湖、庙湖、喻家湖、菱角湖、小潭湖。由于各个子湖纳污情况、周边人口密度、土地功能及开发程度等情况不尽相同，长期以来形成了十分明显的水质及营养状态梯度。

武汉东湖是典型的由于人为因素致使其产生严重富营养化的城市湖泊，极具湖泊富营养化研究的代表性。20世纪50年代开始，由于东湖汇水区域人口密度的不断增加和社会生产的快速发展及沿湖土地利用方式的改变，大量营养物质随生活污水、工农业废水以及地表径流的排放而进入东湖水体，东湖水质急剧恶化，并开始出现富营养化。渔业生产过程中不合理的放养结构使得水生植被遭到破坏，水生植物的种类、分布面积和生物量大幅降低，加速了湖泊的富营养化进程。在60年代东湖彻底转变为富营养化湖泊，70年代东湖营养水平调查显示全湖水体基本处于富营养状态。在整个生态系统恶化的过程中，东湖浮游植物群落结构发生显著改变：生物多样性指数降低，群落结构趋于单一，浮游植物逐渐小型化，浮游动物群落结构趋于简单，多样性指数降低，杂食性浮游动物的数量增加，总数季节分布发生逆转。

武汉市政府先后投入20亿元资金对东湖进行治理。1990年建成的沙湖（一期）污水处理系统的投入使用及后续武昌三厂的建成使用，使武汉东湖点源污染主体截污工程完成。2005年，大东湖生态水网构建工程启动，将污染控制与水网连通相结合，综合提升东湖及所通湖泊水质情况。经过治理，东湖水质状况整体得到改善，但仍未达到其地表水环境质量标准功能区划要求（Ⅲ类）。根据武汉市环境公报，武汉东湖水质已从Ⅴ类水质提升至Ⅳ类，并于2009年稳定在Ⅳ类，污染指标已从2002年的8种减少至2009年的2种。Ding等对武汉东湖2002年、2004年、2007年、2009年、2012年五个年份的水生态承载能力（WECC）进行评价，得到对应的指标数值分别为1.17、1.07、1.64、1.53和2.01。

梁子湖（N30°05'～30°18'，E114°21'～114°39'）是湖北省第二大湖泊，跨武汉及鄂州两地，由牛山湖、西梁子湖、东梁子湖等湖区组成，是我国目前水质最好的淡水湖泊之一。牛山湖和西梁子湖为地表水环境功能Ⅱ类区，是珍贵鱼类保护区、鱼虾产卵场。东梁子湖为地表水环境功能Ⅲ类区，是一般鱼类保护区。梁子湖具有其独特且珍贵的生态价值、经济价值、人文价值，其水环境现状优于我国大多数湖泊，但因多年来梁子湖水域范围内大力发展水产养殖业，且同时受到周边百姓生活及旅游业发展带来的水体污染，湖泊水体生态情况也出现下降趋势。

2.5.1.3　采样及样品测定情况

在东湖选取水质类型及营养状况存在梯度分布的五个子湖开展采样分析，根据其各自水域面积设置采样点，其中郭郑湖5个（GZH1～GZH5），汤菱湖（TLH1～TLH3）、团湖（TH1～TH3）、庙湖（MH1～MH3）各3个，水果湖（SGH）1个，共15个采样点，东湖采样点地理坐标见表2.2。自2017年4月起至2018年2月，进行为期一年的采样调查，采样频率为每两月一次，具体为：2017年4月、2017年6月、2017年8月、2017年10月、2017年12月及2018年2月。采集湖泊表层0.5m处湖水，带回实验室内用于水质指标的测定，并于24h内完成测定，测定方法均参照《水和废水监测方法》。其中总氮（TN）采用碱性过硫酸钾消解法、总磷（TP）采用过硫酸钾消解-钼酸盐显色法，透明度（SD）采用塞氏盘法，叶绿素a（Chla）采用丙酮法进行测定。

表2.2　东湖采样点地理坐标

采样点	地理坐标	说明
GZH1	（E114°21'25.85"；N30°33'1.70"）	郭郑湖湖西，靠近水果湖与面源污染入流口
GZH2	（E114°22'41.56"；N30°33'11.27"）	郭郑湖湖心区
GZH3	（E114°22'43.03"；N30°34'10.90"）	郭郑湖湖北，靠近排污口
GZH4	（E114°23'33.51"；N30°33'12.53"）	郭郑湖湖东，靠近面源污染入流位
GZH5	（E114°22'33.76"；N30°32'36.62"）	郭郑湖湖南，靠近庙湖与排污口
TH1	（E114°24'31.02"；N30°33'38.25"）	团湖湖心附近
TH2	（E114°25'14.25"；N30°33'32.88"）	团湖湖心附近，靠近面源污染入流口
TH3	（E114°25'21.72"；N30°33'51.06"）	团湖湖北湖汊区
MH1	（E114°22'25.72"；N30°32'4.38"）	庙湖湖心区
MH2	（E114°22'42.33"；N30°31'29.91"）	庙湖湖东，靠近污染排放口
MH3	（E114°22'14.50"；N30°31'38.62"）	庙湖湖西，靠近污染排放口
TLH1	（E114°24'28.70"；N30°34'55.84"）	靠近点源污染排放口及面源污染汇入口
TLH2	（E114°23'33.70"；N30°35'7.87"）	靠近东湖渔场
TLH3	（E114°23'34.04"；N30°34'20.47"）	湖心区域
SGH	（E114°20'48.82"；N30°33'12.00"）	水果湖湖心

在梁子湖，由于西梁子湖和牛山湖处于武汉管辖地界，管理相对严格且水质较东梁子湖清洁，故本研究将采样点均设置在西梁子湖和牛山湖区域。梁子湖区域共设置10个采样位点，其中西梁子湖5个，牛山湖5个，具体地理坐标见表2.3，采样调查项目同武汉东湖，采样月份分别为2017年7月、2017年11月、2018年1月和2018年4月。

表2.3　梁子湖采样点地理坐标

采样点	地理坐标	说明
LZH1	（N30°15'2.05"，E114°30'47.55"）	西梁子湖（前江大湖）湖心
LZH2	（N30°15'19.84"，E114°33'22.78"）	西梁子湖东东西梁子湖交界梁子岛附近
LZH3	（N30°16'30.21"，E114°29'49.87"）	西梁子湖湖北
LZH4	（N30°13'19.33"，E114°30'36.24"）	西梁子湖湖南
LZH5	（N30°14'22.10"，E114°27'55.27"）	西梁子湖中湖与前江大湖交界
NSH1	（N30°20'54.02"，E114°32'29.65"）	牛山湖湖北
NSH2	（N30°18'52.20"，E114°33'12.01"）	牛山湖湖东
NSH3	（N30°19'42.34"，E114°31'45.76"）	牛山湖湖心附近
NSH4	（N30°21'26.33"，E114°30'46.86"）	牛山湖湖北
NSH5	（N30°20'10.19"，E114°29'16.59"）	牛山湖湖西

2.5.1.4　基线判定过程与结果

（1）频率分析法　频率分析法即对水质样本进行统计特征值分析，并确定某一百分位值为参考基线的分析方法，该方法使用的假设前提为在该评价区域或该评价水域内存在水质尚好的区域或点位。通常情况下，在所有数据参与频率分析时则选取下四分位作为最终的基线分析结果。如若仅对区域内水质最优的区域进行分析，则可选择上四分位作为最终的基线结果。与此同时，如若进行分析的数据为该区域在受到人类干扰的前提下，则可适当提高选取标准，例如选取最优分位值即下5%分位值作为最终的基线判定结果。

本研究中，针对东湖湖泊生态基线判定过程中采用的频率分析法主要包括以下几个具体步骤：①采样及收集数据；②采用SPSS软件进行数据的统计特征分析；③判定基线水平。东湖作为城中湖长期以来受到了相当程度的人类活动干扰，故在本研究中经过对比后宜优先选取下5%分位值作为最终的基线水平。分析结果如表2.4所示，可以看出若选取下四分位数为指标基线，结果显示TP基线浓度为0.04mg/L、TN为0.870mg/L、叶绿素a为9.45μg/L、SD为0.87m；若选取最优分位数（下5%）作为指标基线，结果显示TP基线浓度为0.021mg/L、TN为0.61mg/L、叶绿素a为3.72μg/L、SD为1.97m，下5%分位数明显优于下四分位数。

表2.4　东湖各指标频率分布数据

频率/%	TP/（mg/L）	TN/（mg/L）	叶绿素a/（μg/L）	SD/m
5	0.021	0.61	3.72	0.35
10	0.025	0.73	5.68	0.40
25	0.040	0.87	9.45	0.45
75	0.159	2.80	93.5	0.87
90	0.198	4.06	161	1.47
95	0.227	4.69	178	1.97

梁子湖的湖泊生态环境损害基线判定过程与东湖相似，在频率分析法中具体步骤也包括采样及收集数据、采用SPSS软件进行数据的统计特征分析以及判定基线水平。从最终结果可以看出（表2.5），若选取下四分位数为指标基线，TP基线浓度为0.014mg/L、TN为0.64mg/L、叶绿素a为1.61μg/L、SD为1.18m；若选取最优分位数（下5%）作为指标基线，TP基线浓度为0.005mg/L、TN为0.48mg/L、叶绿素a为0.80μg/L、SD为2.48m，下5%分位数明显优于下四分位数。与东湖不同的是，梁子湖属于城郊湖泊，且水体质量水平一直相对较好，受到人类活动干扰水平也相对较小，故本研究优先选取下四分位数作为梁子湖生态环境损害的基线浓度。

表2.5　梁子湖各指标频率分布数据

频率/%	TP/（mg/L）	TN/（mg/L）	叶绿素a/（μg/L）	SD/m
5	0.005	0.48	0.80	0.50
10	0.008	0.50	1.13	0.53
5	0.015	0.64	1.61	0.55
75	0.041	1.00	28.0	1.18
90	0.078	1.17	44.3	1.89
95	0.090	1.32	46.6	2.48

（2）三分法　三分法即选取所有水质数据最优1/3进而求出该1/3部分的中位数，将此中位数作为基线判定结果。本研究中三分法的数据分析过程采用EXCEL软件进行。研究结果显示，TP基线浓度为0.033mg/L、TN为0.77mg/L、叶绿素a为7.86μg/L、SD为1.11m（表2.6）。

表2.6　东湖三分法判定结果

指标	基线判定结果
TP/（mg/L）	0.033
TN/（mg/L）	0.77
叶绿素a/（μg/L）	7.86
SD/m	1.11

梁子湖各指标基线的三分法判定结果如表2.7所列，TP基线浓度为0.010mg/L、TN为0.55mg/L、叶绿素a为1.19μg/L、SD为1.70m。三分法所判定的基线判定结果介于频率分布5%～25%之间。

表2.7　梁子湖各指标基线的三分法判定结果

指标	基线判定结果
TP/（mg/L）	0.010
TN/（mg/L）	0.55
叶绿素a/（μg/L）	1.19
SD/m	1.70

2.5.1.5　结果与讨论

本研究判定的东湖和梁子湖基线范围汇总见表2.8。总体来看，频率法下5%分位判定最严格基线水平，下四分位数则最为宽松，三分法判定结果则处于两者之间。就两湖泊本身来看，梁子湖各指标基线水平均优于东湖，这与两湖泊所处地理位置及水体功能现状相吻合。就本研究而言，可以直接将三种结果所处范围作为基线判定的最终结果，也可根据实际情况确定三者中的某一组数据作为最终结果。湖泊生态环境基线概念指出，基线状态为自然湖泊在未受污染情况下呈现的自然状态，但对于损害基线判定实际操作而言，考虑到后续损害赔偿问题，笔者认为，对于基线的判定并非越严格越合适，需要根据湖泊实际情况斟酌判定。

表2.8　东湖和梁子湖基线范围汇总

湖泊名称	TP/（mg/L）	TN/（mg/L）	叶绿素a/（μg/L）	SD/m
东湖	0.021～0.040	0.61～0.87	3.72～9.45	1.97～0.87
梁子湖	0.005～0.014	0.48～0.64	0.80～1.61	2.48～1.18

历史数据法和历史参照状态法是判定基线的有效方法之一。由于本研究中可搜集到的历史数据有限，故在分析时并未直接采用该方法，但通过文献检索及数据挖掘，可以利用有限的数据对本研究结果进行验证。通过文献检索，可搜集到的东湖（及华中地区部分其他湖泊）数据及文献来源，如表2.9所列。从表2.9可见，数据大多来自20世纪70～80年代，该时期东湖虽然受到一定污染，不能直接作为基线标准使用，但可侧面证明本研究基线判定的科学性。文献挖掘得到的东湖及华中地区部分湖泊的所有数据经过处理后，得到总磷浓度的平均值为0.34mg/L、中位数为0.11mg/L，总氮浓度的平均值为1.68mg/L、中位数为1.67mg/L。仅对东湖已有数据进行分析可以得到，总磷浓度的平均值为0.12mg/L，中位数为0.10mg/L，总氮浓度的平均值为1.76mg/L、中位数为1.84mg/L。通过对比数据可以看出，70～80年代东湖水质数据明显高于本研究中经过统计所得基线水平。历史资料显示，东湖于60年代后水质开始恶化，因此，本研究所挖掘数据的分析结果高于基线水平从侧面印证了基线判定结果的合理性。

表2.9　华中地区部分湖泊历史数据挖掘

湖泊名称	年份	指　标				文献来源
		TP/（mg/L）	TN/（mg/L）	叶绿素a/（μg/L）	SD/m	
东湖	1979年	0.079	2.05	9.34	1.86	蔡庆华
	1980年	0.068	2.27	11.7	1.74	
	1981年	0.170	1.58	16.8	1.11	
	1982年	0.109	1.67	16.1	1.91	
	1983年	0.096	1.68	16.2	1.50	
	1984年	0.069	2.28	9.39	1.81	
	1985年	0.044	1.47	24.7	1.78	
东湖	1977年	0.400	0.63	—	—	吴萍秋等
黄家湖		0.450	2.29	—	—	

湖泊名称	年份	指标				文献来源
		TP/（mg/L）	TN/（mg/L）	叶绿素a/（μg/L）	SD/m	
机器荡	1977年	1.570	1.59	—	—	吴萍秋等
东湖	1978~1981年	0.105	2.00	—	0.35	舒金华
宿鸭湖	20世纪80年代	0.083	0.62			何志辉
淮阳湖		1.45	—			
磁湖	1987~1988年	0.087	1.54	15.4	0.65	舒金华
墨水湖	1987~1988年	0.500	1.61		0.15	
东湖	20世纪80年代	0.105	2.00	—	0.40	李祚泳等
均值		0.336	1.68			
中值		0.105	1.67			
东湖均值		0.125	1.76			
东湖中值		0.101	1.84			

在研究过程中，笔者试图通过已有文献挖掘梁子湖的历史数据，但通过调研结果显示（图2.2），20世纪时有关梁子湖的研究鲜有报道，仅有的文献中也多见于有关渔业种质资源相关研究，对于水质方面关注更加有限。

对于早期梁子湖水质营养指标，笔者仅从"梁子湖湖沼学资料"中得到1955~1956年总氮平均值为0.186mg/L（所处范围为0.130~0.254mg/L）。通过对比发现，本研究判定梁子湖总氮基线较20世纪50年代数据更高，出现该结果的可能原因主要在于以下三点：首先，由于梁子湖水域面积辽阔，本研究所采集水样搜集数据的范围并未涵盖所有水域范围，因此并不能代表梁子湖的总体情况；其次，由于本研究中梁子湖的数据量较少，因此在数据统计过程中可能存在较大偏差；最后，单从某一篇发表文献中获取的梁子湖的历史数据并不足以说明当时水质的真实情况。综合以上分析，由于梁子湖数据量以及历史参考资料有限，故基线判定结果可能存在较大的更正空间。

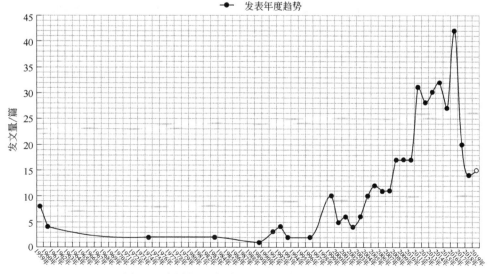

图2.2　中国知网中关于"梁子湖"的检索结果

通过对以上两个湖泊进行案例分析，笔者认为在判定湖泊生态环境基线时，及时对损害评估目的地进行实时的历史数据搜集是评价的基础工作，也是保证评价结果合理准确的重中之重。再者，对于湖泊生态环境基线的确定，在选择某一种判定方法为主要判定手段后应同时选用其他方法对已得结果进行合理性验证。最后，由于湖泊生态环境基线判定的目的在于后续过程中对损害程度的判定并以此为度量确定最终的损害赔偿金，故需要考虑到水资源恶化的非直接人为因素，例如由于全球气候变暖所造成的湖泊水体营养水平上升的现象，若将此部分损害一同算入某损害湖泊周边企业所需赔偿的范围中则可能有失公允。同时，对于由人为原因间接造成的湖泊生态环境损害现象，后续的损害程度判定及损害赔偿也应慎重并全面考虑。

2.5.2 河流适用性研究案例

2.5.2.1 研究区域概况

以长江三峡水库入库支流为例，基于频度分析法、非参数突变点分析法、临界指示物种分析法，对着生藻类群落的总磷基线进行判定。

三峡库区位于东经106°56′～118°8′、北纬29°31′～31°40′，西迄重庆，东止宜昌，北抵大巴山，南接武夷山，辖重庆和湖北西部21个县市，全长660km，面积6.3万平方千米。该区域地处四川盆地与长江中下游平原的结合部，跨越渝、鄂中山区峡谷及川东岭谷地带，其中山地占78.0%，丘陵占18.2%。

库区属典型的亚热带湿润季风气候，由于受季风的影响，该区四季分明，夏热冬暖、春早秋凉。年均温为15～19℃，年降水量多为1000～1200mm，活动积温5000～6000℃，相对湿度为60%～80%。鄂西川东处于副热带东、西季风环流控制的范围，具有亚热带季风气候的一般特征，全年的气压、温度、湿度、降水、日照等气候要素和天气特点都有明显的季节变化。库区森林和农田所占面积均较大，其中森林面积为268.54万公顷（1公顷=10^4m²，下同），农业用地面积为41.08万公顷，属于峡谷型农业区，坡耕地较多，且耕地呈明显垂直分布特征。在海拔300～500m范围内，耕地、旱地和水田所占比例较大。随海拔梯度的升高，耕地逐渐减少，在1000m以上的高山，由于冷害发生频率较高，粮食产量大大降低，耕地也大量减少。

库区经济社会处于较低发展阶段，与全国平均水平相比存在较大差距。库区农业经济基本处在以"粮猪型"结构为主的粗放型经济形态阶段，农业综合生产能力不强。工业基础薄弱，工业经济对当地税收、居民收入和就业的带动能力不强，且由于国家对环保、土地等政策的严格要求，库区工业发展受到了一定的限制。

2.5.2.2 研究方法

（1）野外调查 调查了梅江河、綦江、乌江、龙河、黄金河、小江、汤溪河、梅溪河、草堂河、大宁河、边域溪、万福河、袁水河、青干河、童庄河、太平溪、九畹溪、神农溪、茅坪溪、香溪河、咸水河、平阳河、梅家河23条支流，共采集149个样点（图2.3，见彩插）。

采集着生藻类标本时，每个样点在100m左右长的河段内呈"之"字形随机选取3个亚样点，每个亚样点采集3～5块直径10～20cm的石块，现场用尼龙刷刷洗石块上直径2.5cm采样圈内的表面并用无藻水冲洗数次，收集刷液并转入350mL的聚乙烯瓶中定容。将一部分样品分装至70mL标本瓶内，并立即用4%甲醛溶液固定保存，带回实验室进行硅藻鉴定，另取一部分样品带回实验室用丙酮萃取法测定硅藻叶绿素a的含量。每个样点采样时取350mL水样后现场加浓硫酸调整至pH<2，带回实验室后，用Skalar分段式流速分析仪（Skalar San++，the Netherlands）测定总磷（TP）浓度。

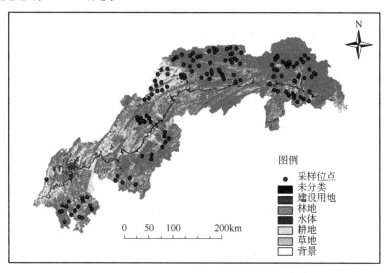

图2.3　三峡水库入库支流调查样点分布

　　（2）硅藻鉴定及参数计算　硅藻鉴定分两个步骤进行。首先取0.1mL标本均匀放置在0.1mL计数框内，在显微镜下用400倍镜鉴定并计数，每个样本至少计数300个个体。此步骤观察到的所有硅藻并入一个分类单元。然后把一定量的硅藻样品通过酸处理制成永久干片，在1000倍油镜下将硅藻鉴定到种并计数，每个样品至少计数600个硅藻壳面。最后根据1000倍镜下每种硅藻壳面的计数计算其比例（%），并根据400倍镜下所记录的硅藻总数计算在400倍镜下每种硅藻的数量。最后经过体积换算得出硅藻单位面积的个体数（cell/m²）。根据各样点硅藻群落结构、组成分别计算硅藻丰富度（richness）等指数。硅藻鉴定方法主要参照朱惠忠和陈嘉佑、Patrick和Reimer、齐雨以及施之新等人文献中提及的方法。

　　本研究除采用硅藻生物量（叶绿素a）、物种丰富度、香农-威纳多样性指数等常用生物参数外，还采用生态共位群和营养群的相对丰富度以及硅藻群落组成来分析硅藻群落的总磷基线。生态共位群指的是由某些特定特征相似的物种所组成的群体，它们生活在共同的环境中，但却倾向于不同的环境条件，对受损生态系统的生态学评估具有非常重要的作用。Rimet和Bouchez依据硅藻群落对营养及环境干扰的耐受潜力将硅藻群落划分为四种生态共位群，分别为高位群、低位群、运动型和浮游型共位群。高位群主要由所有高大种组成，包括直立的、丝状的、分枝的以及呈链状的、管状的和存于茎上的种类，它们倾向于较高营养浓度和较低流速环境，主要是等片藻属、圆筛藻属、短缝藻属、脆杆藻属、异极藻属、直链藻属和针杆藻属中的种类；低位群主要由矮小的物种组成，包括匍匐型、贴生型、直立型、单生型和运动缓慢的种类，它们倾向于流速较大且营养浓度较低的环境，满足这些标准的硅藻主要是除桥弯藻属、弯肋藻属、真卵形藻属和曲壳藻属中较大的种类之外的双眉藻属、小环藻属、汉氏藻属、扇形藻属、具隙藻属和瑞氏藻属中的种类；运动型群体则主要为舟形藻属、菱形藻属、鞍形藻属和双菱藻属中快速运动的种类，倾向于一定流速和营养浓度较高的环境；而浮游群主要包括中心纲中的单细胞硅藻，如小环藻和冠盘藻等难以抵抗水体中物理干扰的硅藻，针状菱形藻和肘杆藻属等也属于浮游群。由于样本采集主要在有一定流速的溪流生态环境中进行，所以本研究采集的附石硅藻群落中浮游群相对稀少，从而其作为硅藻参数分析的意义并不大。因此，本章未对浮游群的相对丰富度进行分析，而是以低位群、高位群和运动群三种生态共位群的物种丰富度作为硅藻群落参数之一研究附石硅藻群落的营养基线。

硅藻营养群的划分参照van Dam等对硅藻物种贫、富营养的评分标准，将营养得分在1~3分的物种划分为贫营养种，得分在4~7分的划分为富营养种。本研究对贫营养种和富营养种所组成群落的物种丰富度进行计算，并作为另一种硅藻参数进行基线判定。

硅藻群落的相对丰富度数据是由各样点中各硅藻物种个体数占该样点硅藻总数的比例所构成的相对丰富度矩阵。为了消除优势种对基线分析的影响，分析前对数据进行$\lg(x+1)$转化处理。

（3）统计分析

① 总磷自然背景值分析。频率分布统计法可以用来计算环境背景值，其分析过程大致如下：首先计算城镇和农田土地利用比例（%）之和（WA），然后计算WA分别小于等于0、1%、2%、3%、4%、5%、6%、7%、8%、9%、10%、15%、20%、30%、40%时样点TP浓度梯度频率分布的50%和75%分位数值，并作WA与TP的这些分位数值的散点图，根据美国环保署的方法，用研究区域中WA最低值（0值）所对应的TP浓度作为TP背景值。

② 突变点分析。进行基线分析之前，首先采用局部回归散点平滑法（LOESS）初步探索生物参数与TP浓度之间的响应关系，然后确定基线分析方法。用LOESS法对叶绿素a、香农-威纳指数、相对物种丰富度、低位群、高位群、运动群、贫营养物种和富营养物种与TP之间关系的探索结果发现，各生物参数与TP之间均呈明显的非线性关系（图2.4）。由于发生阈值响应的自变量与因变量之间常常具有的这种非线性特征，因此采用非参数方法进行统计分析，以避免线性分析方法中对数据分布形状的要求。

由于基线分析所采用的生物参数不仅包含集合群落指标单变量参数，还包括硅藻群落组成多元参数，而这两种参数的阈值分析需要两种不同的统计技术来对单元和多元响应变量进行分别处理，因此采用非参数突变点分析（nCPA）和临界指示物种分析（TITAN）两种方法来分析硅藻的营养阈值。

非参数突变点分析法是一种广泛使用的阈值分析法，它应用Bray-Curtis系数来量度生物群落对营养浓度变化的响应，其原理是将各样点的响应变量（硅藻参数）按照对应的环境梯度进行排列，根据Bray-Curtis系数来寻找潜在的突变点，而潜在突变点中将响应变量分成平均值和方差差异最大两组的环境变量值即为突变点或阈值。为了降低突变点的不确定性，对突变点结果进行自举重抽样分析（bootstrapping），即从原数据集中抽取一部分数据构成新数据集进行模型拟合，如此重复抽样1000次，得到1000个阈值结果，用其50%分位值作为最终的阈值。nCPA法的缺点之一是它仅能处理单一响应变量的环境阈值，其研究结果仅能反映硅藻群落对TP响应的整体趋势，无法区分群落中不同物种对TP响应的差异。nCPA法统计分析采用rpart软件包中的rpart函数，bootstrapping采用的是boot软件包中的boot函数。

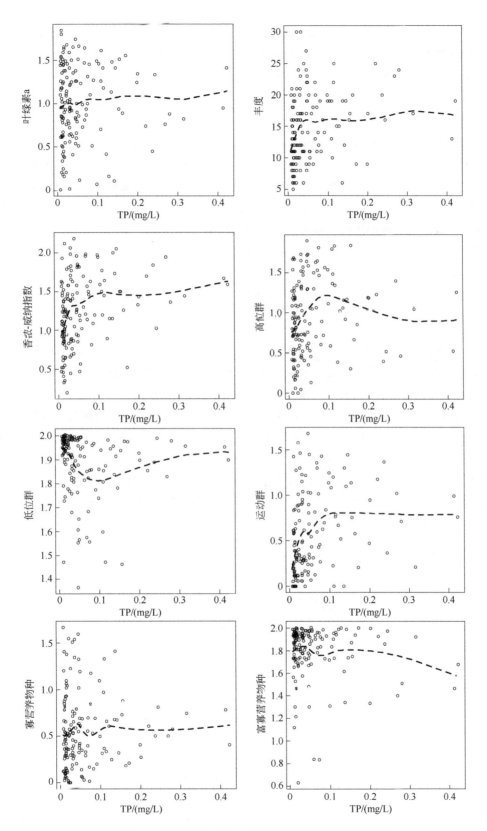

图2.4　硅藻参数对TP浓度变化响应的LOESS趋势线

临界指示物种分析法突破了nCPA法仅能处理单一响应变量的局限，可以对附石硅藻群落组成矩阵数据的TP阈值进行分析。TITAN法是将nCPA法和指示物种分析法（Indicator Taxa Analysis）相结合的一种既能确定生态阈值又能识别指示物种的非参数分析新方法。其原理是对群落中全部物种的TP突变点进行比较，当有多个物种在一个较小的营养浓度范围内同时发生相似响应时，该营养浓度范围即为群落的响应阈值。分析中使用的是硅藻物种的相对丰富度数据，数据分析前对数据进行lg（$x+1$）转化以降低罕见种的影响，而且排除仅在3个以下样点中出现的物种。另外，TITAN法得出初步的物种突变点后，也用自举抽样技术分析物种突变点的不确定性（uncertainty，即突变点分布与自举抽样所得数据集分布的相异程度，表征从抽样数据集中得到突变点的可能性）、纯度（purity，即自举抽样中突变点的响应方向与所观察到响应方向一致的比例）和可靠度（reliability，即在自举抽样的数据集中能得出突变点的概率），最后以不确定性（$P<0.05$）、纯度（≥ 0.95）和可靠度（≥ 0.90）为依据确定TP的指示物种。本研究设定自举抽样样本包含250个观察值，抽样次数500次。该分析采用的是R软件中的mvpart程序包及Baker和King编写的程序。

2.5.2.3 基线判定结果

（1）总磷背景值　本研究中，TP跨越较大的浓度梯度，其浓度为0.008～0.423mg/L。WA与TP浓度频率分布中百分位数值的散点图如图2.5所示，用WA为0时TP浓度的75%分位数作为三峡库区入库支流的TP背景值，结果得到TP背景值为0.013mg/L。

（2）硅藻参数的总磷基线　由于所采集的附石硅藻绝大部分属于硅藻门，且相对于其他硅藻来说，硅藻对河流健康状况的指示作用更强，因此本研究对所采集146个附石硅藻分类单元中的硅藻群落进行了总磷基线分析。为了消除优势种的影响，分析之前对硅藻群落的相对丰富度数据进行lg（$x+1$）转化。利用nCPA法计算出叶绿素a、硅藻物种丰富度、香农-威纳多样性指数、高位群、低位群、运动群、贫营养群、富营养群相对丰富度和硅藻群落的TP突变点结果（表2.10和图2.6）。

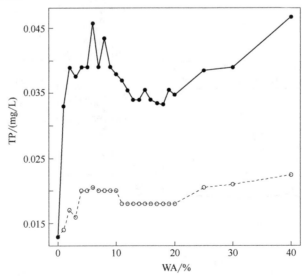

图2.5　三峡库区入库支流样点TP累积频率分布

实心圆表示样点累积频率的75%分位，空心圆表示样点累积频率的50%分位

TITAN法计算的负响应（即响应变量随环境因子梯度增加而减少）物种TP基线为0.012mg/L。正响应（即响应变量随环境因子梯度增加而增加）物种的TP基线为0.041mg/L（表2.10和图2.7，见彩插）。

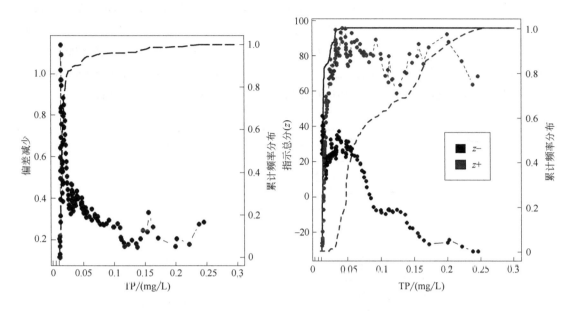

图2.6 硅藻群落候选突变点的Bray-Curtis 距离沿TP梯度下偏差减少的分布 （点-虚线）以及自举抽样突变点的累积频率分布图 （线-虚线）

图2.7 TITAN附石硅藻物种负响应种指示总分和正 响应种指示总分对候选TP突变点的响应曲线 点-虚线代表负响应种（黑色）或正响应种（红色）的响应 曲线；线-虚线代表自举抽样突变点的累积频率分布

表2.10 nCPA法和TITAN法确定的藻类参数TP基线

分析方法	参数	指标	TP基线/（mg/L）
nCPA	叶绿素a	Chl. a	0.024
nCPA	物种丰富度	Richness	0.023
nCPA	香农-威纳指数	Shannon-wiener index	0.022
nCPA	高位群相对丰富度	% High guild abundance	0.031
nCPA	低位群相对丰富度	% Low guild abundance	0.044
nCPA	运动群相对丰富度	% Motile guild abundance	0.022
nCPA	贫营养物种相对丰富度	% Oligotraphentic diatoms	0.022
nCPA	富营养物种相对丰富度	% Eutraphentic diatoms	0.057
nCPA	硅藻群落组成	Diatom community	0.013
TITAN	负响应物种	Z-taxa	0.012
TITAN	正响应物种	Z+taxa	0.041

（3）总磷指示种 TITAN法分析共得到TP指示物种21种，其中负响应种7种，分别为 *Achnanthidium Biasolettianum*、*Achnanthidium Minutissimum*、*Delicata Delicatula*、*Encyonema*

Minutum、贝雷拟内丝藻（*Encyonema Bereaquasi*）、念珠状等片藻（*Diatoma Moniliformis*）和 *Brebissonia Lanceolata*；正响应种14种，分别为*Psammothidium Curtissimum*、*Planothidium Lanceolatum*、*Achnanthidium Gracillimum*、*Achnanthes Ventralis*、扁圆卵形藻线条变种（*Cocconeis Placentula f. Lineata*）、胀大桥弯藻（*Cymbella Turgidula*）、*Ulnaria Ulna*、*Gomphoneis Heterominuta*、*Schizonema Cryptocephalum*、*Navicula Cryptotenella*、*Navicula Phyllepta*、细端菱形藻（*Nitzschia Dissipata*）、*Nitzschia Perminuta*和*Homoeocladia Tabellaria*。21个指示物种中，正响应种*Schizonema Cryptocephalum*的TP阈值最高（0.257mg/L），而负响应种*Brebissonia Lanceolata*和念珠状等片藻的TP阈值最低（0.014mg/L），其他指示物种的TP阈值均介于两者之间（图2.8和表2.11）。

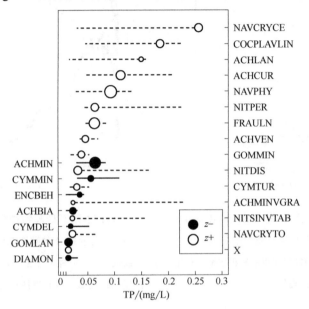

图2.8　TITAN法分析得出的指示物种（纯度≥0.95，可靠度≥0.90，*P*＜0.05）
随TP突变点浓度的增加而增加或减少的响应
图中的圆圈表示突变点，圆圈大小表示响应强度的大小

表2.11　TITAN法确定的TP指示物种

物种缩写	物种拉丁名	物种突变点	出现频率	响应方向[①]	纯度	可靠度
ACHBIA	*Achnanthidium Biasolettianum*	0.023	13	−	1	1
ACHMIN	*Achnanthidium Minutissimum*	0.066	147	−	1	1
CYMDEL	*Delicata Delicutula*	0.018	25	−	0.996	0.986
CYMMIN	*Encyonema Minutum*	0.057	61	−	1	0.992
ENCBEH	*Encyonema Bereaquasi*	0.037	23	−	0.984	0.96
DIAMON	*Diatoma Moniliformis*	0.014	12	−	0.992	0.95
GOMLAN	*Brebissonia Lanceolata*	0.014	7	−	1	0.97
ACHCUR	*Psammothidium Curtissimum*	0.113	6	+	0.998	0.98
ACHLAN	*Planothidium Lanceolatum*	0.150	76	+	0.988	0.978
ACHMINVGRA	*Achnanthidium Gracillimum*	0.024	39	+	0.986	0.956
ACHVEN	*Achnanthes Ventralis*	0.048	18	+	0.992	0.988

物种缩写	物种拉丁名	物种突变点	出现频率	响应方向①	纯度	可靠度
COCPLAVLIN	*Cocconeis placentula f. Lineata*	0.185	25	+	0.992	0.982
CYMTUR	*Cymbella Turgidula*	0.031	59	+	0.998	0.998
FRAULN	*Ulnaria Ulna*	0.063	34	+	0.996	0.996
GOMMIN	*Gomphoneis Heterominuta*	0.040	127	+	0.988	0.988
NAVCRYCE	*Schizonema Cryptocephalum*	0.257	18	+	1	0.996
NAVCRYTO	*Navicula Cryptotenella*	0.023	109	+	1	1
NAVPHY	*Navicula Phyllepta*	0.095	36	+	1	1
NITDIS	*Nitzschia Dissipata*	0.035	63	+	1	1
NITPER	*Nitzschia Perminuta*	0.066	22	+	0.986	0.984
NITSINVTAB	*Homoeocladia Tabellaria*	0.023	19	+	0.998	0.98

① "-"表示负响应,"+"表示正响应。

2.5.2.4 讨论

(1)总磷阈值比较 本研究得出即背景值为0.013mg/L。阈值分析发现,河流附石硅藻群落参数对水体TP变化的响应呈现差异,得出的阈值结果之间及其与背景值之间也存在较大区别。一方面,通过nCPA法计算得到叶绿素a、物种丰富度和香农-威纳多样性指数、运动群和贫营养群五个硅藻参数的TP阈值较为接近(0.022~0.024mg/L),说明水体TP浓度接近该浓度范围时,以上五种硅藻参数会受到显著影响。在高于0.024mg/L的阈值中,高位群、低位群和富营养硅藻群的TP阈值依次增加,其中富营养硅藻群的TP阈值稍高,为0.057mg/L。相对于以上生物参数而言,nCPA法直接对硅藻群落组成进行分析得到的TP基线(0.013mg/L)最低,说明群落组成对TP的耐受性较其他参数低。

另一方面,对硅藻群落组成而言,用TITAN法分析分别得到了正响应种(即耐受种,z+)和负响应种(即敏感种,z-)的TP阈值。其中,负响应物种的TP阈值(0.012mg/L)均明显低于对应的nCPA阈值(0.013mg/L),而正响应物种的TP阈值(0.041mg/L)则高于nCPA阈值。显然,相较于nCPA法,TITAN法不仅能识别群落内部不同物种对TP变化的响应,从而提供更详细的基线信息,且其判定的TP基线更符合环境管理要求。此外,负响应种的TP基线(0.012mg/L)与TP背景值(0.013mg/L)较为接近,说明硅藻群落的TP敏感种对人类干扰较为敏感。

综上所述,相对于硅藻生物量、硅藻物种丰富度、香农-威纳多样性指数、低位群、高位群、运动群、贫营养种和富营养种物种丰富度等这些将群落组成信息汇集成一个参数的集合性群落参数来说,硅藻群落组成本身对环境因子的响应敏感程度要高得多。采用硅藻群落组成的原始数据矩阵作为响应变量来分析生物群落对环境因子的响应,避免了像其他集合性群落指标那样,混淆群落中单一物种(敏感种或耐受种)对环境变化的响应。硅藻群落组成能更真实准确地反映由环境变化所导致的硅藻群落中各物种的正响应或负响应。虽然本书主要以附石硅藻群落作为指示生物,但本书的研究结果也同样适用于河流水体中其他类型的生物,包括底栖动物、鱼类等。因此,综上所述,在对生物群落与环境因子之间关系的研究中,群落组成原始矩阵比集合性生物参数更适合用作响应变量。此外,TITAN法能区分群落中各物种对环境变量的正、负响应,并得出相应的基线和指示物种。因此,相对于nCPA法等混淆单一物种响应的方法来说,TITAN法更适于用于检测生物群落的生态阈值。

因此，本研究结果说明当河流中TP浓度水平较低时，首先是敏感物种对营养变化发生响应；随着营养水平的增加，硅藻群落生物量、多样性等特征相继受到影响；当营养水平增加到一定程度时，连群落中的耐受种密度或丰度都将发生显著变化。另外，根据TP背景值和TITAN法所确定的营养基线结果可知，TP背景值为0.013mg/L。当河流TP浓度低于0.012mg/L时，河流附石硅藻群落组成相对稳定；超过这一浓度范围后，敏感种继续减少；而当河流的TP浓度超过到0.041mg/L时，连耐受种密度也会受到显著影响，附石硅藻的群落组成会发生明显变化。本研究调查的样点中有86%的样点水体TP浓度超出总磷背景值，86%的样点水体TP浓度超出负响应阈值，40%的样点超出TP正响应阈值，这说明三峡水库大部分入库河流虽受到了一定程度的干扰，但其受干扰程度并不严重。

Black等分析了耐受性硅藻、敏感型硅藻及运动型硅藻丰富度等硅藻指标的TP浓度阈值结果为0.03～0.28mg/L。Chambers等分析硅藻丰富度、敏感性底栖动物丰富度和富营养硅藻丰富度等参数的TP阈值为0.01～0.03mg/L。Smith等采用磷营养生物指数（Nutrient Biotic Index of Phosphorus，NBI-P）作为响应变量分析得到TP阈值0.015～0.018mg/L。郭茹等确定引起叶绿素a浓度变化的TP阈值为0.05mg/L。

总体而言，本研究所得TP阈值范围所处区间与其他研究结果类似。例如Dodds等和Stevenson等利用叶绿素a分析得出的TP阈值为0.03mg/L。Smith等采用磷营养生物指数作为响应变量分析得到TP阈值为0.015～0.018mg/L。这些结果显示，河流的营养阈值存在某种程度上的普遍性。但Chambers等对硅藻丰富度、营养硅藻指数、底栖大型无脊椎动物生物完整性指数和相对丰富度分析得到的TP阈值0.01～0.03mg/L，低于本研究得出的TP阈值（0.012～0.041mg/L），而Black等对耐受硅藻、敏感硅藻及高磷硅藻等的丰富度进行分析得出的TP浓度阈值结果为0.03～0.28mg/L，高于本文得出的TP阈值。说明不同研究之间TP阈值结果可能存在差异，这种差异可能来源于地理因素不同导致的气候差异、土地利用类型差异或是与之相关的其他理化因子的差异。

（2）总磷指示物种比较　本研究识别的TP指示物种与其他研究大致相同。例如，本研究中确定的TP负响应指示种中*Delicata Delicatula*在van Dam的研究中为指示贫营养水体的物种，*Achnanthidium Minutissimum*和*Delicata Delicatula*在Potapova的研究中均为TP负响应种。TP正响应种中*Brebissonia Lanceolata*、扁圆卵形藻线条变种（*Cocconeis Placentula f. Lineata*）、*Ulnaria Ulna*、*Gomphoneis Heterominuta*、*Schizonema Cryptocephalum*、*Navicula Cryptotenella*和细端菱形藻（*Nitzschia Dissipata*）在van Dam的研究中指示富营养化水体，扁圆卵形藻线形变种（*Cocconeis Placentula f. Lineata*）、*Schizonema Cryptocephalum*、*Navicula Cryptotenella*和*Nitzschia Perminuta*也是Potapova研究确定的TP正响应指示种。但本研究确定的部分指示种与其他研究有所不同，例如TP负响应种*Achnanthidium Minutissimum*是van Dam研究中指示富营养水体的种类，还是Bere研究确定的污染耐受种，而TP正响应种*Achnanthidium Gracillimum*、*Achnanthes Ventralis*和*Nitzschia Perminuta*在van Dam的研究中为贫营养指示种，TP正响应种*Ulnaria Ulna*和*Homoeocladia Tabellaria*分别是Beyene和Potapova确定的低磷指示种和TP负响应指示种。另外胀大桥弯藻（*Cymbella Turgidula*）在本研究中为TP正响应种，但Patrick和Reimer的研究发现该物种一般生活于清洁或中等质量水体中，只能耐受一定的TP浓度，而施之新的研究中该物种可广泛地生长在热带和温带的各种淡水水体中。不同研究之间指示物种的差异并非偶然现象，例如有部分研究者将扁圆卵形藻（*Cocconeis communis var. Placentula*）确定为高营养物种，也有研究者则将其确定为低营养物种或是与营养无关的物种，而Lowe通过搜集整理大量的硅藻文献后总结得出 *Cocconeis Communis var. Placentula* 与营养之间没有明显的指示关系。

除了研究方式会导致不同研究得到的指示种有差异外，区域间气候特征、环境变量协同作用及调查区域内环境变量取值范围等的差异，各物种在不同区域内表现出特定的物种-环境关系，也会导致同一物种在不同区域呈现不同的指示特征。为全面了解硅藻物种对TP的指示作用，需要未来的研究在较大的区域和营养梯度范围内展开，并采用适当的分析技术控制其他变量与目标胁迫因子间的协同作用（如分析藻-磷关系时控制氮对硅藻的协同作用），研究目标胁迫与硅藻响应间的因果关系，从而获得更加客观的指示信息。

参考文献

[1] 陈宜瑜. 淡水生态系统中的若干生物多样性问题 [J]. 生物科学信息, 1990 (5): 197-200.

[2] 揣小明. 我国湖泊富营养化和营养物磷基准与控制标准研究 [D]. 南京: 南京大学, 2011.

[3] 张亚丽. 我国蒙新高原湖区湖泊营养物基准制定技术研究 [D]. 北京: 中国环境科学研究院, 2012.

[4] 朱欢迎. 滇池草海富营养化和营养物磷基准与控制标准研究 [D]. 昆明: 昆明理工大学, 2015.

[5] Huo S, et al. Determining reference conditions for TN, TP, SD and Chl-a in eastern plain ecoregion lakes, China [J]. Journal of Environmental Sciences, 2013, 25 (5): 1001-1006.

[6] 唐小晴. 突发性水环境污染事件的环境损害评估方法与应用 [D]. 北京: 清华大学, 2012.

[7] 李伟芳. 论我国海洋石油污染中环境损害的范围认定 [J]. 政治与法律, 2010 (12): 117-123.

[8] 蔡守秋, 海燕. 也谈对环境的损害——欧盟《预防和补救环境损害的环境责任指令》的启示 [J]. 河南省政法管理干部学院学报, 2005 (3): 97-102.

[9] 龚雪刚, 等. 环境损害鉴定评估的土壤基线确定方法 [J]. 地理研究, 2016. 35 (11): 2025-2040.

[10] Czech E. Liability for Environmental Damage According to Directive 2004/35/EC [J]. Polish Journal of Environmental Studies, 2007, 16 (2): 321-324.

[11] Mazzotta M J, Opaluch J J, Grigalunas T A. Natural Resource Damage Assessment: The Role of Resource Restoration [J]. Nat. Resources J. , 1994, 34: 153-178.

[12] Donaldson M P. The Oil Pollution Act of 1990: Reaction and Response [J]. Vill. Envtl. LJ, 1992. 3 (2): 283-322.

[13] 张红振, 等. 环境损害评估: 国际制度及对中国的启示 [J]. 环境科学, 2013, 34 (5): 1635-1666.

[14] 魏复盛. 水和废水监测分析方法 [M]. 北京: 中国环境科学出版社, 2002.

[15] 龚雪刚, 等. 环境损害鉴定评估的土壤基线确定方法 [J]. 地理研究, 2016, 35 (11): 2025-2040.

[16] Barnthouse L W, Stahl Jr R G. Quantifying natural resource injuries and ecological service reductions: Challenges and opportunities [J]. Environmental Management, 2002, 30 (1): 1-12.

[17] 王轩萱. 中美环境标准比较研究 [D]. 长沙: 湖南师范大学, 2014.

[18] Stoddard J L, et al. Setting expectations for the ecological condition of streams: the concept of reference condition [J]. Ecological Applications, 2006, 16 (4): 1267-1276.

[19] Karr J R, Chu E W. Restoring life in running waters: better biological monitoring [J]. Journal of the North American Benthological Society, 1999. 18 (2): 297-25.

[20] Hertwich E G, McKone T E, Pease W S. A systematic uncertainty analysis of an evaluative fate and exposure

model [J]. Risk Analysis, 2000, 20 (4): 439-454.

[21] 王兴利, 等. 环境损害鉴定评估领域难点探讨 [J]. 中国环境管理, 2019, 11 (2): 87-93.

[22] Burger J, et al. Defining an ecological baseline for restoration and natural resource damage assessment of contaminated sites: The case of the Department of Energy [J]. Journal of Environmental Planning and Management, 2007, 50 (4): 553-566.

[23] 罗园, 基于生态系统的河流污染损害评估方法与应用 [D]. 北京: 清华大学, 2014.

[24] 陈璋琪, 等. 大气污染环境损害鉴定评估的基线确认方法探讨 [J]. 环境与可持续发展, 2018. 42 (4): 136-140.

[25] 吴自豪, 等. 根据SSD推导PFOS沉积物质量基准及其在生态风险评估中的应用 [J]. 环境科学研究, 2019, 35 (11): 2025-2040.

[26] Park R A, Clough J S, Wellman M C. AQUATOX: Modeling environmental fate and ecological effects in aquatic ecosystems [J]. Ecological Modelling, 2008, 213 (1): 1-15.

[27] 崔保山, 贺强, 赵欣胜. 水盐环境梯度下翅碱蓬 (Suaeda salsa) 的生态阈值 [J]. 生态学报, 2008 (4): 1408-1418.

[28] Chambers P, et al. Development of Environmental Thresholds for Nitrogen and Phosphorus in Streams [J]. Journal of environmental quality, 2012, 41 (1): 7-20.

[29] 刘征涛, 等. "三门六科" 水质基准最少毒性数据需求原则 [J]. 环境科学研究, 2012, 25 (12): 1364-1369.

[30] 雷炳莉, 等. 内分泌干扰物4-壬基酚的水质基准探讨 [J]. 中国科学: 地球科学, 2012, 42 (5): 657-664.

[31] 赵芊渊, 等. 应用概率物种敏感度分布法研究太湖重金属水生生物水质基准 [J]. 生态毒理学报, 2015, 10 (6): 121-128.

[32] 侯俊, 等. 应用概率物种敏感度分布法研究太湖铜水生生物水质基准 [J]. 生态毒理学报, 2015, 10 (1): 191-203.

[33] Zhou J, Zeng C, Wang L L. Study on Characteristic of Algae Growth in Tai Lake Based on Nonlinear Dynamic Analysis [J]. Acta Hydrobiologica Sinica, 2009, 33 (5): 931-936.

[34] Cleveland W S. Robust Locally Weighted Regression and Smoothing Scatterplots [J]. Journal of the American Statistical Association, 1979, 74 (368): 829-836.

[35] 吴东浩, 等. 基于大型底栖无脊椎动物确定河流营养盐浓度阈值——以西苕溪上游流域为例 [J]. 应用生态学报, 2010, 21 (2): 483-488.

[36] 汤婷, 等. 基于附石硅藻的三峡水库入库支流氮、磷阈值 [J]. 应用生态学报, 2016, 27 (8): 2670-2678.

[37] Baker M E, King R S. A new method for detecting and interpreting biodiversity and ecological community thresholds [J]. Methods in Ecology and Evolution, 2010, 1 (1): 25-37.

[38] King R S, Richardson C J. Integrating Bioassessment and Ecological Risk Assessment: An Approach to Developing Numerical Water-Quality Criteria [J]. Environmental Management, 2003, 31 (6): 795-809.

[39] 闫振广, 等. 我国典型流域镉水质基准研究 [J]. 环境科学研究, 2010, 23 (10): 1221-1228.

[40] 朱岩, 等. 浑河沈阳河段重金属镉的水质基准阈值探讨 [J]. 环境化学, 2016, 35 (8): 1578-1583.

[41] 王晓南, 等. 生物效应比 (BER) 技术预测我国水生生物基准探讨 [J]. 中国环境科学, 2016, 36 (1): 278-287.

[42] 金小伟, 王业耀, 王子健. 淡水水生态基准方法学研究: 数据筛选与模型计算 [J]. 生态毒理学报, 2014, 9 (1): 1-13.

[43] 杨福霞. 大辽河口营养物基准值的制定方法及其影响因素研究 [D]. 青岛: 中国海洋大学, 2015.

[44] 王圣瑞, 倪兆奎, 席海燕, 我国湖泊富营养化治理历程及策略 [J]. 环境保护, 2016, 44 (18): 15-19.

[45] Abell J M, Özkundakci D, Hamilton D P. Nitrogen and phosphorus limitation of phytoplankton growth in New

Zealand lakes: implications for eutrophication control [J]. Ecosystems, 2010, 13 (7): 1432-9840.

[46] 霍守亮, 等. 湖泊营养物基准的制定方法研究进展 [J]. 生态环境学报, 2009, 18 (02): 349-354.

[47] Dodds W K, Oakes R M. A technique for establishing reference nutrient concentrations across watersheds affected by humans [J]. Limnology and Oceanography: methods, 2004, 2 (10): 333-341.

[48] Dodds W K, Carney E, Angelo R T. Determining ecoregional reference conditions for nutrients, Secchi depth and chlorophyll a in Kansas lakes and reservoirs [J]. Lake and Reservoir Management, 2006, 22 (2): 151-159.

[49] 郑丙辉, 等. 水体营养物及其响应指标基准制定过程中建立参照状态的方法——以典型浅水湖泊太湖为例 [J]. 湖泊科学, 2009, 21 (1): 21-26.

[50] Kenney M A, et al. Using structural equation modeling and expert elicitation to select nutrient criteria variables for south-central Florida lakes [J]. Lake and Reservoir Management, 2009, 25 (2): 119-130.

[51] 叶艳婷, 等. 东湖主要湖区浮游植物群落结构特征及其与环境因子的关系 [J]. 安徽农业科学, 2011, 39 (23): 14213-14216.

[52] 刘建康, 谢平. 揭开武汉东湖蓝藻水华消失之谜 [J]. 长江流域资源与环境, 1999 (3): 85-92.

[53] 甘义群, 郭永龙. 武汉东湖富营养化现状分析及治理对策 [J]. 长江流域资源与环境, 2004, 13 (3): 277-281.

[54] 王学立, 东湖生态水网工程调度模型及其应用研究 [D]. 武汉: 华中科技大学, 2008.

[55] Ding L, et al. Water ecological carrying capacity of urban lakes in the context of rapid urbanization: A case study of East Lake in Wuhan [J]. Physics and Chemistry of the Earth, 2015, 89-90: 104-113.

[56] 金相灿, 屠清瑛. 湖泊富营养化调查规范 [J]. 北京: 中国环境科学出版社, 1990.

[57] 蔡庆华. 武汉东湖富营养化的综合评价 [J]. 海洋与湖沼, 1993, 24 (4): 335-339.

[58] 吴萍秋, 周远捷, 二种不同类型养殖湖泊浮游生物的比较 [J]. 动物学杂志, 1983 (1): 25-29.

[59] 舒金华. 我国主要湖泊富营养化程度的初步评价与防治对策 [J]. 环境科学丛刊, 1986, 7 (2): 1-9.

[60] 何志辉. 中国湖泊和水库的营养分类 [J]. 大连水产学院学报, 1987 (1): 1-10.

[61] 舒金华. 我国湖泊富营养化程度评价方法的探讨 [J]. 环境污染与防治, 1990, 12 (5): 2-7, 47.

[62] 李祚泳, 等. 模糊数运算法用于湖泊营养类别评判 [J]. 重庆环境科学, 1990, 12 (5): 28-32.

[63] 王祖熊. 梁子湖湖沼学资料 [J]. 水生生物学集刊, 1959 (3): 352-368.

[64] Chislock M F, et al. Eutrophication: causes, consequences, and controls in aquatic ecosystems [J]. Nature Education Knowledge, 2013, 4 (4): 1-8.

[65] 李巧燕, 王襄平. 长江三峡库区物种多样性的垂直分布格局: 气候、几何限制、面积及地形异质性的影响 [J]. 生物多样性, 2013, 21 (2): 141-152.

[66] 沈仁芳, 等. 三峡库区农业土地资源问题及其可持续利用对策 [J]. 中国发展, 2014, 14 (6): 50-55.

[67] 陈绍友, 郭亮. 三峡库区旅游业对区域经济社会发展的影响机理 [J]. 农业现代化研究, 2011, 32 (4): 423-427.

[68] 朱蕙忠, 陈嘉佑. 中国西藏硅藻 [M]. 北京: 科学出版社, 2000.

[69] Prescott G, Patrick R, Reimer C. The Diatoms of the United States, Vol. 2 [J]. Transactions of the American Microscopical Society, 1975, 13 (4): 582-593.

[70] 齐雨. 中国淡水藻志. 第四卷, 硅藻门, 中心纲 [M]. 北京: 科学出版社, 1995.

[71] 中国科学院中国孢子植物志委员会, 中国淡水藻志. 第十二卷, 硅藻门, 异极藻科 [M]. 北京: 科学出版社, 2004.

[72] Padisák J, Crossetti L O, Naselli-Flores L. Use and misuse in the application of the phytoplankton functional classification: a critical review with updates [J]. Hydrobiologia, 2009, 621 (1): 1-19.

［73］ Rimet F，Bouchez A．Life-forms，cell-sizes and ecological guilds of diatoms in European rivers ［J］．Knowledge & Management of Aquatic Ecosystems，2012（406）：1283-1299.

［74］ Dam H V，Mertens A，Sinkeldam J．A coded checklist and ecological indicator values of freshwater diatoms from The Netherlands ［J］．Netherland Journal of Aquatic Ecology，1994，28（1）：117-133.

［75］ Stevenson R J，et al．Algae-P relationships，thresholds，and frequency distributions guide nutrient criterion development ［J］．Journal of the North American Benthological Society，2008，27（3）：783-799.

［76］ Dodds W K，Smith V H，Lohman K．Nitrogen and phosphorus relationships to benthic algal biomass in temperate streams ［J］．Canadian Journal of Fisheries & Aquatic ences，2002，63（5）：1190-1191.

［77］ Muradian R．Ecological thresholds：a survey ［J］．Ecological Economics，2001，38（1）：7-24.

［78］ WIENS J A．Riverine landscapes：taking landscape ecology into the water ［J］．Freshwater Biology，2002，47（4）：501-515.

［79］ Cowling S A，Shin Y．Simulated ecosystem threshold responses to co-varying temperature，precipitation and atmospheric CO_2 within a region of Amazonia ［J］．Global Ecology and Biogeography，2006，15（6）：553-566.

［80］ Qian S S，King R S，Richardson C J．Two statistical methods for the detection of environmental thresholds ［J］．Ecological Modelling，2003，166（1-2）：87-97.

［81］ Black R W，Frankforter M J D．Response of algal metrics to nutrients and physical factors and identification of nutrient thresholds in agricultural streams ［J］．Environmental Monitoring&Assessment，2011，175（1-4）：397-417.

［82］ Chambers P A，et al．Development of environmental thresholds for streams in agricultural watersheds ［J］．Journal of Environmental Quality，2012，41（1）：1-6.

［83］ Smith A J，et al．Regional nutrient thresholds in wadeable streams of New York State protective of aquatic life ［J］．Ecological Indicators，2013，29：455-467.

［84］ 郭茹，等．太湖苕溪流域氮磷的生物学阈值评估 ［J］．环境科学学报，2013，33（10）：2756-2765.

［85］ Stevenson R J，et al．Comparing Effects of Nutrients on Algal Biomass in Streams in Two Regions with Different Disturbance Regimes and with Applications for Developing Nutrient Criteria ［J］．Hydrobiologia，2006，561（1）：149-165.

［86］ Dodds W K，et al．Thresholds，breakpoints，and nonlinearity in freshwaters as related to management ［J］．Journal of the North American Benthological Society，2010，29（3）：988-997.

［87］ Leland H V．Distribution of Phytobenthos in the Yakima River Basin，Washington，in Relation to Geology，Land Use，and Other Environmental Factors ［J］．Canadian Journal of Fisheries & Aquatic Ences，1995，52（5）：1108-1129.

［88］ Soininen J，Niemelä P．Inferring the phosphorus levels ofrivers from benthic diatoms using weighted averaging ［J］．Archiv Fur Hydrobiologie，2002，154（1）：1-18.

［89］ Beyene A，Awoke A，Ludwig Triest．Validation of a quantitative method for estimating the indicator power of, diatoms for ecoregional river water quality assessment ［J］．Ecological Indicators，2014，37：58-66.

［90］ Potapova M，Charles D F，Diatom metrics for monitoring eutrophication in rivers of the United States ［J］．Ecological Indicators，2007，7（1）：48-70.

［91］ Tornés E，et al．Indicator taxa of benthic diatom communities：a case study in Mediterranean streams［J］．Annales de Limnologie-International Journal of Limnology，2007，43（1）：1-11.

［92］ Lougheed V L，Parker C A，Stevenson R J．Using non-linear responses of multiple taxonomic groups to establish criteria indicative of wetland biological condition ［J］．Wetlands，2007，27（1）：96-109.

第 3 章

淡水生态环境损害溯源技术

生态环境损害司法鉴定需回答如下主要问题：环境损害是什么？环境损害从何而来？环境损害持续了多长时间？环境损害是否会自然消失或退化？谁来为清理"买单"？

从各类环境损害诉讼案件看，引起生态环境损害的污染或破坏行为迥异，损害对象及其损害程度各异，自然环境系统和条件差异明显，损害因果关系难以确定，导致环境污染与破坏行为造成的损害者无法追究，污染者未被严惩，而不得不由整个社会和政府为其"买单"。生态环境损害鉴定评估机制缺失中的重要一环是缺乏简便有效的溯源方法，致使生态环境损害因果关系难以确立，难以进行生态环境损害司法鉴定。由此可见，开展淡水生态环境损害溯源技术方法研究十分迫切和必要。

3.1 物化溯源技术

3.1.1 背景

3.1.1.1 淡水生态系统环境损害原因及特征

淡水主要指河流、湖泊、水库及坑塘等陆地地表水，地表以下的第四纪沉积和岩石裂隙、溶洞中的地下水。淡水是人们生产和生活最重要的物质基础，发挥着供水、航运、气候调节等重要功能，同时极易受人类干扰和损害，且一旦损害后果严重。引起淡水生态系统环境损害的人为原因主要包括：淡水资源的开发利用，如大型水电工程、航运、远距离调水、修建水库等不合理取水、引种或过度捕捞；生产和生活污染物排放，如采矿废水、工农业和生活污水排放以及垃圾处理渗滤液等；污染事故，如工业企业生产事故、交通事故、运输管道事故等；涉水工程建设，如底泥疏浚、挖沙等；企业违法偷排及污水下注进入地下水。其中，污染及污染事故是造成淡水生态系统环境损害的主要原因。2004～2016年，发生在我国的淡水水体环境污染事件有数十起，主要污染物涉及氨氮、营养盐、重金属、苯酚、苯胺、粗酚、硝基苯、污油泥、污水、尾矿等，主要原因包括事故排放、泄漏、企业偷排等。中国近十年来水环境污染事件见表3.1。

表3.1 中国近十年来水环境污染事件

时间	地点	事件概况	生态环境损害
2007年	广西	南宁市某制糖企业污水氧化塘溃坝	茅岭江支流那蒙江发生水污染
	湖南	宜章县赤石乡某"三无"钢冶炼企业排放含剧毒砷和镉废水	武江支流水砷化物和镉超标几十倍
2008年	云南	装载粗酚溶液槽车侧翻	者桑河受到粗酚污染
	河南	商丘市民权县某化工公司超标排放的含砷废水	淮河流域大沙河省界断面包、公庙闸上断面、水质砷严重超标
2009年	山东	东营市河口区某化工公司非法生产阿散酸，排放含砷有毒废水	南涿河水体受到严重污染
	陕西	汉阴某县尾矿库发生塌陷事故尾砂泄漏	青泥河水受到严重污染
2010年	陕西	洛川县某石油化工产品公司污油泥处理厂回收池发生泄漏	洛河受到污染
	吉林	永吉县两家化工企业库房被洪水冲毁，7000个装有三甲基-氯硅烷的原料桶冲入松花江	沿线自来水厂停止取水，社会影响严重
	福建	上杭县某铜矿湿法厂发生酮酸水泄漏事故	汀江部分水域重金属污染严重
2011年	云南	曲靖市某化工公司非法倾倒重毒化工废料铬渣	珠江源头南盘江水质受到严重污染
	四川	都江堰市某电解锰厂渣场挡坝部分损毁，矿渣流入涪江	涪江受到锰矿污染
2012年	广东	宜州市某公司违法排放工业污水	龙江河突发严重镉污染
	江苏	韩国籍船舶苯酚泄漏	镇江市水源水受污染
2013年	山西	长治市某煤化工公司苯胺泄漏	漳河流域水源被污染
	广西	贺州市小矿企废水外溢或偷排废水废渣	贺江水镉和铊超标
2014年	甘肃	地下含油污水渗入兰州某水务公司自流沟	自来水受到苯污染
	湖北	长期积累渍水排放	水厂出水氨氮超标
2015年	陕西	陇南市某锑业公司崖湾山青尾矿尾砂溢出	嘉陵江及西汉水数百千米河段锑超标
2016年	山西	吕梁市某铝业公司倾倒烧碱提炼氧化铝产生的废水和废渣	岚漪河受到污染
2017年	陕西	汉中市某锌业铜矿非法排放生产废水	嘉陵江四川广元段铊污染严重
2018年	福建	泉州市某石油化工实业公司执行原料装船时发生管道泄漏	造成石油炼制副产品C_9泄漏，沿海海域受到严重污染

水污染事件具有如下特征。

① 偶然性和突发性。洪水、山崩等自然因素可造成矿渣崩塌、化工原料冲入河水造成污染和损害，人为事故如安装泄漏，或涉污单位非法偷排也会造成淡水污染和生态环境损害，

不同行业或不同生产工艺都可能造成水污染事件。

② 污染物及污染源的多样性。污染物可能为各种重金属、有机物、阴离子，如锌、镉、铅、NO_2^-、苯酚等，也可能表现为氨氮超标等。污染源可能是不同行业的厂家，也可能是同种行业的厂家的各个生产过程。

③ 后果的严重性。水污染事件表现为大量有害物质突然大量排放，直接造成水源污染，如水变色、有异味、鱼虾大量死亡等，或表现为有害物质长期排放，造成水质及土地的长久污染，如血铅等事件，都对生态环境、人类健康造成严重危害，甚至会造成社会恐慌、动乱。

④ 难以治理和恢复。淡水生态环境复杂，尤其是地下淡水环境，随着水流时空变化，污染不断变化，对单一污染物的处理需要考虑水质次生污染，而多种污染物并存更加大了处理难度，生态系统的恢复更是一个缓慢过程。

3.1.1.2　致淡水生态系统受损污染因子及其来源

凡对环境质量可以造成影响的物质和能量输入，统称污染源；输入的物质和能量，称为污染物或污染因子。近年来随着我国工业、农业以及城镇化的快速发展，人为污染导致的河流、湖泊等淡水生态环境损害事件频发。引发淡水环境污染和生态损害的污染源种类多，成分复杂。按污染性质可以分为持久性污染物、非持久性污染物、其他污染物等。

（1）持久性污染物　持久性污染物是能持久存在环境中、通过生物食物链（网）累积并对人类健康造成有害影响的化学物质，包括持久性无机物、持久性有机物、有机金属化合物和新兴有机物。

① 持久性无机物。主要包括重金属和类金属，它们为自然存在元素，但当人类活动使其环境含量超过自然水平时，就成为污染物，其中铅、铬、镉、砷、汞等对人体生物体危害较大。水体重金属污染主要来自自然源和人为源，自然源主要为陆地和岩石风化，包括地质构造活动、侵蚀及水动力学作用等自然过程。人为源包括采矿、冶炼、金属加工、化工、废电池处理、电子、制革和染料、大气沉降、农药和化肥使用等，是造成水体重金属污染的主要原因。无机化工企业（如氯碱、无机酸、颜料和硫酸铜等）是水生态系统金属污染物的可能来源。木材燃烧、煤炭燃烧、石油燃烧、采矿和有色金属制造、钢铁制造、废物焚烧、磷肥和水泥生产等过程可使金属进入大气，以气相或吸附在颗粒物上进行迁移，通过大气沉降进入水体。进入水体后，部分发生沉积，但有相当一部分被悬浮物吸附，在水流作用下被输送到河口地区，由于特殊水动力和在复杂化学作用下，发生絮凝沉降，随之转移到沉积物中；在特定条件下，沉积物中的重金属可重新释放回水中形成二次污染。

② 持久性有机物。指人类合成的能持久存在于环境中、通过生物食物链（网）累积并对人类健康造成有害影响的化学物质。很多持久性有机污染物不仅具有致癌、致畸、致突变性，而且还具有内分泌干扰作用。有机污染物主要包括有机氯农药、多环芳烃、多氯联苯、氯代苯、亚硝胺类、有机汞、有机锡等。多环芳烃（PAH）由有机物的不完全燃烧产生，大气中PAH可通过沉降转移到陆生或水生生态系统中。聚氯联苯（PCB）是人工合成化合物，主要用于电容器、变压器、印刷墨水、涂料、杀虫剂等方面。与PAH一样，PCB在环境中以

复杂混合物形式出现。PCB为酯溶性持久性有机物，可在生物和生态系统中富集。世界范围的PCB生产已经停止，但还在有限范围内使用，在曾经使用的地方还会出现。多溴联苯（PBB）为一组含溴烃类化合物，和PCB结构类似，其环境归趋与PCB亦相似。PBB主要用作阻燃剂添加于硬塑料和电视机等电器中。含氯烯烃大量用作溶剂和去垢剂，如Trichloroethene（TCE）、Tetrachloroethene（PCE）和Tetrachloromethane（Carbon Tetrachloride，CT或CTET）。含氯溶剂从1930年起开始工业生产，曾广泛用于工业清洁和脱脂，包括化学制造、航空、半导体、电子、商业和零售、干洗及害虫控制等。含氯溶剂具有挥发性，在不饱和介质中会释放气态污染物。含氯溶剂密度比水大，黏性比水低，向地下的迁移速率快，易造成地下水污染。1970年后科学家才认识到含氯溶剂的暴露风险。杂芬油是煤焦油蒸馏物组成的混合物，过去常用于处理铁轨枕木和电线杆等木制品，现在在某些木材处理过程中还有应用。杂芬油含多环芳烃和酚类化合物，密度比水稍大，向下迁移速率相对较慢；其黏性相对较高，具有典型疏水性，可强烈吸附在土壤和岩石中，水相污染与迁移距离不是很远，但迁移时间较长，可达几十年。煤焦油是煤气化过程中产生的上千种烃类化合物组成的复杂混合物（包括轻质油片段、中质和重质油片段，蒽和沥青等），是人造煤气或气炉焦炭生产的副产品。煤焦油为重质非水相液体，密度相对低，黏性高，几十年或百年前进入地下的煤焦油仍可在原地作为重非水相液体（DNAPL）迁移。氯酚常用作木材防腐剂［如三氯酚（TCP）和五氯酚（PCP）］和杀真菌剂（如PCP）及合成其他含氯烃类化合物的前体。工业氯酚通常含有合成时形成的多种相关化合物，如多氯代二苯并二噁英、多氯代二苯并呋喃或氯联苯醚。氯酚在环境中有中等程度持久性，氯酚可在排口下游的底泥中富集，可被土壤和污水处理厂中的假单胞菌分解。有机氯农药或氯代烃是氯取代烃类骨架上的氢而形成的一类人工合成化合物，也包括结构中含氧的一些化合物，如艾氏剂、氯丹、林丹、甲氧氯和毒杀酚、甲氧氯、二氯二苯基三氯乙烷（DDT）、狄氏剂和开蓬等。有机氯农药在环境中降解缓慢，大多具有高分子量和非极性结构，水溶性低，酯溶性高，在生物体内高度可溶，可在生态系统中发生生物富集和生物放大，具有环境持久性。有机磷杀虫剂是正磷酸的衍生物，具有磷原子和酯键，如甲基对硫磷、二嗪农和毒死蜱。有机磷杀虫效果强，可抑制生物乙酰胆碱酯酶活性，阻碍神经功能，对人也有危险性。有机磷水溶性比有机氯化物高得多，不易在底泥中富集。氨基甲酸盐杀虫剂是氨基甲酸的合成衍生物，如胺甲萘、抗蚜威和呋喃丹等，通过抑制生物乙酰胆碱酯酶发挥杀虫作用。氨基甲酸盐的极性和水溶性比有机氯化合物高，易水解，半衰期一般为几周，对哺乳动物的毒性低于有机磷酸盐。除虫菊杀虫剂是仿天然除虫菊酯的基本结构和功能而人工合成的化合物，比天然除虫菊酯更稳定，是相对"短命"的杀虫剂。除虫菊杀虫剂具有低水溶性（溶解度为0.085mg/L），可吸着在颗粒物上，影响其在水环境中的迁移和生物降解。芳香族除草剂是含氮杂环、苯氧基等极性分子结构的芳香族人工合成物，用以控制杂草类植物生长。三氮杂苯除草剂中最常用的是阿特拉津，如果农田径流未能有效控制，它可能成为重要水污染物。阿特拉津通过水解或微生物脱烷基作用被降解，在土壤中的半衰期为数周到数月，在地下水中的降解要缓慢得多。含苯氧基的除草剂有2,4-D和2,4,5-T，用于控制双子叶植物，通常极易溶于水，有低水生生物毒性，在土壤中的半衰期为数天到数周。

③ 有机金属化合物。包括有机铅、有机汞和有机锡等。有机铅，如四乙基铅，由人工合成，广泛用于汽油防爆剂，高浓度下，有机铅及其代谢产物可引起神经功能紊乱。有机汞可自然产生，也可人工合成，人工合成有机汞化物用作生物杀灭剂。电池生产常用元素汞，可以单质形式释放到环境中，在底泥中微生物代谢可将汞甲基化为有机汞。有机汞易被悬浮颗粒物和底泥吸着，也可被生物富集，通过食物甲基汞最终进入人体，可引起神经损害。有机锡可用作催化剂、聚合物稳定剂、杀虫剂、杀真菌剂、木材防腐剂和防污剂，绝大多数为工业合成，也可通过生物甲基化产生。三甲基锡（TMT）和三乙基锡（TET）是神经毒物，二丁基锡（DBT）为聚氯乙烯塑料的稳定剂。三丁基锡（TBT）是广谱生物杀灭剂，用于杀霉菌剂、杀真菌剂和防污油漆添加剂，极低浓度（纳克每升级）时，TBT就能对无脊椎动物，尤其是甲壳类和软体类动物种群造成严重损害。TBT可降解成DBT、一丁基锡（MBT），最终到无机锡，毒性逐步降低。TBT在水中的半衰期为数天到数周，在底泥中的半衰期为数月，在厌氧底泥中TBT十分稳定，降解速率以年计。

④ 新兴污染物。包括多溴二苯醚（Poly Brominated Diphenyl Ethers，PBDE）、烷基苯酚和全氟辛烷磺酰基化合物等有机物，是新近提出的具有潜在环境危害效应的物质。通常设计用于替代那些被禁止或过时的化学物质，或者已经使用多年但最近才发现在生态系统中富集，具有较高生态环境危害性的化学物质。PBDE分子基本结构与PCB和PBB类似，氧原子连接两个苯环形成醚结构。PBDE也是复杂混合物，作为阻燃剂被高浓度加入聚氨酯泡沫塑料等产品中，可在鱼体内和底泥中富集。烷基苯酚是一般表面活性剂的降解产物，大多是污水处理厂内烷基苯酚聚氧乙烯醚（APE）生物降解副产物。烷基苯酚水溶性低，易吸着于悬浮固体和底泥，在污水处理厂排水口下游的底泥中烷基苯酚浓度高。烷基苯酚化学结构类似于雌性激素，在"μg/L"浓度水平就能干扰水生生物的正常发育，因而受到重视。全氟辛烷磺酰基化合物存在于包括制冷剂、表面活性剂、黏合剂、制纸涂胶、阻燃剂和润滑剂等各种产品中，在环境中的降解产物主要为全氟辛烷磺酸（Perfloorooctane Sulfonate，PFOS），PFOS在野生生物中广泛分布，并在高营养级中富集。

（2）非持久性污染物　非持久性污染物主要来自食品工业、化肥、造纸工业、化纤工业排放的废水及生活污水，如氮、磷、碳水化合物、蛋白质、油脂、木质素、纤维素等。非持久性污染物多为营养盐或耗氧物质。氮、磷等营养性污染物使水体富营养化，藻类大量生长，形成水华。油类污染物包括矿物油和动植物油，在水体表面形成乳化油，阻碍水气交换，影响氧的溶入。

（3）其他污染物　排放废水温度过高引起热污染，易熔化和破坏管道接头，破坏生物处理过程，加速水体富营养化，危害生物和农作物，还包括生物污染物、感官污染物、酸碱污染物等。

3.1.1.3　淡水生态系统主要污染来源分析

水体污染方式包括点源污染、线源污染、面源污染和内源污染。点源污染主要由工业废水和生活污水排入引发；面源污染主要由农药化肥、污水灌溉等地表径流和基流渗入引起；内源污染主要由自然源、天然环境或底泥污染物释放引起。淡水水体潜在污染来源大致分为天然污染源、农业和林业污染源、城市化污染源、采矿/工业污染源等（表3.2）。

表3.2　潜在污染源类别一览

污染来源	污染源种类	污染方式	一般位置
天然污染源	无机物质、痕量金属、放射性核素、有机化合物、微生物	内源	—
农业、林业污染源	肥料、农药、灌溉回流	面源	地表
	动物饲养场、动物粪便	面源/点源	地表/非饱和带
城市污染源	固体废物填埋场、现场卫生填埋场	点源	地表/非饱和带
	废水/污水	点源/线源	地表/非饱和带
	管线、储罐泄漏	点源/线源	地表/非饱和带
	城市径流/泄漏	线源/点源	地表
采矿/工业污染源	尾矿/固体废物	点源	地表/非饱和带
	矿井水/废水/污水/溢流/泄漏	点源/线源	地表/地下
	注水井	点源	地下水水位以下
水资源管理不善导致	野外井设计/废弃油井	点源	地下水水位以下
	海水入侵	线源	地下水水位以下
	灌溉行为	面源	地表

（1）工业废水　工业废水包括生产废水、生产污水及冷却水，其中含有随水流失的工业生产用料、中间产物、副产品以及生产过程中产生的污染物。造纸、纺织、制革、农药、冶金、炼油等行业均有大量工业废水产生。工业废水成分复杂，所含污染物种类多、浓度高，其中重金属和持久性有机物具有生物毒性。工业合成的有机化合物种类繁多，欧洲商业化学物质清单列出了大约10万种合成化学品。工业排放是水污染最主要来源之一。涉及水环境污染的重点行业包括饮料制造业、化学纤维制造业、木材加工及木竹藤棕草制品业、通用设备制造业、水生产和供应业专业设备制造业、通信设备业、计算机及其他电子设备制造业、医药制造业、交通运输设备制造业、金属制品业。重污染行业包括造纸及纸制品业、化学原料及化学制品制造业、食品制造业、皮革皮毛羽毛（绒）及其制品业、石油加工业、炼焦及核燃料加工业、农副食品加工业、黑色金属冶炼及压延加工业、有色金属冶炼及压延加工业、纺织业、非金属矿物制品业。

（2）城市生活污水及污水处理厂出水　随着城镇化的发展和大城市的不断扩张，生活污水产生量和排放量逐年增加，对淡水环境造成的影响不容忽视。邓琴等研究了浏阳市点源污染对水体的影响，发现生活源占53.6%，主要来自城镇居民生活和服务业废水。虽然城镇生活污水大多进入污水处理厂经处理后才排入水体，但由于处理工艺与技术水平等原因，污水处理厂出水仍有多种微量污染物，特别是抗生素、激素等新型污染物。章强等研究了我国主要水域抗生素污染现状及其生态环境效应，发现污水处理厂出水是我国河流中抗生素的主要污染源之一。安婧等研究了药品及个人洗护用品（PPCPs）的污染来源、环境残留及生态毒性，发现污水处理厂是PPCPs进入淡水环境的重要输出源。

（3）非点源污染　近年来，由于点源污染控制措施加强且成效明显，非点源污染影响日益显现。非点源污染是指污染物从非特定的地点，在雨水和径流的冲刷作用下通过径流汇入并引起受纳水体污染。贺缠生等通过对海河流域污染源贡献研究，认为海河流域总氮和总磷的60%来源于非点源污染。李小丽等综合评价了古蔺河流域古蔺县段农业非点源污染，认为畜禽养殖和居民生活排放污染物的等标污染负荷比达到83.42%。张蕾等研究表明城市地表径流污染主要来源于雨水对建筑物冲刷、机动车尾气沉降、融雪剂、沥青道路磨损和汽油燃烧等，城市地表径流中重金属、PAH含量高，还有农药、有机质和氮、磷等。非点源污染具有随机性、广泛性、滞后性、潜伏性等特点。

3.1.2 物化溯源技术基本原理

3.1.2.1 溯源技术概况

环境污染溯源也称环境污染来源分析、源识别或源解析，是通过分析环境污染物和污染源之间的同源关系，确定环境受体中污染物的主要来源，最初用于大气颗粒物来源分析。淡水生态环境损害溯源即追溯造成淡水生态环境损害的源头和责任方，主要通过评估水环境污染物与污染源间的关系，来追踪污染物的来源。环境污染溯源按技术方法分为清单分析法、扩散模型法和受体模型法三类，根据技术原理分为物化溯源、生物溯源和模型溯源三类。物化溯源是基于对受体环境和可疑污染源的物理化学特征分析，建立特征污染物或污染物化学指纹图谱，通过受体环境和可疑源的污染特征对比探求污染来源。生物溯源主要借助污染源中的生物组分特征，通过比较污染指示生物的差异或其生物标记的存在与否来判断污染样品和可能污染源之间存在的联系，从而确定污染来源。模型溯源主要基于检测数据，通过环境水力、水质数学模型构造污染源源强和排放位置关系，通过微分进化等算法对反问题进行求解分析以确定污染来源。其中，物化溯源实现条件最简单，并能充分利用现实中的监测数据实现较为精准的源解析，也是目前应用最广泛的污染溯源及源解析技术，主要包括现场污染物快速检测技术、实验室仪器分析技术、化学指纹分析技术、污染源释放特征分析技术、水化学特征分析技术、同位素示踪分析技术、地化学分析技术、航空及卫星遥感分析技术、树木年轮化学分析技术等。

3.1.2.2 污染物水质监测与现场快速检测技术

（1）水质监测　水质监测是及时、准确反映水环境质量和污染程度的重要手段。针对不同污染物所采用的监测方法和手段有很大差异。

① 常规指标。针对水质温度、pH值、溶解氧等常规指标，可采用各种单项快速检测仪器，如pH计、溶氧仪、COD速测仪和电导仪等，以及综合多种传感器的水质在线监测仪，实现早期水质预警预报和水质动态管理。

② 重金属。重金属在水环境中以水溶态、悬浮态、无机结合态和有机结合态等多种形态存在于水体和底泥及生物体中，通过前处理可以分离获得不同形态的重金属。重金属的检测方法主要有溶出伏安法、原子吸收法（AAS）、电感耦合等离子体发射光谱法（ICP-AES）、电感耦合等离子体质谱法（ICP-MS）及电化学法等。原子吸收法基于蒸气相中被测元素的基态原子对其原子共振辐射的吸收强度差异测定元素含量，相对比较成熟。根据待测元素或样品形态，可选择火焰原子吸收光谱法（FAAS）、石墨炉原子吸收光谱法（GFAAS）、电热原子吸收光谱法（ETAAS）和冷光源原子吸收光谱法（CVAAS）。当重金属含量为痕量或超痕量时，需要先期对样品重金属进行富集。原子荧光光谱法（AFS）通过测量元素原子蒸气

在一定波长辐射能激发下的发射荧光强度进行定量元素分析，灵敏度高、试样量少、选择性强、校正曲线线性范围宽，能同时进行多元素测定。原子吸收法与电化学法虽然成本较低，但需要对每种重金属采用不同方法，工作量大，费时长。电感耦合等离子体发射光谱法和电感耦合等离子体质谱法能够同时测定多种重金属，但成本较高。电感耦合等离子体发射光谱法利用元素在高频感应电流作用下发出的特征谱线进行元素测定分析。电感耦合等离子体质谱法可同时进行多种无机痕量元素分析，实现$10^{-6} \sim 10^{-9}$级的直接测定。

③ 阴离子。水中F^-、NO_2^-、NO_3^-、SO_4^{2-}、PO_4^{3-}及亚氯酸盐、氯酸盐和高氯酸盐等阴离子可采用离子色谱法测定。由于污水成分复杂，且各种离子含量相差悬殊、易发生色谱峰重叠，需对样品进行适宜的前处理。

④ 有机物。有机物检测方法主要有分光光度法、气相色谱法、气相色谱-质谱法、高效液相色谱法、荧光光谱法等。分光光度法利用有机物在特定波长下的吸光度表示水中有机物含量，该法前处理简单、成本低、准确度好。

气相色谱法（GC）能够较好分离复杂混合物，操作简单、分析快速灵敏，可以分析挥发性和半挥发性有机物。自动顶空进样气相色谱法对水和废水中的甲醇、乙醇、丙酮和苯系物（包括苯、甲苯、乙苯、间二甲苯、对二甲苯、邻二甲苯、苯乙烯等）可以达到较好分离，毛细管气相色谱法同时测定水中甲胺磷、敌敌畏、氧化乐果、甲拌磷、乐果、二嗪农、甲基对硫磷、马拉硫磷、对硫磷、水胺硫磷和喹硫磷等有机磷农药。但是气相色谱需比对试样色谱图与纯物质色谱图才能定性，难度高、工作量大。气相色谱质谱法（GC-MS）在气相色谱法高分离能力基础上增加了质谱（MS）的高鉴别能力，适于对混合物中未知组分分子结构的判断及分子量的测定，能够鉴定丁酸、异戊酸、乙酸、二甲基三硫、己酸、邻甲酚、丙酸、二甲基二硫、正戊酸、β-柠檬醛、硫代丁酸甲酯、3-甲基吲哚、异戊醇、甲硫醇、1-丁醇等82种化学成分，邻苯二甲酸二甲酯、邻苯二甲酸二乙酯、邻苯二甲酸二异丁酯、邻苯二甲酸二正丁酯、邻苯二甲酸卞酯丁酸、邻苯二甲酸二（2-乙基）己酯、邻苯二甲酸二（2-乙基）己酯七种邻苯二甲酸酯。固相萃取-气质联用法能够测定水中多环麝香，液液微萃取-气质联用可测水中半挥发性有机物；顶空固相微萃取-气质联用（HS-SPME-GCMS）可测定水中有机锡。

高效液相色谱法（HPLC）在经典液相色谱法基础上发展而来，用于高沸点、强极性、热稳定性差、相对大分子有机物分析，可测定水和废水中的醛酮类化合物，水和土壤中磺胺类抗生素，水中PAH及替代物。液相色谱法不能提供被测组分的结构信息或对未知化合物进行结构鉴定，难以对组分做出定性判断。高效液相色谱法串联质谱法（HPLC-MSMS）将液相色谱高效分离和质谱结构鉴定合为一体，是复杂混合物中痕量组分定性和定量的有力工具，可快速筛查水中雌激素（戊酸雌二醇、炔雌醇、雌三醇、雌二醇、己烷雌酚、雌酮和己烯雌酚），定量检测医院废水、污水处理厂出水和地下水等水环境目标药物残留，检测水和饮料中常见农药，分析粪便、土壤和水体中抗生素，准确测定水中呋喃丹及有机磷农药（乐果、敌敌畏、甲基对硫磷、马拉硫磷和毒死蜱）。

荧光光谱法主要针对荧光物质进行检测。荧光为一种光致发光现象，许多有机芳香族化合物和生物分子中有共轭双键，具有内在荧光性质，对应特征荧光谱（激发光谱和发射光谱），可用于定性分析。荧光分析技术灵敏度比一般比色法和分光光度法高2～3个数量级，如与纸上色谱法或薄层色谱法结合，灵敏度可进一步提高。荧光分析技术取样量少、选择性高、方法简洁、重现性好，可用于油污种类鉴别和油污来源确定。

有机物检测中样品前处理技术较为关键，目前有机样品的前处理方法主要有液-液萃取、静态顶空、吹扫捕集、回流萃取、索氏萃取、膜萃取、固体吸附、固相微萃取、树脂吸附、气提法、层析、蒸馏、衍生法、半透膜、冰冻法、冻干法、共沉淀法、离心、过滤等几十种。

（2）现场应急监测分析技术　突发性环境污染事故具有偶然性、意外性，以及污染物、排放形式、污染途径的多样性，可能来自放射性物质、有毒化学品生产、石化加工等众多行业，产生于化学品生产、储存、运输、使用、处置过程中等各个环节，可能在瞬间或极短时间内发生并造成严重危害。现场应急监测分析技术主要应对突发环境污染事故监测溯源和追责。根据监测原理和形式，主要分为检测管技术、试剂盒技术和便携式仪器分析技术。

① 检测管技术。检测管是可以定性、定量检测气体或水体中污染物的直读式现场快速检测工具，是封装有一定量检测剂（指示粉）的玻璃或聚乙烯管。检测原理是，目标待测物进入检测管后，与其中的指示粉发生有色化学作用，形成可观测的"着色层"。检测管是环境污染现场快速检测的基本配备，优点是操作简单，分析快速（几十秒到几分钟），可信度高，适应性好，使用安全，携带方便、无需维护、价格低廉。局限是一种检测管大多只能对一种污染物进行定性、半定量分析；一般只能瞬间测定，不能连续检测；不能很好区分化学性质相似的复杂物质；仅限于常见化合物检测，很多化合物没有对应检测管可用；有效期限制，超出期限将很难达到预期检测效果。

② 试剂盒技术。试剂盒盛放检测分析所需的全部成套化学或生物试剂，按检测原理分为化学显色试剂盒、酶抑制剂试剂盒、酶联免疫吸附剂测定试剂盒、发光细菌毒性检测试剂盒等；检测试剂有试纸条、试剂包、测试卡、试剂瓶等类型。化学显色试剂盒原理如下：通过环境污染物与试剂盒中的专用试剂发生特定显色反应，根据最终显示颜色深浅程度与标准色阶相比较，得到待测污染物的种类及初步浓度等信息。目前实际检测主要使用的是重金属污染物检测试剂盒，有机污染物快速检测的化学试剂盒产品较少。酶抑制剂试剂盒技术基于特定污染物对特定生物酶的活性抑制原理建立。在一定条件下，酶的抑制率与污染物浓度呈正相关，在酶抑制反应中引入底物和显色剂，通过颜色变化或其他酶与底物反应的物理化学信号变化，确定酶的抑制率，从而达到检测目的。酶联免疫吸附剂测定试剂盒（ELISA）是将抗原-抗体的免疫特异性反应与酶对底物的高效催化作用结合起来的一种敏感性很高的检测技术。发光细菌毒性检测试剂盒基于发光细菌发光强度检测，污染物作为毒物抑制细菌发光强度，通过细菌发光强度变化可快速准确地进行污染物定性/定量检测。试剂盒技术的优点是携带方便、操作简单、分析快速、特异性好、性价比高，适于现场检测及大批量样品的筛选检测；局限是很难一次性检测多种污染物，检测灵敏度比气质联用等仪器法差。

③ 便携式仪器分析技术。包括紫外-可见光分光光度技术，便携式光谱仪技术，荧光光谱技术，便携式傅里叶红外分析技术，便携式拉曼光谱技术，便携式气相色谱技术，便携式质谱技术，便携式气相色谱质谱联用技术，便携式离子色谱技术，便携式电化学技术，发光细菌技术，便携式核辐射探测技术等。

3.1.2.3　水化学特征污染物溯源技术

水化学特征污染物溯源技术主要针对工业企业排放所致淡水水体污染和生态损害溯源。

工业企业行业类别多,生产原材料、产品、生产工艺和过程千差万别,排放污染物种类繁多,存在巨大差异。因生产类型不同,工业废水成分组成及其化学特性存在差异,特定生产工艺会排放且唯一排放某些特殊有机污染物。因此,相关行业所在地区会检出这种高浓度特征化合物。但生产过程的不连续性会导致废水水质较大变化,阻碍特征组分分析。

自20世纪70年代,欧洲、美国、日本等国家和地区开始研究纺织、制革、石油化工、制浆造纸、橡胶轮胎生产和化工生产等行业的生产废水特征化合物。大多对处理后释放环境前的出水进行检测,检测方法取决于待识别化合物的光谱。样品制备比较关键,采用吹扫和顶空固相微萃取净化技术(SPME)仅能从样品中提取挥发性有机化合物;液相色谱分离和后续质谱应用可检测亲水性和双亲性化合物。由于质谱未知,仍有许多不能被气相色谱/质谱能检测的物质。Dsikowitzky和Schwarzbauer回顾了工业源有机污染物现状,梳理了主要工业废水中已识别的有机污染物(表3.3)。

纺织工业出水中发现了卤化苯胺、苯和蒽醌等化合物。而未处理纺织工业废水发现了烷基化酚和邻苯二甲酸酯,也检测到萘磺酸盐(偶氮和蒽醌染料的原料)、苯磺酸盐和阴离子表面活性剂(LAS),以及内分泌干扰化合物。制革厂处理和未处理废水中均检测到萘磺酸盐、苯磺酸盐和LAS。未经处理的制革废水也含有内分泌干扰物壬基酚聚氧乙烯醚、邻苯二甲酸二乙酯和邻苯二甲酸二(乙基己基)酯。苯并噻唑类化合物作为氯酚替代物被广泛用作杀菌剂,也经常出现于制革废水中。调查发现未经处理的制革废水中含有大量溶解性有机物(DOC 900mg/L),鉴定为环己烷、芳香族羧酸、苯酚、吲哚和乙氧基化物等12类化合物。经厌氧和生物降解处理后,废水中DOC浓度显著降低,但仍能检测到相关化合物。其中,有些污染物对处理过程具有相对持久性(如苯并噻唑),而其他污染物是处理过程中新出现的,如二氯苯甲酸和三(2-丁氧乙基)磷酸盐。

表3.3 应用不同的分离和质谱方法识别的工业废水中的有机物

工业	识别出的污染物	地区	废水类型	方法	参考
纺织业	苯甲醚(茴香醚)、苯胺、氯苯胺、烷基苯胺、二溴苯胺、三溴苯胺、羟基乙丁基溴苯胺、溴硝基苯胺、溴二硝基苯胺、羟乙基二乙基苯胺、溴二乙基苯胺、羟乙基甲基苯胺、甲基甲氧基苯胺、硝基氯苯、溴(代)硝基苯、甲氧基偶氮苯、烷基化二氢吲哚、三甲基吲哚、三甲基羟吲哚、三甲基二氢吲哚乙酸、三甲基二氢吲哚乙醛、氯苯基噻二唑、氨基苯基噻二唑、二氯苯、羟基蒽醌、二羟基蒽醌、硝基蒽醌、氨基蒽醌、羟基氨基蒽醌、溴胺羟基蒽醌、己内酰胺、二硝基苯酚、乙酰基氰乙基乙氧苯二胺	美国	污水	GC/MS	Games and Hites (1977年)
	全氯乙烯、烷基化环己烷、萘烷(十氢萘)、二甲苯、乙苯、三甲苯、甲基乙苯、三氯苯、氯异氰基苯、二氯甲烷、萜烯(松烯)、氯环己酮、二丁基邻苯二甲酸酯、氯仿(三氯甲烷)、甲苯	美国	污水	吹脱、捕集、GC/MS	Smith (1990年)
	硝基苯磺酸盐、甲基苯磺酸盐、氯苯磺酸盐、萘磺酸盐、烷基化苯磺酸盐	西班牙、葡萄牙	未处理废水	IPC-ESI-MS	Alonso et al (1999年)
	二叔丁基苯酚、四甲基丁基苯酚、四甲基丁基苯酚、壬基苯酚、亚甲基双酚、丁基羟基苯甲酸、苯甲酸酯、二甲基苯基乙酮(乙酰苯)、六胺、叔丁基醌、邻苯二甲酸二乙酯、邻苯二甲酸二甲基羧基甲基酯、苯酚、邻苯二甲酸丁基乙基己酯、邻苯二甲酸丁基辛酯、邻苯二甲酸二异辛酯、邻苯二甲酸苄基丁酯、苄基喹啉、乙酰柠檬酸三丁酯、二乙基氨基苯并吡喃酮、三苯基膦酸	葡萄牙	未处理废水	HT-GC/MS	Castillo and Barceló(2001年)

工业	识别出的污染物	地区	废水类型	方法	参考
纺织业	聚乙二醇（聚氧乙烯）、羧化聚乙二醇、烷基醇聚乙氧基酯、邻苯二甲酸二丁酯，邻苯二甲酸双（乙基己基）酯、LAS、萘磺酸盐	葡萄牙		LC/MS	Castillo and Barceló（2001年）
	二甲苯、乙苯、甲苯	西班牙	污水	萃取、GC/MS	López-Grimau et al（2006年）
	双酚A、壬基酚、辛基酚、壬基酚乙氧基酯、壬基酚乙氧基羧酸酯、辛酚乙氧基酯、辛酚乙氧基羧酸酯	比利时、意大利	污水	LC/MS-MS	Loos et al（2007年）
制革厂	巯基苯并噻唑、二羟基嘧啶、乙基乙酸己酯、磷酸三（丁氧基乙基）酯、三甲基环己酮、三甲基环己烯酮、苯甲酸、环己烷羧酸（环己烷甲酸）、苯乙酸、苯丙酸、甲氧基肉桂酸（甲氧基本丙烯酸）、邻苯二甲酸、苯甲酚、氯甲酚、乙醇、乙基乙醇、己二醇、甘油、羟吲哚、吲哚乙酸、羟基苯乙酸、苯乙酸、二羟基苯乙酸、苯乙酸甲酯、茴香基丙酸、二羟基苯基丙酸、甲醇二乙氧基酯、丁醇二乙氧基酯、戊醇乙氧基酯	德国	未处理废水		Reemtsma and Jekel（1997年）
	硝基苯磺酸盐、氯苯磺酸盐、萘磺酸盐、烷基化苯磺酸盐	葡萄牙	未处理废水	IPC-ESI-MS	Alonso et al（1999年），Alonso and Barceló（1999年）
	硝基苯磺酸盐、氯苯磺酸盐、萘磺酸盐	瑞典、西班牙	未处理废水	IPC-ESI-MS	Alonso and Barceló（1999年）
	聚乙二醇（聚氧乙烯）、烷基醇聚乙氧基酯、壬基苯酚乙氧基酯、羧化聚乙二醇、邻苯二甲酸二（乙基己基）酯、邻苯二甲酸二乙酯、硝基苯酚、氯甲酚，硝基萘磺酸盐、氯苯磺酸盐、LAS、萘磺酸盐、甲硫基苯并噻唑、甲基磺酰基苯并噻唑、苯并噻唑基苯并噻唑硫酮	葡萄牙	未处理废水	LC/MS	Castillo et al（1999年）
	LAS、聚乙二醇（聚氧乙烯）、烷基醇聚乙氧基酯、萘磺酸盐、萘二磺酸盐、氯苯磺酸盐	瑞士	未处理废水	LC/MS	Castillo et al（2001年）
	巯基苯并噻唑	墨西哥	未处理废水	HPLC-ED	Rodriguez et al（2004年）
石化工业	二甲苯、苯乙烯、甲基苯乙烯、二氢化茚、茚、甲基茚、烷基化萘、苯酚、环辛二烯、异丙基苯、乙基甲苯、丁氧基乙醇、苯乙酮（乙酰苯）、萜品醇松油醇、蒽、芴、二苯基丙醇、甲酚、蒎烯	美国	石化and石油精炼废水	GC/MS	Keith（1974年）
	甲苯、丙二苯、萘、烷醇、烷酮、苯酚、乙酸乙酯、乙基-异丙醚、二氧戊环、氯苯、硝基苯、二甲基甲苯磺胺、偶氮丙烯基丁烯、吡咯烷二甲基丁烷、丙烯酮、西玛津	美国	炼油厂排水	GC/MS、筛选	Ellis et al（1982年）
	苯、甲苯、乙苯、二甲苯、乙基甲基苯、三甲基苯、萘	爱尔兰	石油化工废水	萃取、GC/MS	James and Stack（1997年）
	苯甲酸乙酯、壬基苯酚、五氯苯酚、异硫氰酸酯-环己烷、四甲基硫脲、双（乙基己基）邻苯二甲酸酯、甲基吡咯烷酮、二异辛基邻苯二甲酸酯、二甲基邻苯二甲酸酯	欧洲	石油化工废水	LC/MS	Castillo et al（1998年）
	二甲基苯甲酸、三甲基苯甲酸、紫罗兰醇、二叔丁基苯酚、二叔丁基乙基苯酚、乙基乙氧基苯甲酸酯、邻苯二甲酸二乙酯、邻苯二甲酸丁基辛酯、邻苯二甲酸二异辛酯、二甲基苯基苯乙酮、叔丁基羟基甲基苯硫醚	葡萄牙	石油化工废水	HT-GC/MS	Castillo et al（1999年）
	氯化苯、氯甲苯、氯化苯酚、三氯苯甲醛	波兰	焦化厂废水	GC/MS	Czaplicka（2003年）

工业	识别出的污染物	地区	废水类型	方法	参考
石化工业	吲哚胺、甲苯酰胺、烷基化+氢化喹啉衍生物、N-苯甲酰胺、N-叔丁基苯甲酰胺、四甲基化哌啶酮、三苯基膦氧化物、烷基茚满、二甲基吡啶、多环芳烃和烷基化多环芳烃	德国	石油化工废水	GC/MS、筛选	Botalova et al（2009年），Botalova and Schwarz bauer（2011年）
制浆造纸业	萜烯、甲基三硫醚、六氯乙烷、甲酰噻吩、乙酰噻吩、丙酰噻吩、二甲基亚砜、乙基氨基甲酸酯、硝基甲苯、二甲基砜、羟基苯甲醛、羟基苯乙酮、树脂酸、三甲氧苯乙酮、三甲氧苯甲醛、甲基硫代苯并噻唑	美国	废水	GC/MS、筛选	Keith（1976年）
	二氯邻苯二酚、三氯邻苯二酚、一氯三羟基苯、二氯三羟基苯、三氯三羟基苯、二氯二羟甲氧基苯	挪威	氯化阶段废水	GC/MS	Carlberg et al（1980年）
	氯化苯酚、二氯愈创木酚、三氯愈创木酚、四氯愈创木酚	瑞士	废水	GC/MS	Leuenberger et al（1985年）
	三氯苯酚、三氯愈创木酚、脱氢松香酸、氯脱氢松香酸、二氯脱氢松香酸	瑞典	处理和未处理废水	GC/MS	Hynning（1996年）
	壬基苯酚乙氧羧酸盐	美国	废水	GC/MS	Field and Reed（1996年）
	亚氮基三乙酸、乙二胺四乙酸（EDTA）、二乙基三胺五乙酸（DTPA）	加拿大	废水	GC/MS	Lee et al（1996年）
	硝基苯酚、氯代苯酚、邻苯二酚	欧洲	废水	LC/UV	Castillo et al（1997年）
	双酚A、单-四氯化双酚A、二-四氯化双酚A、三-四氯化双酚A	日本	废水	GC/MS	Fukazawa et al（2001年）
	树脂酸、双酚A、壬基苯酚乙氧基羧酸盐、木质素、多氯代二苯并噻吩、氯化苯酚、氯代愈创木酚、氯代紫丁香醇、挥发性硫黄化合物	欧洲	废水	多种方法	Latorre et al（2005年）及其中的参考文献
	二甲苯甲烷、二甲酯、二异丙萘、二（甲基苯氧基）乙烷、三联苯、苄基萘醚、氯甲基苯氧甲基苯氧乙烷、苄基联二苯	日本	废水	GC/MS	Terasaki et al（2008年）
	萜烯、乙酰吗啉、苯胺、三甲基戊醇二异丁酸甲醇、苯酚、烷基化苯酚、萘烷酮、乙酰氧三甲基双环庚烷二酮、苯甲酸、松香酸、脱氢松香酸、六氢化二甲基异丙基萘	德国	废水	GC/MS、筛查	Botalova and Schwarzbauer（2011年）
橡胶和轮胎生产	苯并噻唑、巯基苯并噻唑、甲苯、丁氧基乙醇、壬基苯酚、二叔丁基甲基苯酚、亚甲基二苯酚、烷基化苯、异佛尔酮、甲基联二苯、环己胺、二苯胺、丙基二苯胺、邻苯二甲酸二乙酯、萘、烷基化萘、菲、烷基化菲烷、氟蒽、芘、二甲基吖啶	美国	废水	GC/MS	Jungclaus et al（1976年）
	苯并噻唑、甲基苯并异噻唑、甲基苯并噻唑、甲硫基苯并噻唑、苯并噻唑酮、苯并异噻唑、硫氰酸（苯并噻唑巯基）甲酯、二硫代双苯并噻唑苯胺、烷基化苯胺、氯化苯胺、苯甲酸、苯基（苯基甲基）硫脲、硫氰酸苯胺基苯甲酯氯苯、甲苯、苯异硫氰酸酯、甲胺苯甲酸、（甲硫基）甲苯、（甲硫基）苯甲酸、羟基苯甲酸、胺苯甲酸、环己胺、苯甲酸羟甲基苯甲酯、二苯基肼甲酰胺、二甲烷四甲基双环己胺、甲基咪唑二酮、苯并三嗪酮	西班牙	部分处理的废水	GC/MS	Puig et al（1996年）
	吲哚、甲基吲哚、甲基羟吲哚、邻苯二甲酸二乙酯、邻苯二甲酸二丁酯、邻苯二甲酸二环己酯、甲氧基苯酚、二叔丁基苯酚、巯基噻唑啉、二甲基硫代氨基甲酸酯锌、乙酰苯胺	泰国	废水	GC/MS、筛查	Worawit（2006年）

工业	识别出的污染物	地区	废水类型	方法	参考
药物、杀虫剂、荧光增白剂和表面活性剂生产	氨基乙基二苯并氮杂、羟基叔戊基基苯并三唑、二甲基喹噁啉、苯基萘胺、叔丁基苯萘酚胺、四甲基丁基苯基萘胺、甲基噻吩唑、苯并噻二唑、硝基苯酚、叔戊基苯酚、二叔丁基硝基苯酚、二叔戊基苯酚、二叔丁基氰基苯酚、二叔戊基氰甲基苯酚、丙基羧基甲基二叔丁基羟苯基丙酸酯、三氟甲基苯胺、二叔丁基苯醌甲基乙酸、氯代二苯基醚	美国	废水	GC/MS, LC/MS	Jungclaus et al （1978年）, Lopez-Avila and Hites（1980年）
2,4,6-三硝基甲苯的合成生产	亚硝基吗啉、硝基苯腈（苯甲腈）、吗啉乙腈、二硝基苯、三硝基苯、二甲基二硝基苯、甲基硝基苯酚、二硝基甲基苯酚、甲苯、硝基甲苯、二硝基甲苯、三硝基甲苯、氨基硝基甲苯、氨基二硝基甲苯	美国	废水	GC/MS	Spanggord et al （1982年）
没有标明的化学物生产	二甲氧基甲烷（甲缩醛）、二氯乙烷、甲基戊醇、苯乙烯、甲基丁二烯、丙烯腈、二氯甲烷、甲苯、甲基戊酮、三乙烯环己烷、二乙烯苯异构体	法国	废水	萃取、GC/MS	Santos et al （1996年）
塑料、油漆和植物保护剂生产	LAS、萘磺酸盐、羟基萘二磺酸盐、硝基苯磺酸盐、甲基苯磺酸盐、氯苯磺酸盐	德国	废水	LC/MS	Castillo et al （2001年）
工业中间体和维生素的合成生产	三苯基氧化膦、二异丙基异丙基醚、二异亚丙基呋喃糖、二异丙基苯磺酸、双乙基异辛醇内酯异构体	德国	废水	GC/MS, LC/ESI-MSn	Knepper and Karrenbrock （2006年）
合成塑料、阻燃剂和植物保护剂生产	二氯苯、氯化苯胺、二氯甲基硫代苯、三氟甲基苯乙酮、四甲基丁烷二腈、二苯基烯腈、四氢噻吩二羧酸、三（氯丙基）磷酸盐、三乙基磷酸盐、二丁基甲基膦酸酯	德国	废水	GC/MS、筛选	Botalova et al （2011年）
各种合成的中间产物生产	二甲基吡唑、三丁胺、三异辛胺、三辛胺、三（乙基己基）胺、二丁基十一胺、三硫戊环、甲基二氮杂金刚酮、三（氯丙基）磷酸酯、三甲基戊二醇二异丁酸酯、羟基二甲基丙酸羟基二甲基丙酯	德国	废水	GC/MS、筛选	Botalova et al （2011年）
合成纤维和涂料生产	二甲基吡唑、二硫戊环、二噻烷、三硫戊环、三噻烷、四噻烷、四噻吩、六硫杂环庚烷、三醋精（甘油乙酸酯）	德国	废水	GC/MS、筛选	Botalova et al （2011年）
制药行业	西咪替丁、溴西泮（西比马西泮）、双氯芬酸、癸二氢喹啉、美沙比妥（甲基比妥）	德国	试点污水厂废水	IA-MS-MS、GC/MS、LC/MS	Schröder （1999年）
	羟基雄甾酮、雄甾烯二酮	德国	废水	GC/MS、筛选	Dsikowitzky （2002年）
	皮质醇、可的松、地塞米松、泼尼松龙（激素类药物）	荷兰	废水	LC/MS	Schriks et al （2010年）
豌豆、鱼和猪肉制品加工	二氯丙烷、甲苯、三氯甲烷、氯化苯酚、邻苯二甲酸二乙酯、邻苯二甲酸二（乙基己）酯、芴、菲、荧蒽、芘	丹麦	废水	未指定	Maya-Altamira et al （2008年）
肉类生产加工	一苄胺、甲基二氢吲哚酮、膦酸三（氯丙基）酯、二氢二甲基硫代吡喃甲醛、叔丁基苯甲酸	德国	废水	GC/MS、筛选	Botalova and Schwarzbauer （2011年）
水泥行业	LAS、萘磺酸盐	德国	废水	LC/MS	Castillo et al （2001年）
汽车行业	六甲氧基甲基蜜胺、丁氧基乙氧基丙醇	西班牙	废水	GC/MS	Consejo et al （2005年）
电站	亚硝基吗啡、亚苄基苯甲胺、苄基苯甲酰胺、磷酸三（氯乙基）酯、磷酸三（氯丙基）酯、三甲基磷酸、三甲基戊二醇二异丁酸盐、薄荷醇、乙基己酸乙基己酯、叔丁基苯甲酸、甲基二氢茉莉酸、烷基化萘	德国	废水	GC/MS、筛选	Botalova and Schwarzbauer （2011年）

我国张水燕等基于生产排放全过程多相多类污染物识别研究，建立了石化行业典型企业水污染物排放特征成分谱，涉及原料、辅料、产品，电脱盐工艺废水，常减压工艺废水，催化裂化工艺废水，延迟焦化工艺废水，水处理设施进口和出口，污染成分包括常规污染物、金属污染物和有机污染物，详见表3.4。

表3.4 石化行业典型企业水污染物排放特征成分谱

成分谱类别	成分类别	特征成分谱
原料、辅料、产品		原油、汽油、煤油、柴油、液化气、蜡、道路沥青、石油焦、聚丙烯、乙烯、芳烃、硫黄及润滑油基础油等
电脱盐工艺废水	常规、金属污染物	挥发酚、硫化物、Ba、Se、Tl、氨氮、As、石油类、Sr、Zn、Cu、Hg、Mo、Li、Ni、Sb、V
	有机污染物	烷烃类（79.49%）、芳烃类（18.26%）、PAH（1.97%） 甲基环己烷、甲苯、1,1,3-三甲基己烷、顺-1,2-二甲基环戊烷、环己烷、甲基环戊烷、苯、邻二甲苯、2-甲基戊烷、己烷、壬烷、顺-1,3-二甲基环己烷、癸烷、戊烷、对二甲苯、2-甲基庚烷、3-乙基-2,2-二甲基戊烷、2-甲基己烷、3-甲基庚烷、反-1,2-二甲基环己烷、1,2,4-三甲基环戊烷、2-甲基丙烷基环己烷、十一烷、4-甲基癸烷、1,2,3-三甲基环戊烷、1,2,3-三甲基苯等
常减压工艺废水	常规、金属污染物	挥发酚、硫化物、石油类、氰化物、COD$_{Cr}$、Hg、Se、总氮、氨氮
	有机污染物	苯酚类（40.92%）、芳烃类（26.14%）、脂肪酸类（19.59%）、烷烃类（8.65%）、醇类（2.48%）、酮类（1.84%） 庚酸、苯酚、3-甲基苯酚、甲苯、苯、2,5-二甲基苯酚、2,4-二甲基苯酚、对二甲苯、乙苯、1-丁醇、1-乙基-2-甲基苯、十四烷、甲基环戊烷、2-甲基丁酮、甲基环己烷等
催化裂化工艺废水	常规、金属污染物	硫化物、挥发酚、氨氮、氰化物、Hg、Se、Sb、石油类、COD$_{Cr}$
	有机污染物	苯酚类（70.61%）、芳烃类（12.82%）苯胺类（9.02%）、烷烃类（4.33%）、酮类（2.58%） 3-甲基苯酚、苯酚、2-甲基苯酚、2,3-二甲基苯酚、3-乙基苯酚、甲苯、4-甲基苯胺、苯、2-甲基苯胺、苯胺、3,4-二甲基苯酚、3-甲基苯胺、甲基异丁基酮、2,5-二甲基苯酚、1,3-二甲基苯、对二甲苯、2-甲基-1-丙醇、2-丁酮等
延迟焦化工艺废水	常规、金属污染物	硫化物、挥发酚、氨氮、氰化物、Hg、Se、COD$_{Cr}$、石油类、总氮
	有机污染物	苯酚类（49.83%）、芳烃类（18.87%）、烷烃类（18.15%）、苯胺类（9.17%）、PAH（3.30%） 甲基酚、甲基苯胺、苯酚、二甲基苯酚、三甲基苯酚、乙基甲基苯酚、对二甲基、甲苯、三甲基苯、2,3-二氢茚、庚烷、乙苯、己烷、戊烷、1,2-二甲基-4-乙烯基苯、1-亚丙基环丁烷、2,3-二氢-4-甲基-1H-茚、己烯、2-甲基-1-丙烯基苯、辛烷、庚烯、2-甲基噻吩等
水处理设施进口	常规、金属污染物	挥发酚、Li、Sb、Se、石油类、硫化物、COD$_{Cr}$、Ba、Zn、Hg、氨氮、氰化物、Cu、As、总氮、Sr
	有机污染物	苯酚类（63.92%）、芳烃类（12.70%）、氮杂环化合物（6.26%）、酮类（3.91%）、苯胺类（3.86%）、醇类（2.47%）、PAH（2.74%）、烷烃类（1.96%） 苯酚、甲基苯酚、乙基苯酚、二甲基苯酚、苯胺、甲基苯胺、甲苯、二甲苯、苯、三甲基苯、甲基环戊烷、环丙基苯、乙基苯、萘、甲基萘、二甲基萘、β-乙基苯乙醇等
水处理设施出口	常规、金属污染物	含氮含硫化合物（80.21%）、酚类（10.10%）
	有机污染物	2-氨基-4-甲基-噻唑-5-羧酸、2-丙基-4-甲基噻唑、2-乙基-4甲基噻唑、6-甲基-3,5-二硫代-2,3,4,5-四氢-1,2,4-三嗪、3-甲基苯酚等

3.1.2.4 污染化学指纹溯源技术

（1）技术原理 化学指纹是通过对环境污染物及相关化学物质的化学图谱分析，确定其污染来源、排放时间和污染贡献比率等的多种技术统称，属定性受体模型。其原理是通过分析环境（土壤、沉积物、水、灰尘/空气以及生物群或活生物体）中各种污染物的类型和化学浓度，并将结果与各种污染源的污染物类型和浓度进行比较，或根据污染物释放时间预测污染物变化。该方法特别适用于由各种化合物混合组成的复杂污染物，如原油及各种石油分馏产品、PAH、PCB、呋喃和二噁英，以及具有降解中间体的化合物，如氯化烃，还可针对特定污染混合物，如废物流、混合溶剂等。

（2）应用步骤 化学指纹污染溯源技术中通常包括几个步骤：评估现场条件和污染物性质；适宜分析技术识别和筛选；环境样品和可疑源样品的化学分析及化学指纹库建立；数据分析和解释。其中适宜化学指纹分析技术识别是关键，是建立化学指纹库的基础。气相色谱法（GC）、光谱分析法、重量分析法、比色分析法、电泳分析法以及激光消融微量分析等方法均可用于化学指纹识别与图谱建立，应根据水环境污染物的类别、理化性质等筛选适宜化学分析方法。不分解的挥发有机物化合物基本上都可用GC分析。2D GC（GC × GC）能够从复杂混合物（如原油和石油产品）中分离出更多化合物。电感耦合等离子体质谱法（ICP-MS）可分析超痕量金属污染物。γ射线光谱法和热电离质谱法（TIMS）可用于放射性元素分析。傅里叶变换红外光谱法（FTIR）可用于非常复杂的混合物分析等。突发事故污染溯源，可应用微型和便携式移动分析检测设备，便携式拉曼光谱仪（RS）在"未知"检测中具有强大的"指纹识别"能力，X射线便携式荧光计仪是功能强人的半定量仪器，可用于土壤金属污染法医调查。

（3）主要限制因素 化学指纹技术是针对混合污染物排放的强大法证分析技术。理论上，混合物中单组分数量越多，其法证能力越高。但是，任何影响污染物归宿和运移的因素都可能影响原始化学指纹，从而影响化学指纹和分析及污染溯源结果。

① 风化/释放时间/距污染源的距离，污染物一旦释放到环境就开始发生的物理、化学和生物变化改变，可能严重影响原始化学指纹直至使其无效，增加污染溯源困难。

② 释放环境/变化条件，会影响污染物风化模式，从而影响化学指纹污染溯源。

③ 其他环境污染物，可能会影响释放污染物的归趋和运移。

④ 多次释放，特定区域不同时间释放的同型污染物或混合物，将导致综合化学指纹图谱无效。

⑤ 取样时污染物存在与否，某些突发污染事故情况下，现实条件可能不具备对污染物本身进行检测和化学指纹污染溯源。

（4）经典应用 用以化学指纹识别的"理想"物质是溢油、多氯联苯、二噁英和呋喃等。原油是由成千上万单个烃和非烃化合物组成的复杂混合物，从小分子、低挥发性化合到极大的、不挥发性化合物，可分为饱和烃、芳烃、树脂和沥青质（SARA）。2011年，Fingas发表了关于原油化学和其中已识别的化合物综述，与法医鉴定最相关的是抵抗风化且具有源特征的化合物，包括PAH和生物标志物。原油中各种组分和各类化合物之间的比例因油源地区地质构造和环境因素的改变而变化。因此，溢油化学组成分析可为源识别提供有用信息——油化学指纹图谱。虽然所有油化合物都可以用于指纹识别，但生物标志物（类异戊二烯、金刚钻石、三环萜烷、甾烷、藿烷）和PAH在环境中稳定存在，在指纹识别研究中更具针对性。

溢油指纹通常采用色谱图、直方图、诊断比率分析（双比例图、多元统计）、生物标记回归等技术分析。色谱图是因样品组成产生的测试设备（色谱仪）响应信号随时间变化图形。如图3.1～图3.4所示为原油和常见石油分馏产品的典型色谱图样本，x轴表示时间，y轴表示仪器响应强度，每个峰表示单个化合物，强度（峰高或面积）与丰度相关。通过色谱峰的保留时间可确定与观测色谱峰相关联的化合物。从左到右，化合物质量和结构复杂性逐渐增加，抗生物降解性和抗风化过程相应增加。风化油会在色谱图靠左侧峰中消耗尽，进一步风化，单峰几乎都会消失，出现不能被色谱分离的高分子未识别复杂混合物（Unidentified Complex Mixture，UCM）。表3.5为主要的油品指纹识别策略汇总，可以请专业实验室进行油和油产品的指纹测试。

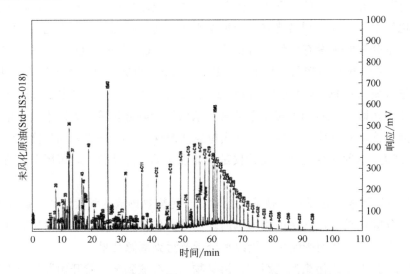

图3.1　原油色谱图例-未风化原油中正构烷烃占优势

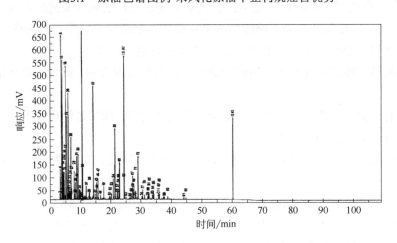

图3.2　汽油色谱图例（峰主要在左侧，为新鲜汽油）

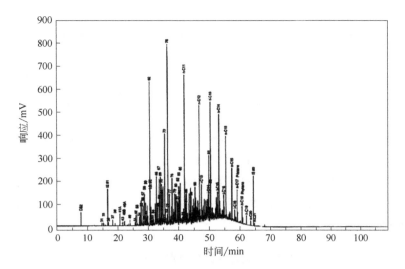

图3.3 Jet-A色谱图例（峰向右转移，碳链扩至n-C_{19}，有少量UCM）

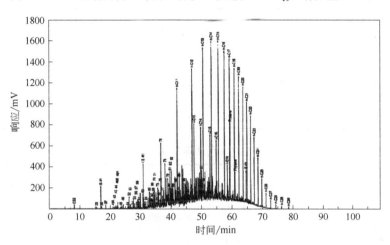

图3.4 新鲜柴油燃料色谱图例（峰向右偏移，碳链向n-C_{26}～n-C_{27}扩展，出现UCM）

表3.5 主要的油品指纹识别策略汇总

分析	应用程序	相关取证
通过高分辨率GC/FID分析C_3～C_{10}（PIANO汽油范围分配）	汽油指纹识别	• 识别超过90种化合物 • 比较样品之间的组成相似性［相对比例（%）］ • 降解率提供有关产品使用年限的信息
通过EPA 1625分析的含氧混合剂MTBE（甲基叔丁基醚）、DIPE（二异丙基醚）、ETBE（乙基叔丁基醚）、TAME（甲基叔戊基醚）、TBA（叔丁醇）、乙醇	汽油指纹识别	• 量化汽油中的氧化添加剂 • 提供有关无铅汽油使用年限的信息
运用GC/ECD分析EDB（二溴化乙烯）、MMT（甲基环戊二烯三羰基锰）和有机铅浓度	汽油指纹识别	• 量化烷基铅化合物和铅清除剂EDB，以及MMT增加剂的辛烷值 • 提供含铅汽油使用年限的信息
高分辨率GC/FID分析C_3～C_{44}（全油）	原油指纹识别	• 识别多达149种化合物 • 分析汽油范围PIANO（烷烃、异构烷烃、芳香烃、环烷烃和烯烃五个英文名词的首字母组合） • 协助鉴定产品或原油的类型 • 根据降解程度分析产品释放信息

分析	应用程序	相关取证
全扫描GC/MS	原油指纹识别	• 提供烷烃、烷基苯、PAH和多环生物标志物（例如藿烷、甾烷），可用于揭示复杂的油指纹 • 降解程度提供有关产品使用年限的信息

油指纹技术还包括标记化学品技术，标记化学品是与所关注污染物（COC）在污染场地一同被发现的化学品（化合物），仅与特定潜在源相关。该技术的关键是标记化学品的验证，有效的标记化学品通常必须与COC有相似的迁移和转化规律。表3.6为"理想"追踪污染物类别的潜在标记化合物。表3.7和表3.8分别为汽油和氯化溶剂添加剂示例，其中添加剂可作为现场标志性化学品使用。

表3.6 "理想"追踪污染物类别的潜在标记化合物

污染物	潜在标记化合物
制造化学物质（如氯化溶剂）	添加剂或稳定剂
杂质精炼石油产品（如汽油）	添加剂（如含氧化合物、烷基铅化合物、专用添加剂）
废物流	废物的相关组成
化学品储存设施或生产现场共存/共释放的化学品	在研究区没有污染物的其他潜在来源
垃圾填埋场渗滤液	研究区未发现的淋溶污染物的其他来源

表3.7 汽油添加剂示例

添加剂类型	示例
抗爆化合物	烷基铅化合物、有机锰化合物
抗氧化剂/稳定剂	对苯二胺、烷基取代的苯酚
腐蚀抑制剂	羧酸、酰亚胺
染料	偶氮苯、偶氮萘酚、苯基偶氮萘酚（红色、橙色、青铜色）、烷基氨基蒽醌（蓝色）
洗涤剂	胺类、胺羧酸盐
防冰霜	n-醇（短链）、具有长烃链的胺和乙氧基化醇

表3.8 氯化溶剂添加剂示例

溶剂	添加剂类型	示例
TCE	抗氧化剂	胺（0.001%～0.01%）、表氯醇和酯（0.2%～2%）
PCE	稳定剂	胺类、环氧氯丙烷和酯
1,1,1-TCA	稳定剂	1,4-二噁烷（0～4%，质量分数）、硝基甲烷、n-甲基吡咯、环氧丁烷、1,3-二氧戊环、仲丁醇
1,2-DCA（日本生产）		多氯乙烷
氯仿	稳定剂	溴氯甲烷、CCl_4、二溴氯甲烷、1,1-DCA、1,2-DCA、顺式1,2-DCE、反式1,2-DCE、二氯甲烷、碳酸二乙酯、乙苯、2-甲氧基乙醇、硝基甲烷、吡啶、1,1,2,2-TCA、TCE、二甲苯
二氯甲烷（MC）	稳定剂	苯酚、氢醌、对甲酚、间苯二酚、百里酚、1-萘酚、胺类

3.1.2.5　同位素法示踪分析技术

同位素是原子核中具有相同质子数而不同中子数的相同元素，自然界中，有稳定性同位素和放射性同位素两种类型。稳定性同位素是保持不变的同位素，天然元素大多有两种或多种稳定性同位素，最丰富的稳定性同位素通常是质量数较小的同位素。环境调查研究中的常用稳定性同位素有氢、氧、硫、碳和氯，见表3.9。

表3.9　环境调查中常用的稳定性同位素示例

元素	稳定性同位素	质子数/（p）和中子数（n）	相对天然丰度/%
氢	^1H	1，0	99.985
	^2H	1，1	0.015
碳	^{12}C	6，6	98.89
	^{13}C	6，7	1.11
氯	^{35}Cl	17，18	75.77
	^{37}Cl	17，20	24.23
氧	^{16}O	8，8	99.76
	^{17}O	8，9	0.039
	^{18}O	8，10	0.20
硫	^{32}S	16，16	95.02
	^{34}S	16，18	4.21

同位素示踪分析技术是通过对样品中稳定性同位素或放射性同位素的测定来区分污染源的。特定污染源具有特定的稳定性同位素组成，其分析结果精确稳定，具有在迁移与转化过程中组成不变的特点，因此被广泛应用于环境污染事件的仲裁、环境污染物的来源分析与示踪。目前在环境污染物溯源方面主要集中在碳、氮、氧、氯、硫、铅、汞等的同位素分析。利用$\delta^{15}N$和$\delta^{18}O$可追踪淡水环境中硝酸盐的主要来源；通过$\delta^{13}C$、$\delta^{35}Cl$和$\delta^{37}Cl$可追踪环境中有机物来源；运用稳定$\delta^{37}S$可追踪环境中硫酸盐的不同来源；利用铅的稳定性同位素可实现铅污染溯源，并通过与多元混合模型联合实现污染物来源的定量解析。指纹识别大多使用稳定性同位素组成分析，污染年龄测定会用到放射性同位素（放射性同位素可作为大气示踪剂用以确定地下水年龄并确定污染羽流的最小年龄）。稳定性同位素指纹技术包括主要稳定性同位素分析（BSIA）、特异性化合物同位素分析（CSIA）和位置特异性同位素分析（PSIA）等方法。

（1）宏量同位素指纹图　宏量同位素指纹图（Bulk Isotopic Fingerprinting，BIF）基于BSIA即检测目标稳定性同位素的同位素浓度作为样品中含有该元素的所有单个化合物的浓度总和。

① 方法原理。环境样品中目标元素的同位素浓度应与释放源中该元素的同位素浓度相关。但应考虑由于风化（尤其是生物降解过程）导致的原始同位素组成变化，生物降解通常导致轻同位素消耗或重同位素增加。当污染物有多个稳定性同位素组成时，可进行

每种稳定性同位素组成分析。如对原油，可确定C、H、O、N和S等稳定性同位素组成以确定同位素指纹。

② 方法步骤

a. 分析环境样品的目标同位素，不需要对样品进行任何化合物分离。

b. 采用相同分析方法对可疑源进行目标同位素分析。

c. 将样品数据与可疑源数据进行结果比较和数据解释。

若直接匹配的来源只有一个，初步确定这个可疑源，淘汰其他源。若直接匹配的来源有多个，应深入分析（如CSIA）。若与任何源都不匹配，应评估样品中同位素是否发生变化。

③ 应用。BSIA在单一污染物或贡献目标同位素是混合物中一种污染物的源识别方面非常有效，还是生物降解的证据（目标化合物的同位素浓度增加可能表明有生物降解发生）。BSIA可用于区分原油和汽油。

④ 优缺点。BSIA是一种简单而便宜的同位素表征技术。其局限是，因不同源可能具有相似的同位素值，该方法特异性较低；随释放时间延长，其精确度下降。在混合污染物时，建议使用BSIA技术作为初步"筛选"步骤。

（2）特定化合物同位素分析 CSIA是对混合环境样品的特定化合物中靶向稳定性同位素浓度进行分析（来自样品的多于一种单独化合物含有目标同位素），CSIA分析可获得特定化合物同位素指纹图谱。CSIA分析技术采用GC /IRMS（气相色谱与同位素比质谱联用）方法。

① 技术原理。样品中特定污染物中目标元素的稳定性同位素浓度应与其释放源的同一特定化合物中目标元素的稳定性同位素浓度相关。该方法适用于多种化合物（有相同目标同位素）组成的环境样品。CSIA与总体同位素测试相比，优势在于提供更深入的同位素指纹。总体同位素分析仅提供一种同位素浓度作为来自含有目标异构体的各种化合物的浓度总和，而CSIA提供多种同位素浓度，每种浓度对应于含有目标同位素的单个化合物。因此，CSIA更为具体，并提供了对可能来源识别至关重要的附加信息。

② 方法步骤

a. 从样品中分离目标化合物。如从含有三氯乙烯（TCE）、四氯乙烯（PCE）、三氯乙烷（1,1,1-TCA）和四氯化碳（CT）的氯化溶剂混合物或混合羽流中确定TCE和PCE的^{13}C CSIA组成，需从混合环境样品中先提取或分离TCE和PCE。

b. 环境样品中目标化合物的目标同位素分析，通常采用IRMS分析。

c. 按相同分析方法，对可疑源进行同一目标化合物相同目标同位素的分析。

d. 将样品数据与可疑源数据进行结果比较和数据解释。如果所有或大多数单个化合物与一个源匹配，则可确定该源，淘汰其他源；如果所有或大多数化合物与多个源匹配，则应进一步测试或寻求历史数据；如果仅仅少数化合物与可疑源匹配，则应考虑不匹配化合物发生风化的可能性，或寻求其他信息；如果找不到任何匹配，则应评估样品中同位素变化。

③ 应用。CSIA可应用于有稳定性同位素元素组成的有机和无机污染物（如原油和精炼产品、甲烷、氯化溶剂、1,4-二恶烷、多氯联苯、多环芳烃、高氯酸盐、金属、硝酸盐、硫酸

盐、爆炸物）的来源识别，混合污染物羽流来源识别，评估特定化合物的降解途径。Van Warmerdam等应用CSIA测定了氯化溶剂^{13}C和^{37}Cl同位素组成，追踪了氯化溶剂制造商来源。氯/氧稳定性同位素比值测量已用于鉴别环境中不同高氯酸盐来源，Sturchio等通过^{36}Cl分析进一步提高了高氯酸盐源鉴别能力。环境中的高氯酸盐可由大气光化学反应自然产生，也大量人工合成用于军事、航空航天和工业。阿塔卡马沙漠（智利）的硝酸盐富矿含有高浓度的天然高氯酸盐，自19世纪中期以来，一直用于农业出口到世界各地。合成和农用高氯酸盐向环境中广泛引入污染了许多城市供水。美国西南部的地下水和沙漠土壤样品的高氯酸盐中^{36}Cl丰度高（$^{36}Cl/Cl=3100\times10^{-15}\sim28800\times10^{-15}$）。比较而言，阿塔卡马沙漠（$^{36}Cl/Cl=0.9\times10^{-15}\sim590\times10^{-15}$）和合成高氯酸盐试剂和产品（$^{36}Cl/Cl=0\sim40\times10^{-15}$）样品中$^{36}Cl$丰度都低。结合氯/氧稳定性同位素比值，Van Warmerdam等以^{36}Cl数据清楚地区分了美国西南部环境中三种主要高氯酸盐来源类型。

④ 优缺点。CSIA的优点是：实用性强，是较完善的环境法证工具；CSIA价格因目标同位素而异，针对^{13}C同位素的CSIA相对便宜；基于CSIA的指纹识别技术比化学指纹技术源识别的特异性强，能够区分化学指纹相似的源。CSIA的缺点和不足是：不同来源可能具有相似的同位素指纹，影响方法有效性；准确度随释放后时间延长而降低，尤其是在易生物降解环境中；对部分污染物无效，特别是测低分子量同位素如^2H（氘）时；专门分析的商业实验室相对较少，同位素（如^{35}Cl、^2H）分析成本高。

（3）位置特异性同位素指纹识别　PSIA基于环境样品中目标化合物片段的稳定性同位素浓度分析，提供目标化合物的分子水平同位素的组成信息。1961年，Abelson和Hoering首次提出该方法。

① 技术原理。目标污染物碎片可能由不同同位素组成，取决于源物质以及生物降解、化学降解或其他自然衰减过程中的特定作用位置。因此，片段水平上同位素组成检测可用于精准源识别或评估目标环境中目标化合物的自然衰减机制。PSIA通常要使用GC、燃烧炉、IRMS，Gauchotte等针对MTBE提出PSIA方法步骤。

a. 从样品中分离目标化合物，如果想确定汽油样品MTBE组分的^{13}C PSIA组成，首先要将MTBE从汽油中分离出来（通常用GC方法）。

b. 使用热解炉进行已分离目标化合物的热解。

c. 进行目标化合物的热解产物或片段的分离，通常也用GC。

d. 热解产物单个目标片段的目标同位素分析，通常采用IRMS。

e. 采用相同分析方法对可疑源的同一目标化合物进行相同目标同位素分析。

f. 将样品数据与可疑源数据进行结果比较和数据解释。

② 应用。PSIA可能用于MTBE来源识别，表征不同来源氨基酸，评估多点排放和混合羽流。

③ 优缺点。PSIA提供了目标化合物的分子水平同位素上组成信息，使源识别更仔细和更准确。化合物中特定位置同位素浓度（例如$^{13}C/^{12}C$比率）能够反映与研究化合物来源有关的高度准确信息，且记录了环境或生理等复杂系统状态，取证机会更大。PSIA是一种新兴取证技术，目前应用有限，费用高，不适用量少的污染物。

④ 前景。PSIA在环境发证领域应用前景广阔，可以单独应用或作为层级同位素指纹识

别（Tiered Isotopic Fingerprinting Approach，TIFA）方法的一部分。TIFA首先进行BSIA指纹识别；若BSIA不适用或BSIA结果不确定，则进行CSIA指纹识别；若BSIA和CSIA结果确凿，则进行PSIA指纹识别，若污染物有多个稳定性同位素元素，则对每种组成元素应用PSIA源识别更准确、可靠。就MTBE而言，PSIA应分析MTBE片段中的碳、氢和氧稳定性同位素。TIFA以最廉价的技术开始，根据需要逐渐采用更先进的技术，可有效降低成本。

（4）放射性同位素技术 放射性同位素技术（Radioisotopic Techniques）包括大气示踪剂技术和沉积物核年龄测定等方法，是环境取证测年的有力工具。

大气示踪剂技术测定环境介质（地下水）中某些放射性同位素的活动，基于已确定的放射性同位素大气浓度趋势推导最小污染年龄。该方法假定污染物通过降水渗出土壤进入地下水，污染最小年龄是最后一次地下水补给年龄。最近一次地下水补给年龄反映了20世纪大气中已知变化趋势的某些元素记录的放射性同位素活动。如20世纪核试验期间使用和释放的放射性同位素（如^{3}H氚的放射性同位素）。方法提供最小污染年龄，而非确切年龄，并且需要灵敏的分析技术。典型应用包括地下水年龄和补给过程的评估。

沉积物核年龄测定是一项完善的技术，可根据沉积物的核心放射性同位素（如^{210}Pb和^{137}Cs）浓度进行水生沉积层的年龄分层。只要沉积物保持不受干扰（例如在研究期间不发生沉积物的其他机械扰动），应用该技术可分析20世纪发生的沉积。沉积物测年技术还可用来记录污染源随时间和空间的变化。

3.1.2.6 三维荧光光谱分析技术

（1）荧光光谱分析技术 16世纪人们就观察到了荧光现象。荧光通常发生于具有刚性结构和平面结构π电子共轭体系的分子中，随着π电子共轭度和分子平面度的增大，荧光强度随之增大，光谱相应红移。荧光物质在各不相同的特征发射和激发波长下会产生各自的特征荧光"指纹"并具有不同的荧光强度。直接荧光法是利用物质自身发射的荧光进行定量测定。该方法最简便易行，但自身能发射荧光化合物有限，仅用来测定一些芳香类化合物，如苯酚、十二烷基苯磺酸钠、甲基对硫磷。近年来采用有机荧光试剂与荧光较弱或不显荧光的物质共价或非共价结合形成发荧光的配合物再进行荧光测定的间接方法应运而生，包括络合荧光法、催化荧光法、荧光淬灭法、同步荧光技术以及荧光技术与其他技术联用不断涌现和完善，能够通过荧光光谱法测定的污染物种类不断增加（表3.10）。

（2）三维荧光光谱分析技术 三维荧光光谱分析技术是一种利用有机质的荧光特性，来解析有机质源、分布及示踪的方法，可直接产生荧光强度值、等高线图和三维荧光图，具有强大的信息解析量，是鉴别复杂环境样品中微量及痕量物质的有效手段。

① 原理。三维荧光光谱是指将荧光强度以等高线方式投影在以激发光波长和发射光波长分别为纵、横坐标的平面上获得的谱图（图3.5）。三维荧光光谱图中的三维因素分别是激发光波长、发射光波长与荧光强度，可以表现为三维荧光立体图和荧光强度等高线图。不同样品的物质种类和含量不同，不同物质分子结构不同，吸收光和发射的荧光波长也不同，样品的三维荧光光谱各异。三维荧光等高线图是立体图降维显示结果，集中体现了样品成分和组分的微观特征及荧光信息，具有指纹性。

表3.10 荧光光谱法测定的污染物

被测物	荧光试剂	激发光谱与发射光谱波长λ/nm	检出限	线性范围	研究者
三苯基锡	Triton X-100桑色素	415与525	1.2pmol/L	0.05~1.4μmol/L	黄玉明
铕，铽，镝	萘啶酮酸体系	342与612，546，576	1.3μg/L，1.0μg/L，4.4μg/L	0.001~6.0mg/L 0.001~10.0mg/L 0.001~60.0mg/L	贾祥琪等
铜（Ⅱ）	3-对甲基苯-5-（4'-硝基-2'-羧基苯偶氮）-2-硫代-4-噻唑啉酮	308与403	0.3999μg/L	6.28~944nmol/L	史海健等
铝	2,4-二羟基甲醛异烟酰腙	394与484	0.96μg/L	0~240μg/L	王慧琴和杨志斌
镓	水杨醛水杨酰腙	370与455	1.4μg/L	0~140μg/L	唐波
敌敌畏	间苯二酚	491.6与521.1	0.0221mg/L	0~1.0mg/L	于彦彬和谭培功
亚硝酸盐	Triton X-100胶束体系	332与457	40ng/L	1~1200ng/25mL	林德娟和李隆弟
苯并芘	环糊精增敏4-羟基香豆素	389与413	0.003μg/L	0.005~10μg/L	赵法
铅（Ⅱ），铈（Ⅲ）	氯化钾	262.5与485.0，506	0.20μmol/L，0.015μmol/L	0.02~2.0μmol/L 0.4~10μmol/L	黄承志和迟锡增

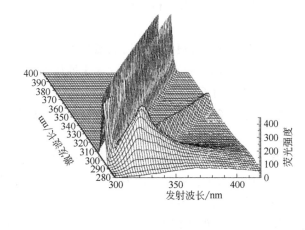 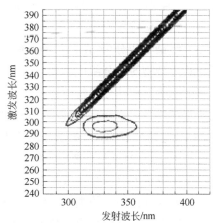

图3.5 对苯二酚三维荧光光谱图

② 优缺点。荧光光谱法具有灵敏度高、选择性好、不破坏样品结构等优点。三维荧光光谱不仅能够获得激发波长与发射波长，同时能够获取变化时的荧光强度信息，可对污染物实现定性和定量分析。三维荧光光谱分析技术的缺点是：对待测物质有一定限制，必须能够捕捉到荧光信息，即待检测物质分子必须有吸收激发光的结构且具有较高的荧光量子产率；环境因素，如溶剂效应、pH值、温度等，对荧光强度有影响；溶液介质中微小粒子或分子可能会产生散射峰（主要是瑞利散射和拉曼散射）。

③ 应用。三维荧光光谱技术可应用于富含PAH的物质（原油、成品油、食用油、医药、生物、烟草）的指纹分析，不同油种和来源鉴别，有机腐殖质荧光特征分析及污染河流溶解

性有机物来源示踪，工业和城市污水特征分析及流域污废水偷排溯源等。

3.1.2.7 其他物化溯源技术方法

（1）污染源释放特征分析 污染源释放特征分析是在确定污染源位置和查明水动力流场基础上，分析污染源进入水体的污染途径、污染途径类型及被污染水域。从水力学角度看，地下水污染途径主要包括间歇入渗型、连续入渗型、越流型及径流型。污染源释放特征分析需要资料：①污染设施的工艺分析，以帮助识别污染位置、潜在排放、工程特征；②污染特征分析，例如储运和泄漏污染物的种类和数量；③污染物的理化特征分析。化学分析不是地下水污染源识别和检验的唯一方法。在不同的适用条件下，多种地球物理方法均有可能对污染源空间分布范围解析提供支持，如探地雷达、电法、磁法、地震法等。遥感图片和红外数据可以帮助界定污染源对周边生态的影响。这些方法可作为辅助方法对采样分析数据提供支持。

（2）污染排放清单法 污染排放清单分析法是通过观测、调查和模拟污染物的源排放量、排放特征及排放地理分布等，建立列表模型或是利用分布图进而分析淡水环境主要的污染来源。此方法主要适用于全流域范围内的污染物排放量分布调查，集中于某个或几个污染物排放清单分布分析。排放清单分析法在大气污染物来源分析方面有较多研究，随后逐渐将其应用在水体污染物分析，且主要用于水体面源污染源解析，为使控源减排措施更具针对性，在流域范围内通过现场调查、采样观测与资料收集，确定各污染源的活动水平和修正排放因子，核算企业、生活、城市（暴雨径流）、农业（种植业）等各类点源和非点污染源氮、磷排放量，建立人为氮、磷排放清单。

（3）污染物成分/比值法 污染物成分/比值法的原理是根据各种污染源产生污染物的途径不同其污染物的成分组成和相对含量不同进行污染物来源分析。该方法为定性研究方法，有轻重组分比值和同分异构体比值等。成分/比值法可用于水环境PAH源解析，PAH进入环境的途径有自然途径、来自石油和燃烧生成三种，每种途径所产生的PAH都有其独特的成分和比值。Sicre等研究表明，当荧蒽与芘的质量之比小于1时，PAH主要来源于石油类产品的输入；当比值大于1时，PAH主要来源于化石燃料燃烧。Budzinski等研究表明，沉积物中菲与蒽的质量比大于10表示PAH以石油来源为主，比值小于10则表示以燃烧来源为主。但此方法只能对污染物的来源进行初步的类型判断，一般需要与其他方法结合应用。

（4）树木年轮化学技术 树木年轮化学技术是利用树木年轮中的化学元素含量重建环境污染历史以及元素在环境中转移特征技术。树木年轮化学技术最初应用于生态气候变化方面研究，后来经过发展将其应用到环境污染物研究中。1975年Lepp首次成功将年轮化学技术用于检测环境中痕量金属元素的长期变化，提出年轮化学概念。其基本原理是以树木生理学为基础，以年轮生长特性为依据，从历年年轮木质化学组成变化特征获取环境历史变迁的资料，最终重现环境变迁历史；环境中污染物会随着树木根系吸收、树皮渗透和树叶吸收等方式进入植物体，树木年轮则对污染物在植物体内积累进行逐年记录，再现高分辨环境污染历史。

树木年轮化学技术相比于沉积物、土壤等在标记时间序列上有其独特的优越性，比如年代分辨率高、活动稳定、时间跨度大、地理学分布广泛等。年轮化学技术已涉及非常多的重金属污染物（Pb、As、Mn、Cd等）和树木生长所需的矿质元素（K、Ca、Mg、S、P等）。树木年轮化学技术主要用于重金属污染示踪研究，再现高分辨率环境污染历史、判断树木生态系统重金属元素污染来源、研究重金属在大气-植物体和土壤-植物间的迁移过程等。Vrob等分析马里兰州一片危险废弃物填土上美国鹅掌楸生长年轮中铁和氯含量，结果表明树木年轮中铁和氯含量变化与地下水污染之间有明显相关关系。张鹏采集分析了典型汞污染区树木年轮样品中汞含量和累积含量分布特征，应用汞的年轮化学技术成功重建了赫章县妈姑镇土法炼锌地区及旬阳县红军乡青铜沟汞矿开采区的汞污染历史。但树木年轮化学技术在环境溯源中属于起步阶段，应用范围有限，在大气和地下水污染方面研究较多。

（5）航空摄影、地形测绘和摄影测量等空间影像分析技术　自然和人为设施空间关系的可视化分析使环境调查变简单，但可量化的历史变化记录只针对现场。航空摄影自20世纪初开始应用于环境遥感。航空照片是环境评估的宝贵工具，可提供特定时间的客观、详细地表环境条件。此外，即使在地面调查不允许情况下，也可获得。通过航空照片摄影测量可收集精确的定量信息。测量和位置数据可以数字化并输入地理信息系统（GIS）进行计算机分析和显示。其他航空照片信息获取需要专门解译技巧和经验，包括对植被死亡率、漏油损害和水体生态质量的识别。危险废物场地位置、范围和历史变化可标记在地形图上。这些地形图通常是由航空照片创建的，并且通过符号展示实体范围和位置。与航空照片相比，地形图的主要优势在于可显示空中看不到的东西，同时忽略不必要的分散信息。

3.1.3　物化溯源技术方法比选

物化溯源根据受体环境和可疑污染源的物理化学特征分析，建立污染结果与来源之间关系，进一步锁定真正的污染源。上述现场污染物快速检测技术、化学指纹分析技术、污染源释放特征分析技术、水化学特征分析技术、同位素示踪分析技术、地化学分析技术、污染排放清单技术、航空及卫星遥感分析技术、树木年轮化学技术等都是物化溯源的具体技术方法。总体可归为基于大量监测数据的污染源排查法、基于一定量监测数据的成分比例分析法、基于特殊监测方法的溯源法和其他辅助方法四类。每种物化溯源方法都有其特点、优缺点及适用范围。

（1）基于大量数据的污染源排查法　指利用现有环保部门的水质监测网，收集大量监测断面或监测点的环境数据，结合污染源分析，通过全面监测或优化监测，反复排查以搜索到最有可能产生污染事件的污染源。需详细掌握当地污染源分布和管理状况，并对排污口和污染子区域进行系统划分以制定监测排查方案。污染源排查法对水文和监测数据要求相对不高，但对污染源数据要求较高，是环保部门应用最多的污染溯源方法。

（2）基于一定量监测数据的成分比例分析法　成分比例分析法是已知若干疑似目标污染源情况下，通过多元统计、化学质量平衡、源解析受体等模型，推断各疑似污染源对特征污染元素的污染贡献比例。其中，化学质量平衡模型（CMB）是美国环保署规定的源解析标准方法，国际认可度较高。成分比例分析对水文参数需要较少，对监测断面数量和监测数据有一定要求，且要求各污染源之间互不相关，采样和分析期间变化不大，但需实时更新排放源数据，工作量较大。

（3）基于特殊监测方法的溯源法　指利用同位素、三维荧光和流场模拟等特殊监测手段的溯源方法。这些方法对监测技术、设备以及技能要求较高，实际应用中需要考虑的因素较多，结果相对粗略。目前这些方法在我国基本停留在理论研究阶段，还不具备开展大范围实践工作的条件。

（4）其他辅助方法　包括通过对比监测点与当地不同背景沉积物中重金属质量浓度来辨别监测点的重金属来源途径的背景值比较法；通过比较各种重金属之间、重金属与其他污染指标之间、重金属与运移载体之间的相关性，辨别污染来源的相关性分析法；将污染物质以及相关离子按浓度绘制成图，根据图形特征和当地污染源的特征推断污染源的绘图法。以上这些方法基本上都无法独立给出污染物的确切来源，因此多作为辅助性的溯源方法。

物化溯源技术方法对比见表3.11。

表3.11　物化溯源技术方法对比

分类	方法	优点	缺点	应用
污染源排查法	基于流域断面水质监测与污染源清单	对流域进行全面调查分析	需要大量污染源数据资料	流域氮、磷、氨等非点源污染源解析，不针对突发污染
	现场快速检测技术，结合传统化学监测（GC-MS、HPLC和HPLC-MS、荧光光谱法）	准确反映水环境质量和污染程度	针对不同污染物所采用的监测方法和手段有很大差异	适合准确分析多种污染物来源
	污染化学指纹溯源技术	对水文和监测数据要求相对不高	大量监测数据，污染源指纹库建立不完善	适合各种化合物混合组成的复杂污染物
成分比例分析法	基于一定监测数据，进行主成分/因子分析法、化学质量平衡模型（CMB）、源解析受体模型（IDNN）分析	国际认可度较高，对水文参数的需要较少	对监测断面和监测数据有要求，并要求各污染源间互不相关；定性研究方法，与其他方法结合应用，工作量大	初步污染类型判断，分析水体和沉积物中PAH、某些重金属来源
特殊监测溯源	基于污染源释放特征分析的水化学特征污染物溯源技术	针对性强	需建立行业污染物特征谱	工业废水等化学特征显著的污染源
	同位素法示踪分析技术	结果准确	对样品要求较高，前处理复杂	水体阴离子、部分有机物、重金属
	三维荧光光谱分析技术	灵敏度高，选择性好，不破坏样品结构	测物质有限制，环境因素对荧光强度有影响	有机腐殖质，富含多环芳烃类物质，溶解性有机物
其他方法	树木年轮化学技术	历史溯源	对监测技术、设备技能要求高，结果相对粗略	适于特殊污染物、特定水体
	空间影像分析技术	历史溯源	无法独立给出污染物的确切来源	

3.1.4　适用性研究——基于水纹识别的水体污染溯源案例研究

基于三维荧光光谱有机污染检测技术，清华大学研制出了污染预警溯源仪，通过水体荧光水质指纹监测，有效识别水质异常情况并快速诊断污染来源。吕清等以S河的一次水质异常事件为例，研究了基于水纹识别的水体污染溯源过程。

3.1.4.1 背景概况

清华大学的污染预警溯源仪基于水质指纹-三维荧光光谱（EEM）开发研制，能在15～30min内检测水质指纹、识别污染类型并发出警报。S河是南方A市的主要河流。采样点位于S河的A市城区下游。污染预警溯源仪进行在线监测，监测频次为1次/4h。2013年10月，台风"菲特"过境期间，水质出现异常。2013年12月A市水体中的氨氮、总氮、电导率等常规监测指标出现了明显异常波动，荧光强度明显升高，水质指纹的荧光峰转移。

3.1.4.2 污染监测

（1）正常水质指纹监测 因当地印染业比较发达，通常水体与印染废水十分相似，相似度一般保持在0.93～0.98。物化溯源技术方法对比如图3.6所示。

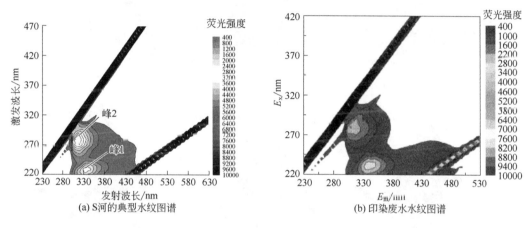

图3.6 物化溯源技术方法对比

（2）异常水质指纹监测 2014年10月20～23日，水质指纹多次发生明显变化（图3.7）。

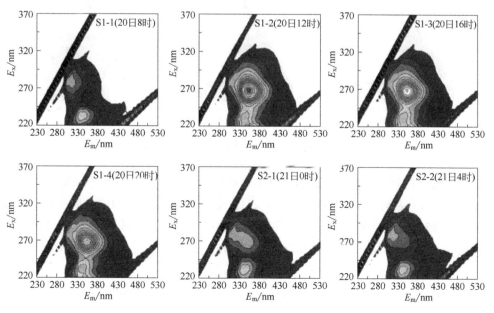

图 3.7

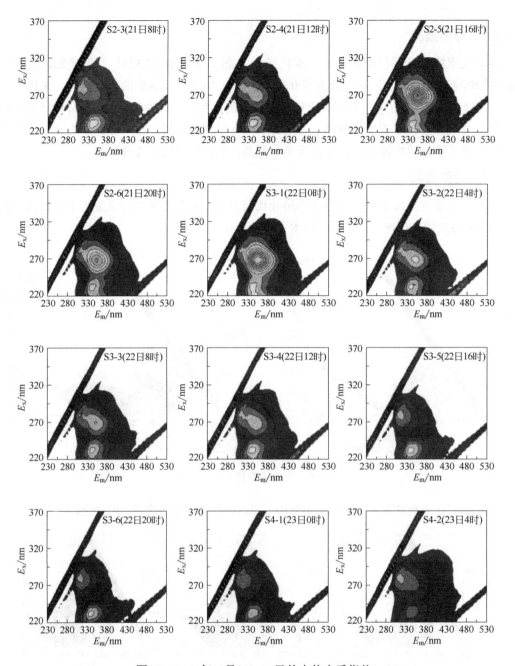

图3.7 2014年10月20～23日的水体水质指纹

（3）其他监测指标 pH值、COD、TOC、氨氮、总氮。正常情况下，监测水体的pH值约为7.5，但水质异常时，pH值为6.8～7.1。pH值变化与水质指纹峰2的强度负相关，线性相关系数达到0.8594。水质异常期间，水样苯胺类浓度明显升高，最高浓度为1.3mg/L，与水质指纹峰2的强度变化呈正相关，相关系数在0.95以上。水质异常期间，TOC浓度波动较大，而总氮变化不明显，TOC与水质指纹峰2的强度相关性较好。

（4）监测结论 进入S河的未知污染特点为水质指纹峰位于270nm/350nm附近，溶于水后呈酸性，含有苯胺类物质，但含氮量不高。

3.1.4.3　污染源排查

在监测点位附近开展污染源排查，直至溯源至监测点位上游某化工厂。该厂生产各种化工原料，对位酯是其主要生产原料之一。对位酯又称4-硫酸乙酯砜基苯胺，分子式为$C_8H_{11}O_6NS_2$，相对分子质量为281.31，含氮量约为5%，对位酯水质指纹在$\lambda_{ex}/\lambda_{em}$为265nm/340nm处有较强荧光峰，位置与异常水样中峰2位置很接近，投影形状也很相似，疑是本次入侵的主要污染物。

3.1.4.4　溯源准确性检验

水质指纹校正的比较：异常水质指纹和对位酯溶液的水质指纹十分接近。河水加入对位酯，随着对位酯含量升高，混合水水质指纹峰1逐渐减弱，峰2强度增强，与水质异常时，水质指纹变化规律相符（图3.8）。对位酯溶液是酸性的，对位酯浓度与苯胺类浓度呈现良好的线性正相关，对位酯的含氮量仅5%，在水质异常期间检测到的苯胺类浓度时，对氮的影响不明显，也与水质异常期间的发现相符。

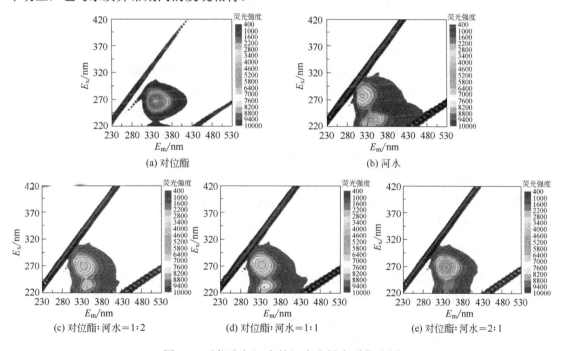

图3.8　对位酯与河水的混合水样水质指纹图

3.1.4.5　溯源结论

对位酯很可能就是这次水质异常的元凶，拥有对位酯的化工企业可能就是污染肇事者。

3.2　模型溯源技术

3.2.1　背景

在我国过去几十年的高速发展过程中，粗放式的经济增长模式为日益增多的突发水污染事件埋下了大量的环境隐患，加之现代物流业日益发达，突发水环境污染事件频繁发生也就成为必然，并对生态环境及居民生产、生活及其人身和财产安全均造成了严重的影响。

随着水环境污染日趋严重，人们逐渐认识到水环境治理的重要性，但仅采用实测数据进行水环境管理决策是不够的。实测的数据仅仅能够为环境管理方针和策略指出方向，但数据在实测中的误差往往会导致对水体状态认识的歧义及对实际物理、化学和生物过程的误判，特别是对于那些大而复杂的水体，受到经费预算、技术和时间条件的限制，实地测量工作经常受局限于特定区域和特定时间。此时理论分析和数值模拟的补充就凸显重要，经过参数率定和模型验证的水环境模型能够较为真实地反映水体的水动力、泥沙、有毒物质和水质状况，因此，水环境模型已成为支持水环境管理决策的一个重要工具。

3.2.1.1 水动力数学模型

19世纪，Saint-Vennant（1871年）提出了河道非恒定流研究的理论基础——圣维南方程。20世纪初期，Defant等建立了一维数学模型能够较好地模拟部分海域。随后，研究者们提出了有关数学模型的理论基础，并且在计算机发明后，模型用来解决复杂的工程问题。Lsaacson等（1954年）利用数学模型对某河流部分河段的洪水进行了模拟。20世纪60年代，在各种实际工程规划设计中，水动力数学模型得到应用以解决实际问题。随着不断发展且逐渐成熟的计算机科学，模型中逐步完善了各项功能，使其能更好地模拟实际情况。水动力数值模拟是水环境数学模型的重要组成部分，它为污染物的迁移转化提供最基本的理论依据。

相比国外，我国对流体水动力的模拟起步较晚，但随着经济高速发展，水资源紧缺和水污染问题更加凸显，模型研究中因为水量和水质在整个水体系统中的重要性通常将流体模块与水质模块结合起来，众多研究模拟说明，模型在各种受纳水体的数值模拟对于水体流场特性、水质变化情况有更加清晰的认识，同时也对污染治理措施有指导性的作用，对各受纳水体的水质改善有很大的作用。

3.2.1.2 水质模型研究进展

水质模型是水体水质变化规律的数学描述，是对水体中污染物输移转化过程模拟的主要工具，在水环境保护、水污染防治等领域得到了广泛应用。水质模型分类方法很多，有不随时间变化的稳定态模型、随时间变化的非稳定态模型；在空间计算维度上有零维、一维、二维以及三维模型；对水体类型模拟可以分为河流水质模型、河口水质模型、湖泊水库水质模型、海湾水质模型以及地下水质模型等。

一般而言，突发性水污染的水质预测方法可分为非机理性水质模型和机理性水质模型两大类。

（1）非机理性水质模型　非机理性水质模型主要是根据对历史案例的数据统计、专家的主观经验，通过对某几个重要指标的分析来判定突发性水污染事件的严重性。目前在水体水质分析方面，非机理性模型的模拟与预测已经得到广泛的应用。其中应用较好的有灰色模型法、时间序列法、马尔科夫法、人工神经网络法、模糊数学法、贝叶斯法、蒙特卡洛法等。非机理性模型是采用数学的方法来预测水质，虽然其计算过程相对于机理性模型较为简单、计算速度较快、要求数据较少，符合突发水污染事故应急预警中的快速性要求，但它往往难以模拟污染物随水流的迁移转化，主观随意性较强，不能准确量化评估事故的影响范围、程度及时间，不能满足突发水污染事故应急预警中的因果关系溯源准确判定要求。

（2）机理性水质模型　描述污染物在受纳水体中迁移转化的数学方程，在分析水环境中各种物理、化学与生物过程的基础上，根据能量守恒定律、质量守恒定律与动量守恒定律，应用模型方法建立数学方程，通过实测资料来确定模型相关参数，对水体中污染物的时间和空间分布做出定量的分析预测，为改善水体水质及优化突发水污染事件的应急处置方案等水环境管理决策提供数据支持。

目前常用的水质模型大部分为生态-水质-水动力学模型，众多学者提出了各类复杂的模型，力求更加全面准确地模拟生态系统中的化学、物理、生态和水动力等过程。现阶段运用较多的机理性水质模型主要有QUAL2K、WASP以及CE-QUAL-W2等。同时具有水动力过程求解和污染物输移过程求解的模型有EFDC、MIKE系列等。

机理模型可以很清晰地描述污染物迁移扩散的机理，在模型参数率定较为充分的条件下，能够比较准确地模拟水体污染物的整体分布情况，但是机理模型也存在建模过程及参数率定复杂等缺陷问题。非机理模型作为另一种水质模拟预测方式，有着建模简单、模型边界条件变化适应性强的特点，但是模型的准确性比起机理模型较差一些。机理性模型不仅考虑到水环境系统的物理、化学及生物过程，而且考虑水环境系统与外界物质与能量交换的过程。虽然其具有计算过程较为复杂、计算时间较长、计算结果受参数选择、边界条件以及模型方法等方面的限制，但其计算方程具有明确的物理意义，预测结果明确、客观性强，符合当前对突发水污染事故模拟预警的准确、定量模拟的要求，已成为目前研究的热点。为增强突发水污染事件中的应急能力，建立突发水污染应急模型，对水体中突发污染物的输移过程及时空分布进行模拟预警将是重要的研究内容。

突发水污染事件的模拟往往需要确定的参数，如污染物的总量或浓度、衰减系数、污染位置、事故水体的水位以及流量等，但实际上很多数据是在第一时间内是无法得到的。虽然突发水污染事件层出不穷，但至今还不能够获得一场典型案例的全程监测信息。即使某些事件的监测数据相对比较完整，但因为事件发生的不确定性，往往也不具备与突发水污染事件周边环境时空的可比性。事件模拟虽然不要求很高的精确性，但要求必须能够反映出污染物质迁移扩散的客观规律，进而控制住水体中污染物迁移的轨迹、边界和扩展速度。

从上述国内外研究进展来看，关于突发水环境事件水生态环境损害因果溯源研究方面取得了大量的成果，但仍存在不足，主要体现在如下方面。

① 在突发水环境事件水生态环境损害因果溯源过程中，受突发性水污染事件发生时间、地点、特征污染物类型等的不确定性，以及事发地环境背景资料等诸多因素影响与制约，水生环境、生物多样性等的损害数据资料匮乏，采用已有的模型溯源方法预测突发水环境事件的污染源很难达到预期的结果。

② 一般的水质模型中污染物的降解系数在特定的计算区域内多概化为一个常数，这样难以准确地量化模拟突发水污染事件发生情况下采取应急处置措施后水体中污染物浓度沿程向下游变化的情况，因此，常规的水质模型在突发水污染事件的应急处置应用中存在一定的局限性。

③ 对于突发水污染事件应急处理措施，模拟分析不同应急措施的处理效果研究不足，并且对于突发水污染事件应急对策措施优化模型的研究更少。因此，现有研究不能够完全地

实现对污染事件及不同应急处置措施下河流水体中污染物的影响程度、影响时间及分布范围进行快速预测。

3.2.2 淡水环境损害的因果关系判定

淡水环境损害溯源的程序主要包括四个步骤：
① 识别污染源和污染物；
② 确认损害，判断是否有环境资源受到损害；
③ 建立暴露途径，识别污染物从污染源到达受体的路径；
④ 证明污染物与损害结果的关联性。

河流污染损害评估作为河流生态系统管理手段，将为环境损害赔偿责任制度的建立提供重要支持，因此，河流污染事件发生后认定河流污染损害责任主体至关重要。这一认定过程通常被称为因果关系判定，其中需要确认污染排放与进行暴露途径分析（图3.9）。

图3.9 河流突发污染事件暴露途径分析

3.2.2.1 识别淡水环境损害污染源和污染物

河流损害评估中，启动因果关系判定工作的一环是判定污染排放。污染排放的判定包含两层含义：其一，明确河流环境中存在某种污染物；其二，判定该污染排放的责任主体，即实施污染排放行为的单位或个人。显而易见，排放污染物的责任主体即为环境损害赔偿责任主体。识别污染源和污染物有以下两个途径。

（1）从"原因"出发，识别事故原因，锁定事故污染源，继而推断可能的污染物。以突发性水污染事故为例，常见的事故原因包括：安全生产事故、企业违法排污和交通运输事故等。

（2）从"结果"出发，根据损害区域超标的污染物反推出污染源，如环境介质中超标的砷一般与有机药品制造厂、冶炼厂或涂料、染料、玻璃、硫酸、化肥的生产过程有关，而苯则一般与石油裂解分离、铂重整、炼油或甲醛、合成橡胶、涂料、化肥、医药、染料、农药及塑料的生产过程有关。

3.2.2.2 损害确认

损害确认，即判断是否有"受体"因污染物的排放或泄漏受到"损害"。"损害"是指由于污染物排放和泄漏，使直接或间接暴露于污染物或污染介质中的环境资源，在质量或其生存能力方面发生了可观察到或可测量到的不良变化。这里表示为判断潜在损害受体的资源水平现状是否与基线水平存在统计上的显著差异，将损害受体分为单一受体或生态系统。

基于我国环境损害事故的特征，常见的单一受体包括非生物资源和生物资源，前者包括地表水、地下水、沉积物（底质）和土壤；后者包括水生动物、土壤动物区系、陆生昆虫、鸟类、植物和哺乳动物。常见的生态系统包括水生生境、陆生生境和生物群落，具体如图3.10所示。

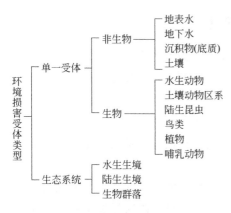

图 3.10　我国常见的环境损害受体

河流生态系统属于流水生态系统的一种，根据美国环保署的定义，生态系统是该区域内生活的所有生物及其无机环境，例如河流生态系统包括生活在河流区域内的鸟类、鱼类、藻类、微生物等生物，以及该区域内的石头、沙土、水等无机环境。河流生态系统在空间尺度上由大到小可以分为区域、流域、河流廊道、河段，人类活动影响的尺度不同，从不同层次影响到具体河段需要的时间也不同，河流生态系统的所有影响都存在尺度问题，因此，河流污染事件环境损害评估的尺度需要结合河流生态系统恢复的时空尺度考虑而定。

3.2.3　暴露分析

在确定污染排放责任主体的基础上，需要证明环境受到损害正是由该责任主体排放的污染物所引起的。暴露分析是指污染物在无机环境中浓度分布的基础上，基于生物毒理学理论，利用剂量效应关系，可分析得到河流生态系统中各生物个体的受损情况，其分析结果需通过监测采样进行验证。暴露分析通过科学的分析方法建立起污染排放与生态系统中生物资源受损的关系。同时，暴露分析结果可得到生态系统无机环境受损情况以及生物资源受损情况，也是进行生态系统损害量化的重要技术支持。

暴露分析包括暴露途径建立与剂量效应分析两大部分。暴露途径建立的第一步即为分析河流中污染物迁移转化规律，预测与验证河流无机环境污染分布状况；第二步为完善食物网关系，添加食物网暴露关系。河流生态系统不同地理位置各生物资源受到暴露的时间长度与浓度均不同，根据特定生物的毒性剂量效应关系，可推测该种生物的受损状况。可见暴露途径分析方法是在生态系统具体资源层面进行操作的。

建立起基于生态系统的河流污染损害分层指标体系，能够很好地与暴露分析相连接，支持研究河流污染事件对河流生态系统服务产生水平的损害；同时，指标体系识别的组分与结构具有很强的可操作性，即受损程度容易测量，并能够找到有效技术对其进行恢复。

暴露途径分析过程中需要确认损害的指标包括：地表水中目标污染物浓度，底泥沉积物中目标污染物浓度，通过地表水或底泥暴露或者由于食物链、网受到影响的生物受损程度，以此来支持生态系统整体受损状况的评估。

污染物通过地表水进入河流生态系统，并随河流向下游扩散，部分污染物沉积在底泥沉积物中，地表水与底泥受到损害，造成地表水与底泥对河流生态系统服务产生能力贡献水平的下降。同时，受损地表水与底泥沉积物作为无机环境对于其他生物造成损害，受损的生物对河流生态系统服务产生能力的贡献水平相应下降。组分贡献水平的下降意味着河流生态系统服务产生水平的下降，即为河流污染事件对河流生态系统的损害。与暴露途径分析相连接的生态系统组分包括：底栖生物、浮游动植物、高等水生植物、水禽、地表水与底泥。

3.2.4 河流污染事件环境损害评估时空边界的确定

河流污染损害评估时空边界的确定，与暴露分析是相互支撑的关系。一方面，损害评估时空边界的确定，限制指导了暴露分析的范围；另一方面，暴露途径分析能够提供污染物扩散情况，帮助进一步确定损害评估的空间范围。

时间边界的起点为污染事故发生时刻，终点为污染事件对环境的影响消除，环境恢复至污染发生前的时刻。然而，实际操作中突发河流污染事件发生时间通常需要根据河流监测出污染物时刻进行推断，因此难以获得准确的排放时刻。

同时，生态系统生物资源的损害往往具有一定的滞后效应。澳大利亚学者研究认为，理想情况下，评估应该在事故发生后6个月以后进行，而这一观点与尽快恢复生态系统状况控制风险的目标相悖。通常情况下，时间边界的起点在评估初期能够确定，而终点会根据恢复方案、设置恢复情景不同而改变，因此通常在恢复方案设计阶段才能最终确定。

河流污染损害评估的空间范围：纵向研究范围是污染河段的长度，由于河岸植被以及栖息的水禽对河流生态系统的重要性，横向研究范围设定为河宽以及两岸各延伸一定的宽度。具体操作过程中，可利用已经建立的暴露途径进一步确定损害区域；可借助环境数学模型预测污染物迁移的范围。对于河流污染损害评估，可以使用以下模型。

① 在充分混合段采用完全混合模型；当污染物为非持久性污染物时，采用特里特-菲利浦（S-P）模型。

② 在平直河流混合过程段采用二维稳态混合模型。

③ 在弯曲河流混合过程段采用稳态混合累积流量模型。

3.2.5 河流污染事件暴露途径特点与建立

河流污染事件中污染物进入地表水，在无机环境中扩散，并通过食物链、食物网的影响损害在该河流生态系统栖息的生物。图3.11展示了污染物质在无机环境中的迁移状况。虽然河流污染事件对土壤以及地下水有一定的影响，但突发河流污染事件中污染物向地下水的迁移以及对土壤的侵蚀并不显著，因此本书着重研究污染物在地表水以及沉积物中的迁移扩散。

建立暴露途径后，需要对其是否存在进行验证，即识别组成暴露途径的暴露单元，对每一单元内的污染物浓度、污染物的迁移机制和路线以及该单元的暴露范围进行分析，以此确认各个暴露单元是否可以组成完整的暴露途径，将污染源与受体连接起来。

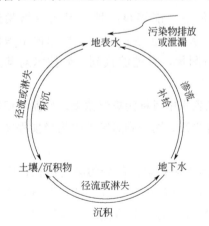

图 3.11　污染物质在无机环境中的迁移状况

河流污染事件中，污染物的扩散除了受到水文地理环境的约束外，同时还受到应急工程措施的影响。目前我国针对突发河流污染事件的应急处置措施一般为投加碱与絮凝剂，使污染物加快沉淀，阻止污染物向下游迁移，控制污染事件影响范围。应急措施的目的是维护周边居民的健康安全，同时紧急启动备用的供水计划等以保证周边居民的正常生活，终止的标准为已清除或控制污染源，遏制了污染事件的严重影响。

应急措施的特点导致河流污染事件的暴露途径在应急阶段与应急结束后有所不同。

应急阶段，污染物主要通过地表水向下游迁移，扩散速度较快，同时时间也较短，该阶段最显著的暴露途径为摄入含有污染物的地表水（图3.12）；随着应急措施结束，污染物通过稀释沉淀等作用，地表水质量达到国家标准，而污染物沉积在河底底泥沉积物中，因此无机环境中的污染物浓度基本保持不变，底泥沉积物中污染物通过食物链、食物网等暴露途径损害其他生物，同时应急阶段通过地表水暴露而富集污染物的水生生物、植物也通过食物链将污染物向更高营养级转移（图3.13）。因此，在初步建立暴露途径后，应在建立食物网暴露途径的基础上进一步细化食物网关系，如图3.14所示。同时，不同河段可能存在不同食物网关系，因此暴露途径可能需要分河段建立。由此完成河流污染事件暴露途径的建立。

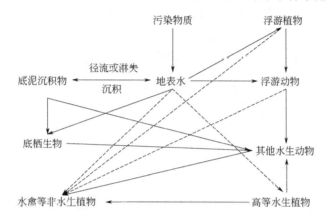

图3.12　河流污染事件应急阶段主要暴露途径

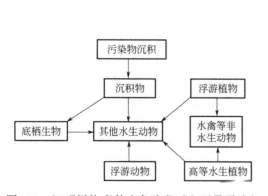

图3.13　河流污染事件应急阶段后主要暴露途径

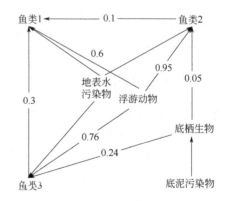

图3.14　某湖泊污染食物网暴露途径关系

3.2.6　暴露分析目标

暴露途径建立后，需要根据剂量效应关系识别潜在受损资源及其受损程度。

河流污染事件污染物在无机环境中迁移转化过程的分析，是确定资源受损状况的前提。在理想的情况下，即水文条件各参数已知，可以以三维或二维河流水质模型对污染物迁移转化进行模拟，从而得到污染物沿河流扩散沉积的情况，获得不同河段不同时间地表水中污染物浓度以及底泥沉积物中污染物的浓度。

结合已建立的暴露途径与剂量效应关系，对生物资源受损状况进行分析，理论上能够得到不同生物体在对应暴露剂量下产生的不良反应，或含有目标污染物的浓度。然而实际评估过程中，应用以上方法还有很多障碍。第一，目前国内各河流生态系统食物网关系的基础数据还十分缺乏，大部分河流生态系统没有已完成的食物网关系研究，针对污染的河流生态系统进行食物网关系研究投入的成本是巨大的；第二，目前国内对水生生物毒性剂量效应关系的研究还十分欠缺，较为全面的毒性数据为生物48h或96h半致死浓度，是针对生物个体或种群的毒性数据。

而根据河流生态概念模型，需要基于毒理学理论推算一类生态系统组分的受损程度，通过暴露浓度与时长预测一类生态系统组分的受损比例（%）。

在暴露途径分析中主要通过地表水、底泥直接暴露途径，着眼指标体系重点研究的、与河流生态系统服务产生紧密相关的生态系统组分进行分析（表3.12）。在建立暴露途径的同时应该对当地生物资源进行文献调研与实地调查，特别是评估中涉及的高等水生植物、浮游动植物、鱼类等。对污染事件污染物相应毒理数据进行收集与整理。

表3.12　暴露途径分析目标

暴露途径分析目标	相关评估指标
目标污染物在地表水中的浓度	地表水
目标污染物在底泥的浓度	底泥
通过暴露途径分析判断是否有高等水生植物死亡的可能性	高等水生植物
通过暴露途径分析判断浮游动植物是否有大量死亡的可能性	浮游动植物
通过暴露途径分析判断鱼类关键种受损程度	鱼类
通过暴露途径分析判断水禽是否有死亡的可能性	水禽
通过暴露途径分析判断选定食用鱼类物种受损状况	鱼类
通过暴露途径分析判断是否有河岸植物死亡的可能性	河岸植被

3.2.7　关联性证明

通过建立暴露途径，识别污染物与损害结果的关联后，需要对这个关联性进行科学证明，证明方法主要包括文献回顾、场地研究、实验室研究和模型研究。

文献回顾是证明关联性的第一步，是单独使用，或者与场地研究、实验室研究、模型一起使用的一种重要方法。先前已经完成的研究结果可以为损害与暴露关系判断提供信息，不足的信息可由其他方法补充。

场地研究是确认损害与暴露关系最直接的方法，需要对数据进行仔细的收集和分析。

实验室研究提供了一种虽不直接但同样有效的手段，通过对与评估区域暴露条件类似的损害与暴露关系进行研究，来确定实际评估区域的暴露关系。该方法尽管可以单独使用，但一般要与场地研究配合。

模型提供了一种模仿污染物和环境之间相互作用的方法，并且可以对事件产生的环境结果进行预测。

在科学证明方法运用的同时，适时考虑一些补充因素，可以加强所建立的关联性，这些因素包括以下内容。

① 时间顺序：事故发生前受体是否已经发生了不利变化？如事故发生以前，种群的数量是否已经减少了？或者不利变化是在事故发生后多久产生的？如鱼类的死亡是在事故发生后立即发生的，还是两个月以后发生？损害结果与事故发生的时间间隔越短，关联性越强。

② 影响强度：诱因与结果之间关联的强度，如损害结果的严重程度、频率或范围。

③ 专一性：诱因与结果之间关联的准确度。不利的变化只存在于暴露种群中吗？如事故发生后，生物的繁殖成功率下降。如果繁殖成功率的下降只限于暴露种群，则关联性得到加强；反之，如果繁殖成功率的下降不只限于暴露种群，则关联性减少。

④ 重复性：关联是否存在于不同的条件下？如果不同的研究者在不同的地区发现一个或一个以上的种群或物种有这种关联，则是证明关联性的有力证据。

⑤ 一致性：得到的关联性是否与自然历史、生物学或毒理学冲突？是否有合理的机制？是否有剂量反应关系？

3.2.8 水环境损害溯源模型

3.2.8.1 SPARROW模型

美国国家地质调查局（USGS）开发的SPARROW模型是一个基于空间的非线性回归模型。此模型将流域水环境质量与监测点位所在子流域的空间属性紧密联系起来，反映大中尺度流域中长期水质状况及揭示主要影响因子。SPARROW模型主要应用于分析地表水中营养物质、农药和悬浮物等的迁移过程，可以较为准确地预测和估计营养物质负荷通量，定量表征上游产生的污染物对流域下游水体的影响等。

SPARROW模型以监测数据为因变量，污染源、流域空间属性为自变量，通过非线性方程建立变量之间的联系。SPARROW模型可以在TMDL分析中对污染源进行量化。

SPARROW非线性回归方程的数学形式可以写成

$$F_i = \left\{ \sum_{n=1}^{N} \sum_{j \in J(i)} S_{n,j} \beta_n \exp(-\alpha' Z_j) H_{i,j}^{\mathrm{S}} H_{i,j}^{\mathrm{R}} \right\} \varepsilon_i$$

式中，F_i为河段i的负荷；n为污染源编号索引；N为考虑的污染源的总数；$J(i)$为包含河道i在内的其上游所有河道的集合；$S_{n,j}$为水体j所在小流域中的污染源n产生污染物质量；β_n为污染源n的系数，$\exp(-\alpha' Z_j)$为一个指数函数，表示传递到水体j的有效营养物质的比例；$H_{i,j}^{\mathrm{S}}$为在水体j中产生并传输到水体i的比例，作为河流中的一阶过程衰减函数；$H_{i,j}^{\mathrm{R}}$为在水体j中产生并传输到水体i的比例，作为湖库中的一阶过程衰减函数；ε_i为误差范围。

模型输入包括三个部分：研究区河段信息的数据文件；可在空间上进行输入的GIS地图；模型详细说明的控制文件。输入的三种自变量分别是源变量、陆-水迁移变量和河道/水库中的损失变量。源变量包含点源、市区用地面积、施肥率、畜牧生产以及大气沉降；陆-水迁移变量包含气温、降水、地表坡度、土壤透水性、河网密度和湿地面积；河道/水库中损失变量则包含河流的流速等。输入数据为年均值，一般要求监测数据为按月监测数据。

模型输出为两个独立的部分：估算输出和预测输出。估算输出包括通过非线性优化算法得出的判断结果、模型系数和关联统计、以图表形式显示预测流量和观测流量的关系，以及污染物量和各种污染源的贡献度、模型残差、关于数据结果和测试模型输出的SAS（Statistical Analysis System）数据文件与模型估算结果的概括性文本文件。预测输出包括河段预测结果列表、关于河段预测和概述的SAS数据文件以及模型测试输出。

3.2.8.2 污染源解析

当前大多数水环境污染溯源研究基本以水质模型为基础从环境反问题方面去研究。源项反问题主要是指污染源反问题，又可分为两类：污染源识别反问题和污染源控制反问题。

污染源识别反问题，又称污染源解析，即在特定的水环境系统中，根据污染物的时空分布信息（实测浓度等）识别污染源的排放强度和位置。污染源控制反问题则根据水环境管理的水质约束要求来推求污染源的允许排放量。水环境容量、污染物总量控制及分配、排污口优化、排污混合区的控制等问题均可归结为污染源控制反问题。水污染溯源研究方法中的数学模型法可以分为两类（表3.13）。一类是确定性方法，指用确定的数学物理方程对污染物的运动进行分析，包括直接求解法和模拟优化法。直接求解法是指通过利用正则变换将构造得来的反问题转换为适定的问题后进行解析或数值求解的一种方法，是确定性方法的基础。模拟优化法是根据测量值与模拟值之间的差异进行调整得到最优解的一类方法，通过建立优化模型，将污染源识别问题转化为决策变量是污染源特征的最优化问题。研究重点在于优化算法。另一类是概率方法其主要着眼于对特定事件发生概率的评估，根据先验知识和正向模型，构建污染源参数的后验概率分布，然后对其进行估计，从而实现对污染源参数的反演。概率方法主要包括统计归纳分析法、最小相对熵法和贝叶斯推理法，除数学模型法外，水污染溯源研究还包括伴随状态法，其只需运行少量的污染物运移模型，从而避免了计算负荷问题，计算效率高。

表3.13 淡水环境污染溯源模型分类

分类		方 法	优 势	劣 势
确定性方法	直接求解法	正则变换法	在观测数据具有误差条件下，方法的鲁棒性较强	求解过程复杂，只应用于研究区条件理想简单的情况
	模拟优化法	传统优化方法：高斯-牛顿法、单纯形法、共轭梯度法、Hooke-Jeeves（HJ）方法	适用于数据有限的情形下的水污染追踪溯源研究	计算负荷大。只能给出追踪溯源的"点估计"即一组最优解，无法提供更多有关污染事件追踪溯源的信息
		智能优化方法：遗传算法、微分进化方法、粒子群优化算法		
概率方法	统计归纳分析法	因子分析、聚类分析	能够基于大量数据做不确定性分析	有限数据（如事件应急处置过程中获取的有限污染物浓度数据）不足以支撑基于该方法
	最小相对熵法（MRE）			
	贝叶斯推理法	贝叶斯方法、广义化然不确定性估计法（GLUE）、蒙特卡洛法（MC）、马尔科夫链蒙特卡洛（MCMC）		
伴随状态法		—	只需运行少量的污染物运移模型，从而避免计算负荷问题；计算效率高	—

3.2.8.3　EFDC-WASP耦合模型

EFDC（Environmental Fluid Dynamics Code）和WASP（Water Quality Analysis Simulation Program）是常见的水环境模型：WASP模型操作使用方便、计算速度快，可模拟水体中绝大多数污染物；EFDC模型可以提前模拟好不同水文条件下研究区河网水动力状况，突发事故溯源模拟中调用当前水文条件下对应的计算结果直接与WASP模型耦合，进而快速准确地预测受纳水体中污染物的时空分布和变化规律。

3.2.8.4　基于贝叶斯-MCMC方法的水体污染识别反问题（概率法）

基于贝叶斯统计的概率统计方法的原理为根据先验知识和正向模型，构建污染源参数的后验概率分布，然后对其进行估计，从而实现对污染源参数的反演。此方法具体为基于贝叶斯推理和二维水质模型建立水体污染识别数学模型，将针对污染源反演问题的求解过程转化为贝叶斯推断过程。运用马尔科夫链蒙特卡罗法抽样获得了污染源源强、污染源位置和污染泄漏时间3个模型参数的后验概率分布及统计结果。

3.2.8.5　FDM-SIM法（传统优化法）

将单纯形法与河流水质模型FDM计算方法相结合，从而得到新的污染源识别算法——FDM-SIM法。其基本原理是将污染源识别问题转化为最优化问题，再通过优化算法求解。目标泛函为计算值与观测值之间的距离，在数学上用范数表示。目标泛函极值问题表示为

$$J = \min \sum_{i=1}^{m} | C(x_i, t_j) - \tilde{C}(x_i, t_j) |$$

式中，$\tilde{C}(x_i, t_j)$为$x=x_i$、$t=t_j$处的观测值；$C(x_i, t_j)$为$x=x_i$、$t=t_j$处的计算值；J为污染源强；m为污染源数目；x_i为污染源i的位置；t_j为j时刻的时间t。

由于该目标泛函的非线性，其极值问题可以通过非线性优化方法——单纯形法求解。以有限差分法作为正问题求解器、Nelder-Mead单纯形算法为优化模型求解器的污染源识别算法可以表述如下：

① 对研究河流进行空间离散，在一定范围内（一般来源于先验信息）给定污染源数据初始值；

② 对于当前污染源数据通过有限差分格式计算出浓度分布，并根据实测数据计算得到目标函数值；

③ 判断误差是否满足要求，若满足要求则转入⑤，否则进入④；

④ 通过单纯形算法获得优化解作为新一组污染源数据，转入②；

⑤ 输出当前的污染源数据，即为根据观测浓度值反演得到的污染源信息。

3.2.8.6　基于遗传算法的水污染事故污染源事故识别模型（智能优化法）

多点源事故污染物质进入河流后的浓度分布可简化为如下偏微分方程。

$$\begin{cases} \dfrac{\partial C}{\partial t} + u\dfrac{\partial C}{\partial x} = E_x \dfrac{\partial^2 C}{\partial x^2} - KC\sum_{i=1}^{q} M_i \delta(x - x_i) & 0 < x < l, t > 0 \\ C(x, 0) = 0 & 0 < x < l \\ C(0, t) = 0 & t > 0 \\ C(l, t) = 0 & t > 0 \end{cases}$$

式中，C为引起水污染事故的污染物质浓度；t为时间；x为沿河长方向的位置坐标；u为河水流速；E_x为纵向扩散系数；K为综合衰减系数；M_i为突发水污染事故污染源总量；δ为狄拉克函数；x_i为事故发展地点坐标；q为发生事故的污染源总数量。

污染源反演问题即可转化为如下非线性离散型函数优化问题。

$$\min \sum_{i=1}^{n} C(x_i, M_i, \bar{x}_i, T) - \bar{C}(\bar{x}_i, T)$$

通过优化方程式可求得计算值与实测值 $\bar{C}(\bar{x}_i, T)$ 最接近的x_i和M_i，即确定了事故污染源的位置和污染物总量。这个优化搜索过程可由遗传算法来完成。

遗传算法（GA）是一种智能优化方法，它通过模拟自然界遗传过程中的选择、交配繁殖和基因突变现象，从任意初始种群出发，通过随机选择、交叉和变异算子的操作，产生出新的更适应环境的个体，经过一代一代的遗传进化后得到最优个体。其中种群中每个个体即为优化问题的一个可行解，最优个体则为优化问题的最优解。

3.2.8.7　伴随状态方法（又称伴随变分法）

首先，利用灵敏度矩阵来描述污染源特征与污染物空间分布的关系。由于反演问题中未知变量的数量远多于已知变量，导致传统的灵敏度矩阵计算方法效率低下，而伴随状态方法只需运行已知变量（如污染物监测点）数量的污染物运移模型。其次，伴随状态方法下的污染源识别模型与一般的对流弥散方程形式相似，这表示可以利用现有的软件和程序直接进行污染源的识别。

伴随状态方法是一种借助泛函分析计算灵敏度矩阵H的方法。伴随状态方法下的污染源识别模型（反演模型）可以表示为

$$\begin{cases} \dfrac{\partial \psi^*}{\partial \tau} = \dfrac{\partial}{\partial x_i}\left(D_{ij} \dfrac{\partial \psi^*}{\partial x_j}\right) + \dfrac{\partial}{\partial x_i}(u_i \psi^*) - \dfrac{q_0}{\eta} \psi^* \\[2mm] \psi^*(x,0) = \dfrac{\partial C_0}{\partial \alpha} \\[2mm] \Gamma_1 : \psi^*(x,\tau) = 0 \\[2mm] \Gamma_2 : \left[D_{ij} \dfrac{\partial \psi^*}{\partial x_j} + u_i \psi^* \right] n_i = 0 \\[2mm] \Gamma_3 : \left[D_{ij} \dfrac{\partial \psi^*}{\partial x_j} \right] n_i = 0 \end{cases}$$

根据上式计算出ψ^*，由ψ^*求得灵敏度矩阵的逆H^1。从而根据H^1和监测点处污染物浓度z得到污染物的初始分布s。

由于难以得到ψ^*的解析解，通常采用数值模拟的方法。应用MODFLOW和MT3D，通过变换模型的输入数据（如初始水位、边界条件等）来求解伴随状态下的污染源识别模型。此外，由于输入的初始条件已经包含了监测时刻的污染物浓度分布，输出结果并非H^1，而是基于监测点污染物浓度z反演得到的源位置处的污染源分布s。伴随状态ψ^*在本质上也是概率密度函数的一种体现。

3.3 生物溯源技术

3.3.1 背景

水是人类赖以生存的重要的自然资源。尽管水是一种在自然界中无休止循环且在一定程度上可自净的资源，但水资源却不是取之不尽、用之不竭的。近年来，不少国家和地区水的供需矛盾日益突出，水资源的问题已成为当今世界的重大问题之一。我国水资源量无论按人口还是按亩平均，均低于世界平均水平。且由于时空分布不均，使不少地区因严重缺水而制约着经济的发展。污染的河水不仅造成水资源功能减弱，而且水中的病原微生物污染对人类健康构成了巨大的潜在威胁，我国各大水系均已受到不同程度的病原微生物污染，其中畜禽粪便和生活污水是地表水病原微生物污染的最主要来源之一。

近年来，随着我国畜牧业的快速发展，粪便的产生量日益增加。我国的畜禽饲养种类丰富，数量较多。据《中国畜牧兽医年鉴2016》全国畜禽生产情况比较表中畜禽2015年出栏数和2015年年底存栏数，结合不同动物的饲养周期，可对我国2015年动物饲养量进行估算，根据畜禽饲养数量又可对其粪便排泄量进行估算。估算结果为（表3.14）：我国2015年畜禽饲养量为1952477.4万头（只）。其中，养殖数量最多的是家禽，其次是猪，分别占总量的91.47%和3.63%。根据畜禽的数量对其粪便排泄量进行估算，我国2015年全年粪便排泄量为359889.6272万吨。其中猪的粪便排泄量最多，家禽是第三位，分别占总量的38.07%和21.29%（图3.15）。第一次全国污染源普查数据表明，我国畜禽养殖业化学需氧量（COD）、总氮、总磷的排放量分别为1268万吨、106万吨和16万吨，分别占全国总排放量的41.9%、21.7%、37.7%，分别占农业源排放量的96%、38%、65%。

表3.14　2015年全国畜禽饲养量和粪便排泄量一览

畜禽种类	饲养量数量/万头（只）	粪便排泄系数/{kg/[d·头（只）]}	年粪便排泄量/万吨	粪便排泄量/%	饲养量/%
猪	70825	5.3kg/d	137010.9625	38.07	3.63
牛	10817.3	10.1t/a	109254.73	30.36	0.55
羊	31099.7	0.87t/a	27056.739	7.52	1.59
马	590.8	5.9t/a	3485.72	0.97	0.03
驴	542.1	5.0t/a	2710.5	0.75	0.03
骡	210	5.0t/a	1050	0.29	0.01
骆驼	35.6	15t/a	534	0.15	0.00
家禽	1786000	42.9kg/a	76619.4	21.29	91.47
兔	52356.9	41.4kg/a	2167.5757	0.60	2.68
总数	1952477.4	—	359889.6272	100	100

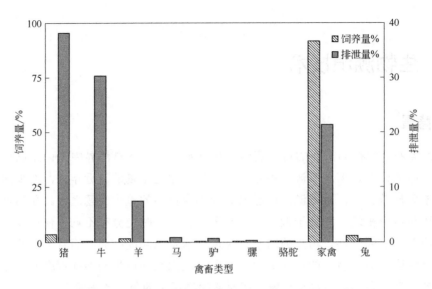

图3.15　2015年全国畜禽养殖量和粪便排放量百分数

养殖业废水的随意排放会导致水体的粪便污染。粪便中含有大量对人体有害的病原微生物，能够引起腹泻和急性肠胃炎等疾病。所以若粪便因处理不及时或雨水冲刷等原因进入水中，容易引发一系列健康和环境问题。一方面，粪便中的病原菌会对公众健康造成一定威胁。研究表明粪便是水体病原菌的重要来源，而且许多粪源病原体可以在体外环境水体中大量生长繁殖，从而导致病原微生物通过饮用水、贝类和水上娱乐活动等进行水源性传播，进而增加传染病暴发的风险，每年全球约有175万人死于游泳及淋浴用水中的粪便污染及食用受粪便污染的海产品。另一方面，粪便引起的水体污染难以治理。未经处理的粪便氮、磷含量较高，易引起水体富营养化，使原有水体丧失功能。粪便污染包含来自多种野生动物、家禽及人类的粪便，呈现面源特征。

畜禽养殖场未经处理的污水中含有大量的污染物质，其污染负荷很高。高浓度畜禽养殖污水排入江河湖泊中，由于氮、磷含量高，造成水质不断恶化，导致水体严重富营养化；大量畜禽废弃物污水排入鱼塘及河流中，会使对有机物污染敏感的水生生物逐渐死亡，严重的将导致鱼塘及河流丧失使用功能。而且畜禽废弃物污水中有毒、有害成分一旦进入地下水中，可使地下水溶解氧含量减少，水体中有毒成分增多，严重时使水体发黑、变臭，造成持久性的有机污染，使原有水体丧失使用功能，极难治理和恢复。

粪肥中的氮主要以氨态氮和有机氮形式存在，这些形式很容易流失并侵蚀表面水。自然情况下，大多数表面水中总的氨态氮超过标准约0.2mg/L将会毒害鱼类，氨态氮的毒性随水的酸性和水温而变化，在高温碱性水中，鱼类毒性条件是0.1mg/L。如果有充足的氧，氨态氮能转变成硝态氮，进而溶解在水中，并通过土壤渗透到地下水中。研究表明，随着粪肥的施用，区域内地下水中的硝态氮污染物会增加，硝酸盐下渗到地下水的数量与所施用的粪便呈函数关系。美国环保署规定公共用水硝态氮的最高标准为10mg/L。同时，水体中过多的氮会引起水体富营养化，促使藻类疯长，争夺阳光、空间和氧气，威胁鱼类、贝类的生存，限制水生生物和微生物活动中氧的供给，危害水产业；影响沿岸的生态环境，也影响水的利用和消耗。人若长期或大量饮用硝态氮超标的水体，可能诱发癌症；6月龄以下的新生婴儿饮用这种水可能患高铁血红蛋白症。研究表明，深夏和秋天，畜禽粪便的陆地运用率很可能是水源氮污染的关键影响因素。

畜禽粪便中磷通常随雨水流失或通过土壤侵蚀而转移到表面水区域，而磷是导致水体富营养化的重要元素。磷进入水体使藻类和水生杂草不正常生长，水中溶解氧下降，引起鱼类污染或死亡，过量的磷在大多数内河或水库中是富营养化的限制因子。美国环保署推荐由点源排放进入湖泊或水库的水中磷不超过0.05mg/L，不是由点源直接排放进入湖泊或水库的水中磷不超过0.1mg/L。

畜禽粪便中有机质通常是市政污水浓度的50～250倍，我国广州市的畜禽饲养业废水排放量虽然只有生活污水量的1.25%左右，但其中COD_{Cr}的排放量是生活污水的1.5倍。有机质也主要通过雨水流失到水体。有机质进入水体，使水体变色、发黑，加速底泥积累；有机质分解的养分可能引起大量的藻类和杂草疯长；有机质的氧化能迅速消耗水中的氧，引起部分水生生物死亡，如在水产养殖环境中，经常因氧的迅速耗尽造成鱼类死亡。此外，用有机质含量高的畜禽粪水灌溉稻田，易使禾苗陡长、倒伏，稻谷晚熟或绝收；用于鱼塘或注入江河，会导致低等植物（如藻类）大量繁殖，威胁鱼类生长。

畜禽粪便中含有大量源自动物肠道中的病原微生物和寄生虫卵，据报道，畜禽场排放的污水，平均1mL中含有33万个大肠杆菌和69万个大肠球菌；沉淀池每升污水中含有高达190多个蛔虫卵和100多个毛首线虫卵。这些病原微生物和寄生虫卵进入水体，易出现病原菌和寄生虫的大量繁殖与污染，导致介水传染病的传播和流行。特别是存在人畜共患病原体时，会引发疫情，给人、畜带来灾难性危害。

另外，畜禽粪便中激素对水体的潜在污染也不容忽视。在美国切萨皮克海湾流域的几条河流中，检测出了与畜禽粪肥归田有关的增长性荷尔蒙丸激素和雌激素。

由于缺乏对粪便污染来源的准确掌握，使得治理工作只停留在"见污治污"阶段，这也在一定程度上增加了污染治理的成本。

目前，通常用粪便指示细菌（Fecal Indicator Bacteria，FIB），如大肠杆菌（*Escherichia coli*）、粪大肠菌群（Fecal Coliforms）等，来评估地表水体的粪便污染水平。但有研究表明，FIB与粪便污染的关联度并不高；并且，FIB的宿主特异性较差，不能提供有关污染源的信息。准确的污染源定位对于污染防治工作至关重要。出于这个需求，各种污染溯源方法逐渐发展起来。微生物溯源（Microbial Source Tracking，MST）法出现在20世纪后期，主要用于区分粪便污染的宿主来源。因饮食结构和消化系统不同，不同动物消化道内的微生物表型或者基因型之间存在差异，MST法即利用这种差异建立污染源指示物与动物宿主之间的特异性关系，进而来判断粪便污染源。近年来，MST法以其客观性、检测速度快和结果准确等优点而受到普遍关注。美国环保署已将MST法应用于最大日负荷总量（Total Maximum Daily Load，TMDL）方案制定过程中。

在进行粪便污染溯源时，选择合适的粪便污染源指示微生物至关重要。源指示微生物是指能在不同宿主或环境下具有遗传多样性，能确定粪污染源的指示因子。根据源指示微生物的通量不同，可分为两大类主流的MST法。一种是单源指示物法，即根据检测单个源指示微生物的基因型或者表型在不同动物宿主之间的差异来判定粪便污染源。理想的源指示微生物需要满足反映水体污染状况、与致病菌存在密切的联系、易于监测且非自然存在于水体等特点。目前有多种微生物可用于MST的源指示微生物，如双歧杆菌（*Bifidobacterium*）和拟杆菌（*Bacteroides*）等，合适的源指示微生物及其相关检测方法的选择是利用单源指示物法开展地表水环境粪便污染溯源的关键。因拟杆菌是粪便中的优势种群且具有一定的宿主特异性，许多研究者推荐将拟杆菌作为微生物溯源的指示微生物。另一种是多源指示物法，即采用脱氧核糖核酸（DNA）微阵列或者高通量测序等手段从微生物群落的角度对地表水环境样品的污染源进行全面解析，能同时对多个污染源进行鉴别，不仅通量高，而且结果也更加全面。

针对实际情况选择合适的MST法对准确鉴别污染来源并从源头上控制畜禽动物粪便排放对治理水体粪便污染具有重要意义。

3.3.2 MST法的基本原理

由于不同动物饮食结构、消化系统以及体内环境条件（如pH值、营养条件）等的不同，经过长期的协同进化，特定微生物类群在相同物种宿主肠道中通常具有类似或相同的基因型或表型，而在不同物种宿主肠道中的基因型或表型存在差异。基于该原理，MST法通过建立特定粪便污染指示物与动物宿主间的特异关联来判定粪便污染来源。MST法所检测的粪源指示微生物通常应符合以下几个特征：宿主特异性；在体外条件下难以繁殖；一定的环境耐受性；浓度足以检测等。常用的粪便污染源指示物有双歧杆菌（*Bifidobacterium*）、拟杆菌（*Bacteroides*）、脆弱拟杆菌噬菌体（*Bacteroides Fragilis* Bacteriophage）、大肠杆菌噬菌体（F+Specific RNA Coliphages）和人类肠道病毒（Human Enteric Viruses）等。

目前，各种基于检测微生物特征（如基因型、表型）的MST法已被逐渐开发出来，以检测不同宿主间微生物群存在的差异用于鉴定污染源（宿主或者某特定环境）。其中，基因学方法可以用于区分来自不同动物宿主的微生物。但是这类方法要基于以下两个前提：①由于各种原因如pH值、营养物质组成和受体特异性等，同一个物种的微生物亚种或某些菌株更加适应特定的某些宿主或环境；②一旦这些微生物适应了特定的环境并与之共存，那么其后代产生的基因型则是相同的。因此，随着时间的推移，在特定宿主或环境中的微生物应该具有类似的或者是相同的基因指纹图谱，并与那些适应不同宿主或环境的微生物基因指纹图谱不同。类似地，基于微生物表型特征差异的MST法，通常关注微生物由于生存环境或宿主不同而产生的表型特征。这些方法通常都是基于微生物的多种抗生素抗性模式、细胞表明或者鞭毛抗原或生物化学检验等特征，旨在鉴别微生物在不同宿主中利用不同底物的条件下发生的变化。

对于人类病原菌如肠道病毒和寄生虫（隐孢子虫和贾第鞭毛虫）等的直接检测，可作为对水体中人源或者其他高风险粪便污染的鉴别手段。对病原菌的检测为粪便污染的存在提供了直接的证据，从而避免了对其他模糊的指示微生物进行检测的需要；但是许多病原体因在环境中数量非常少而不易检测到。事实上，由于许多病原菌有相当低的传染剂量，使得在受污染的水体中存在较少的对人类健康有害的污染物。因此，有必要开发出敏感性较强的MST法以促进对我国环境水体的粪便污染源进行准确鉴别，以达到从源头上治理污染的目的。

3.3.3　MST法的性能标准

　　MST法的适用性验证是通过评估敏感性、特异性等性能指标来完成的。敏感性是指一直阳性样本中正确确定为阳性的比例（真阳性率）。方法的敏感性可能会受到基质或者样品类型的物理或者化学特征如颗粒物和抑制物等的影响。因此，一种方法的内在的敏感性（标记物在群落间的分布）在中性介质中能得到最准确的评估，也就是将粪便或者污水样品加入缓冲液中。还应该在研究区域的各种类型的水体中测量敏感性，以确定MST法是否受到水中某些成分的抑制。由于敏感性可能会由于标记物在动物中分布的地理变异而变化，因此需要在一个地理范围内确定敏感性，并且应该在一个新的地理区域内进行验证。

　　检测限（Limit of Detection，LOD）用于定量或者半定量地表示能够检测到的最低目标物质的量。一种有效的MST法不仅必须对较少量的标记物敏感，而且必须能在粪便或者污水中检测到足够多的标记物，以便稀释后仍然能被检测出。分析阶段的LOD值通常被计算为在PCR（聚合酶链反应）中可以被检出的最小的基因拷贝数；也可以被计算为获得可靠的阳性结果的污染源物质（污水或者粪便）的数量，或者是能够被可靠检测的最大稀释倍数。

　　方法的特异性被定义为来自非目标宿主的粪便或者污水样品产生阴性结果的比例，或者为1-假阳性率。用于特异性验证的样本或者宿主类型的数量目前还没有建立标准，且检测该参数的过程也还没有形成标准化，但是该参数已经被多个研究项目采用。当然，可以确定的是对尽可能多的非目标样品进行分析，以得到可靠的结果。

　　敏感性（Sensitivity）和特异性（Specificity）可以通过以下两个公式进行计算。

$$\text{Sensitivity} = \frac{\text{TP}}{\text{TP} + \text{FN}}$$

$$\text{Specificity} = \frac{\text{TN}}{\text{TN} + \text{FP}}$$

　　式中，TP（True Positive）为对目标样品进行检测显示阳性的样本数；FN（False Negative）为对目标样品进行检测显示阴性的样本数；TN（True Negative）为对非目标样品进行检测显示阴性的样本数；FP（False Positive）为方法对非目标样品进行检测显示阳性的样本数。

3.3.4　MST中常用的源指示物

3.3.4.1　细菌

　　（1）粪便大肠菌群（Fecal Coliform，FC）/粪便链球菌（Fecal *Streptococcus*，FS）　由于人类粪便中有较高数量的FC，动物粪便中含有较高数量的FS，所以早在20世纪60年代末至70年代，有学者提出用FC与FS的比值来指示污染源。他们认为当FC/FS＞4时表示主要是人源粪便污染，当FC/FS＜0.7时表示主要是其他动物粪便污染。之后该方法被细化为，当FC/FS＞4时表示主要是人源粪便造成的污染；当0.1＜FC/FS＜0.6时表示主要是畜禽养殖排泄物造成的污染，而当"FC/FS＜0.1"时表示主要是野生动物粪便造成的污染。该方法能较快地产生结果，而且不需要很强的专业技能，但是由于FC和FS在环境水体中的生长速度及耐受性都不相同，并且两者的比值极易受环境中的各个因素如雨水或者工业污水的排入等的影响，加之大肠杆菌在环境中也是普遍存在的，所以FC/FS法难以准确区分人类以及其他动物的粪便污染源。

（2）双歧杆菌（*Bifidobacterium*）　双歧杆菌为专性厌氧、无芽孢的细菌，在人类肠道内的浓度很高，并且在环境中难以繁殖，所以通常不会出现在无污染的环境水体中。有些山梨醇发酵双歧杆菌（*Sorbitol-fermenting Bifidobacteria*，SFB）（如*B. Adolescentis*和*B. Breve*）可作为人类粪便污染的指示物。SFB可通过用含有山梨醇的琼脂培养基进行培养鉴定，但有研究表明基于SFB培养的MST法的特异性并不高。相比之下，利用不依赖于培养的分子检测方法，主要是基于PCR的方法，能够区分不同宿主类型中的不同双歧杆菌基因型。例如Balleste等发现，在人类、禽类和牛的粪便样品中存在不同类型的双歧杆菌16S rRNA基因片段且可作为宿主特异性基因标记来指示特定来源的粪便污染。一些研究还建立了基于宿主特异性双歧杆菌16S rRNA基因标记的qPCR法，能够进一步定量区分污染来源。

（3）大肠杆菌（*Escherichia coli*）　大肠杆菌为杆状的革兰阴性细菌，主要存在于恒温动物的肠道内，代谢类型为异养兼性厌氧型，可通过粪便或者生活污水进入环境。长期以来，环境水域中的大肠杆菌被认为是粪便污染的指示微生物，并被美国环保署推荐作为淡水中的FIB。大肠杆菌普遍存在于人和动物肠道内，无法简单地通过培养的方法区分粪便污染源，需要结合抗生素抗性分析技术、免疫学方法或DNA指纹图谱（如PFGE、rep-PCR、核糖体分型等）等技术以区分动物和人类的粪便污染。但因携带于质粒上的抗生素抗性基因易受环境或培养条件影响而丢失、需要较大的抗血清数据库或DNA指纹图谱数据库等缺点，基于大肠杆菌培养的溯源方法已很少使用。近年来多采用分子方法检测大肠杆菌宿主特异性基因标记来鉴别粪便污染源，简化了操作步骤。例如，Khatib等以大肠杆菌的STII毒力基因作为猪源粪便污染的指示物，采用PCR法可有效地检测环境水体中的猪源粪便污染。

（4）拟杆菌（*Bacteroides*）　拟杆菌是肠道中的主要专性厌氧菌群，因其数量多、特异性较强且在环境中难以繁殖，许多研究者推荐以拟杆菌作为MST的源指示微生物。一些拟杆菌物种如脆弱拟杆菌（*B. Fragilis*）因只存在于人类粪便中且浓度很高，故可作为人源粪便污染的指示微生物。*B. Fragilis*主要通过培养的方法进行检测以鉴别人源粪便污染，不过有研究发现从猪粪便中也能够分离培养出*B. Fragilis*。此外，拟杆菌在环境水体中通常只能存活几个小时，导致分离培养困难，因此目前基于拟杆菌分离培养的MST法已不多见。相比之下，近年来基于拟杆菌宿主特异性基因标记的MST法（通常为靶向拟杆菌16S rRNA基因片段的qPCR法）因其较高的特异性和敏感性而得到了快速发展。

目前，利用拟杆菌特异性基因标记能够很好地区分人、猪和反刍动物的粪便污染源，但在禽类粪便污染的溯源研究中应用较少。需要注意的是，因研究区域不同，各个基因标记检测污染源的敏感性和特异性会略有差别。

（5）肠球菌（*Enterococcus*）　肠球菌是粪链球菌的亚群，包括粪肠球菌（*E. Faecalis*）、屎肠球菌（*E. Faecium*）、耐久肠球菌（*E. Durans*）、鹑鸡球菌（*E. Gallinarum*）和鸟肠球菌（*E. Avium*）。不同于其他链球菌的是，肠球菌可以在6.5%的NaCl溶液（pH=9.6）和45℃的环境下生长，其中，粪肠球菌和屎肠球菌为人肠道正常菌群的一部分。肠球菌已成功地作为粪便污染的指示物，尤其适用于预测海洋环境和娱乐水体的健康风险。

（6）粪链球菌（*Streptococcus*）　粪链球菌是一类兼性厌氧的革兰阳性、过氧化氢酶阴性球菌。关于粪链球菌以前没有一个明确的分类定义，只是用来描述存在于人类和动物肠道中的一类微生物。1899年，Thiercelin将其命名为肠球菌，现行分类系统中，肠球菌属于粪链球菌四个亚种中的一个亚种。粪链球菌可在10~45℃的温度、高盐（6.5% NaCl）、高碱（pH= 9.6）条件下，在40%胆汁培养基上培养将其分离出来。它是常见的替代或辅助大肠菌群粪便污染的指标，而且两者的存在数量通常有一定的相关性，但在污水处理厂和海洋环境中粪链球菌比大肠杆菌的持续性更高。粪链球菌在微生物溯源方面已有运用，并且在沿海水域应用较多。

（7）产气荚膜梭菌（*Clostridium Perfringens*） 产气荚膜梭菌是存在于人类和动物粪便中的一种革兰阳性、专性厌氧有芽孢的肠道致病菌。在河流水域中，产气荚膜梭菌与废水的浓度存在一定的相关性，因大肠杆菌在环境中广泛存在，当大肠杆菌背景浓度较高时，可用产气荚膜梭菌来指示污染的来源。在饮用水检测中，其孢子的存活时间与水体环境中的病毒、隐孢子虫和贾第鞭毛虫等的存在具有同步性，通过对产气荚膜梭菌计数，可反映饮用水中病毒和原生动物包囊的存在。在海洋水域中，微生物在沉积物中的垂直分布结果表明产气荚膜梭菌与病原菌的存在息息相关，故可以指示海洋沉积物中的污染，产气荚膜梭菌还可以指示贝类的净化过程。又因其在土壤和沉积物中广泛存在，故可结合大肠杆菌和肠球菌确定污染背景值。产气荚膜梭菌的孢子可在环境中持续存在，故可以指示远距离和间歇性的废水污染。

（8）毛螺菌（*Lachnospiraceae*） Newton等开发出了TaqMan qPCR法，该方法以毛螺菌科中与*Blautia* spp.（Lachno2）关系较为密切的某些细菌16S rRNA V6区为靶向。这些细菌是人类粪便样品中的第二大丰富种群，占污水样品中微生物物种的0.3%~0.9%，所以可以作为人类粪便污染的指示物。尽管没有针对污水或者粪便检验该方法的特异性或者敏感性，但针对Lachno2的浓度与HF183-qPCR、大肠杆菌、肠球菌和腺病毒（Adenovirus）的浓度在美国密尔沃基的港口进行了比较。结果发现Lachno2和HF183-qPCR的浓度之间有很强的相关性（$r=0.86$），且Lachno2和肠球菌的相关性也极高（$r=0.91$），进一步的回归分析也发现人类基因标记（Lachno2和HF183）与腺病毒的浓度之间有很强的相关性，这表明Lachno2与人类粪便污染有很强的相关性。

（9）其他细菌 除了上述常见的粪源指示细菌外，还有一些粪源菌也可用于微生物溯源。例如，短杆菌（*Brevibacterium*）16S rRNA基因片段LA35可作为禽类粪便污染的指示物；细菌*Catellicoccus Marimammalium* 16S rRNA基因片段GFC和螺杆菌（*Helicobacter*）16S rRNA基因片段GFD可作为鸟类粪便污染的指示物；乳酸杆菌（*Lactobacillales*）16s rRNA基因片段Crane1可作为鹤源粪便污染指示物等。

3.3.4.2 古菌

史密斯甲烷杆菌（*Methanobrevibacter Smithii*）是一种产甲烷古菌，特异地存在于人类大肠中，能在96%的粪便样品中被检测到。以其*nifH*基因为标记的PCR方法的敏感性在检测人类粪便样品时仅有29%，但是检测城市污水样本时的敏感性为93%，特异性100%。随后以*nifH*基因片段为标记的TaqMan qPCR方法被开发出来。该方法通过对23个非目标产甲烷物种检测以进行检验，所有的检测结果均为阴性。qPCR法检测海水和淡水样品时表现出了100%的敏感性，并且检测限低于PCR检测限约100倍，但是与鸟的粪便样品发生交叉反应。

随后在澳大利亚通过检测粪便和污水样品评估了基因标记*nifH*的敏感性和特异性，分别约为96%和81%。该研究也检验了基因标记*nifH*在环境水体中的持久性，并且发现相比于其他基因标记（HF183、HpyVs、和Adenoviruses）来说，*nifH*的持久性相对更弱一些。所以单独用基于基因标记*nifH*的方法在对环境中的粪便污染源进行检测时还不够灵敏，但是由于其较高的宿主特异性可以与其他方法联用以检测环境水体中人源粪便污染。

3.3.4.3　真核细胞

线粒体DNA（Mitochondrial DNA）的溯源作用比上述粪便污染标记物使用时间短。2005年，Martellini等第一次将线粒体DNA应用于粪便污染微生物溯源中，实现了流域污染源的快速判断。人类和动物肠道上皮细胞在肠道内进行脱落，随粪便排入环境中。肠道上皮细胞中的线粒体DNA含有宿主特异性序列，可使用分子生物学的方法对特异性序列进行识别，从而确定粪便污染来源。人类和动物粪便中含有大量的线粒体DNA，据估计每克粪便中含有10^7个可培养的结肠脱落细胞，每个细胞中含有大量的线粒体DNA，故这些线粒体DNA的量和粪便污染指示菌相当，具有良好的运用条件。目前所使用的分子生物学技术包括PCR法、qPCR法、巢式PCR法和基因芯片等，表明线粒体DNA可以很好地指示粪便污染源。

3.3.4.4　病毒

（1）拟杆菌噬菌体　有些以脆弱拟杆菌（如菌株RYC 2056）为宿主的噬菌体广泛存在于受人类粪便污染的水体中，可以采用双层平板进行培养以检测人源粪便污染。不过该方法的敏感性并不高，需谨慎使用。

（2）大肠杆菌噬菌体（F+RNA Coliphage）　大肠杆菌噬菌体可分为体大肠杆菌噬菌体和雄性（F+）大肠杆菌噬菌体。体大肠杆菌噬菌体是指噬菌体直接连接在大肠杆菌的脂多糖上，主要分为四类，均为DNA型。F+大肠杆菌噬菌体是指噬菌体连在由F质粒编码的性菌毛上，主要分为DNA型和RNA型两类。由于F+RNA大肠杆菌噬菌体的特异性更强，故常用于微生物溯源中。按照血清型，F+RNA大肠杆菌噬菌体主要分为4种类型，即型Ⅰ、型Ⅱ、型Ⅲ和型Ⅳ。其中，型Ⅱ和型Ⅲ主要与人类粪便污染有关，型Ⅳ主要与动物粪便污染有关，而型Ⅰ与人类和动物粪便污染都有关。对于检测到的噬菌体可以通过免疫学方法或者遗传学方法进行鉴定，进而利用不同类型F+RNA大肠杆菌噬菌体的宿主差异性来区分污染源。近年来，基于分子方法（如反转录PCR等）来检测四种类型F+RNA大肠杆菌噬菌体的MST法不仅简化了检测过程，还提高了方法的灵敏性。

（3）肠道病毒（Enterovirus）　人类肠道病毒隶属于小RNA病毒目，小RNA病毒科，肠道病毒属，是一类人类肠道中的常见病毒，通常以无症状状态在人体肠道内进行繁殖。环境水体中存在大量病毒，以肠道病毒浓度较高，且肠道病毒比总大肠菌群、大肠杆菌、链球菌等常规粪便污染指示菌在水体中的存活时间更长，故能较好地指示水体受污染情况。人类肠道病毒通常用于检测娱乐水体的受污染程度。此外，肠道病毒还可以配合拟杆菌，如HF183等对粪便污水进行微生物溯源。

（4）胡椒粉斑驳病毒（Pepper Mild Mottle Virus，PMMoV）　植物病原体胡椒粉斑驳病毒是一种RNA病毒，是人类粪便病毒宏基因组的主要组成之一。基于TaqMan qPCR的检测方法针对未处理和已处理的污水表现出了100%的敏感性，但由于与鸡和海鸥粪便发生交叉反应，特异性约为70%。尽管这类病毒在环境水体中会衰减（在海水中的半衰期约为1.5d），但其通过污水处理时具有很好的持久性和耐受性。因此，PMMoV是一种较为保守的追踪人源粪便或污水污染的一种手段。

（5）人类多瘤病毒（HPyVs）　人类多瘤病毒具有很高的特异性，并且在人类体内中大量存在，可作为人源粪便污染的指示物。这种病毒主要随尿液和粪便排入环境中，并且在城市污水中有很高的浓度。McQuaig等开发出了PCR法用于检测环境水体中HPyVs（包括BK病毒和JC病毒）。该方法表现出了100%的敏感性和特异性。经过对原PCR引物进行修改后，McQuaig等又开发出TaqMan qPCR法用于检测HPyVs，该方法表现出了100%的特异性。

（6）其他病毒　近年来，针对人类多种病原菌病毒（如腺病毒和诺如病毒）的qPCR检测作为粪便污染溯源方法也被开发出来，但是这些方法通常用于检测人类健康风险。针对腺病毒、诺如病毒和F+RNA qPCR的qPCR检测方法可以用于区分人类和动物粪便污染，且每种方法都能检测到10个基因拷贝数。此外，据报道，这些方法都因对目标病毒具有极强的特异性而检测不到非目标病毒，即当检测人类和动物粪便样品时，仅在人类粪便中可以检测到人类特异的病毒。虽然这些方法表现出了极高的敏感性，但是病毒可变的衰变速率、感染的不确定发生性以及病毒颗粒在环境中的存活能力使得这些方法不能准确反映环境水体中人源粪便污染的程度。

3.3.5　源指示微生物的检测

3.3.5.1　基于表型的检测方法

（1）抗生素抗性分析（Antibiotic Resistance Analysis，ARA）　抗生素抗性分析是基于生存环境的不同，指示微生物对抗生素的抗性存在差异，利用这种差异来确定污染样品和污染源中指示微生物的亲缘关系，从而判断是否存在污染。ARA在表型分型中应用较为广泛。操作程序主要是从不同污染源和污染样品中分离粪便污染指示微生物，将分离的微生物接种到含有不同种类及浓度的抗生素平板上，培养、观察、记录生长情况，形成可疑污染源菌株的抗性数据库，将污染样品中分离到的菌株抗性与数据库进行对比，确定污染样品与污染源中指示微生物的关系，判断污染的主要来源。Wiggin等利用粪肠球菌的ARA区分了水体中来自人和动物粪便的污染。Hagedorn等利用ARA证明了位于弗吉尼亚州郊区的Page河段污染主要来自牛粪，限制牛接近水体后，该河段粪大肠菌群数量减少了94%。Harwood等利用ARA对人工制造的粪便污染样品进行溯源，对不同样品的区分均表现了较高的成功率。Jiang等利用大肠杆菌和粪肠球菌ARA研究了位于南加利福尼亚州的Niguel湖污染，结果表明污染主要来自鸟类和野生动物粪便以及污染的土壤。尽管如此，ARA结果却饱受质疑。主要由于抗生素抗性基因存在于质粒中，环境条件常常改变从而导致抗性产生或丢失，这对结果的稳定性造成了较大的影响。此外抗生素的大范围使用增强了指示微生物的耐药性，使得分型结果存在很大的疑问。Wiggins等研究认为，抗生素抗性指纹只具有一年的稳定性。ARA数据库只是针对某个区域而言，随着环境污染在时间和空间上的日趋复杂，它的分型能力逐渐减弱。

（2）血清型分析　微生物的血清分型已经应用于大肠杆菌以区分人类和动物的污染源。研究表明，尽管有些血清型在人类和动物中共享，但大肠杆菌不同的血清型与不同的动物源相关。Parveen等测试了100个人源和非人源的大肠杆菌的O抗原。从人源中共得到19种血清型，并且测试得到的血清型有48%被分类至7种血清型中。动物源中共得到26种血清型，并且测试得到的血清型有36%被分类至7种血清型中。人源和动物源中得到的主要血清型交叉较少，这表明利用大肠杆菌的血清型可以有效地区分分别来自人类和动物的污染。但是，依赖血清型数据库使得该方法的应用存在一定的局限性。

3.3.5.2 基于基因型的检测方法

（1）单源法

① 核糖分型。核糖体分型是将限制性片段长度多态性（RFLP）和DNA杂交技术（Southern Blotting）相结合来区分菌株的一种基因分型方法。主要操作程序是先分离培养指示微生物，提取其总DNA后进行酶切和电泳，电泳完成后采用针对菌株16S rDNA或23S rDNA设计的探针与其进行杂交，通过对杂交结果和电泳图谱分析来区分不同的菌株。大量的研究表明，核糖体分型能够有效分辨来自人类和非人类粪便的污染，正确区分率为82%～97%。对海鸥粪便、垃圾场和废水之间污染关系的研究表明，废水中的大肠杆菌主要来自海鸥粪便。Myoda等用不同的内切酶对不同动物粪便进行区分，正确区分率大于80%。尽管在区分不同指示微生物菌株上具有较高的分辨能力，但核糖体分型的操作步骤过于繁杂，耗时耗力，建立菌株数据库的成本较高。此外，不同的酶切和探针可能会影响其区分不同污染源的能力，采集样品时间和地理位置不同也会导致分型结果发生改变。

② 重复序列扩增分型（Repetitive Sequence-based PCR，Rep-PCR） 重复序列扩增分型是利用广泛分布于生物体基因组中的重复序列的核心保守区设计引物，扩增得到整个基因组的指纹图谱，通过不同样品中指示微生物指纹图谱的对比，判断它们之间的亲缘关系。目前，最常用的重复序列有4种，分别是肠杆菌基因间重复一致序列ERIC（Enterobacterial Repetitive Intergenic Consensus）、基因外重复回文序列REP（Repetitive Extragenic Palindromic）、BOX插入因子和（GTG）$_5$重复序列。4种重复序列片段的大小及引物序列如表3.15所列。ERIC是分布在基因组不同位置且大小为126bp的重复序列，序列中心为保守的回文结构，其最早发现于大肠杆菌基因组中，引物为ERIC1R和ERIC2。REP是分布在基因组不同位置大小为38bp的重复回文序列，最早发现于大肠杆菌基因组中，引物为REP1R和REP2I。BOX插入因子是分布在基因组不同位置且大小为154bp的重复序列，由boxA（57bp）、boxB（43bp）和boxC（50bp）3个亚基组成，最早发现于肺炎链球菌基因组中，根据boxA保守区设计引物BOXA1R。（GTG）$_5$重复序列大小为15bp，最早发现于大肠杆菌和鼠伤寒沙门菌基因组中。4种重复序列不仅广泛存在于细菌中，也存在于放线菌和真菌中。

表3.15 4种重复序列片段的大小及引物序列

重复序列	引物	序列（5'-3'）	重复序列大小/bp
ERIC	ERIC1R	ATGTAAGCTCCTGGGGATTCAC	126
	ERIC2	AAGTAAGTGACTGGGGTGAGCG	
REP	REP1R	Ⅲ ICGICGICATCIGGC	38
	REP2I	ICGICTTATCIGGCCTAC	
BOX	BOXA1R	CTACGGCGGCAAGGCGACGCTGACG	154
（GTG）$_5$	（GTG）$_5$	GTGGTGGTGGTGGTG	15

大肠杆菌作为指示微生物，利用重复序列进行分型是微生物溯源中最为常见的方法。Mclellan等利用REP-PCR分型研究表明，同一来源的大肠杆菌基因型不尽相同，但主要组成菌株的基因型是相同的。利用BOX-PCR区分来源于不同粪便样品大肠杆菌的成功率为68%～100%。利用REP-PCR分析人和动物粪便污染的准确率达88%，分析来自人、牛和马粪便中的大肠杆菌准确率为68%～94%。BOX-PCR分型更适宜在大范围的微生物溯源中应用。Mohapatra等对4种重复序列分型能力研究进行比较，按地域特异性分型准确率从强到弱依次为（GTG）$_5$-PCR（81.3%）、BOX-PCR（78.7%）、REP-PCR（69.3%）和ERIC-PCR（64.2%）。Duan等利用REP-PCR和ERIC-PCR分析了猪舍及其周围上下风向空气中的大肠杆菌，研究表明下风向空气中的大肠杆菌主要来自猪舍，上风向受到猪舍的影响较小，与实际情况极为符合。法国梅里埃公司和希腊Bacterial Barcodes公司均根据Rep-PCR原理生产了自动分型系统Diversi Lab System。冯广达等利用Rep-PCR分型尝试了村镇塘坝饮用水污染的微生物溯源，发现在Rep-PCR分型方法中，（GTG）$_5$-PCR和BOX-PCR在条带丰富度、清晰度以及分型力上都要优于ERIC-PCR和REP-PCR，因此认为它们应作为Rep-PCR分型在微生物溯源中应用的首选方法。利用Rep-PCR分型进行微生物溯源具有分型能力强、操作简单、耗费低和不需要特殊仪器等优点，而重复性稍差是它的主要弱点。对此，Gevers等建议在操作过程中采用相同的DNA提取方法、PCR体系、仪器和电泳条件。也有一些研究对Rep-PCR分型结果存在疑问，可能是由于操作条件及分析方法的误差所致。综合不同的研究结果，可以认为Rep-PCR分型是一种快捷实用的微生物溯源方法。

③ 脉冲场凝胶电泳（Pulsed-Filed Gel Electerophoresis，PFGE） PFGE是利用脉冲时间和脉冲方向的变化对基因组酶切后的片段进行分离获得整个基因组指纹的分型方法。凭借较强的分型能力和稳定性，PFGE被誉为分子分型的"金标准"。Tynkkynen等利用PFGE、Ribotyping和RAPD对乳酸菌进行分型，研究表明PFGE分型能力大于后两者。Cesaris等研究表明，PFGE能够区分BOX-PCR无法区分的大肠杆菌菌株。其他研究结果也表明PFGE具有极强的分型能力。尽管如此，目前PFGE在微生物溯源中的应用仅在流行病学领域，而在水体污染溯源中鲜有报道。究其原因，操作程序复杂、技术要求严格、工作量大、耗时长且成本较高等弱点可能是限制其应用的主要因素。也正是基于此，PFGE只适合于小样本容量的菌株之间的比较，如流行病菌株。水体污染微生物溯源中往往需要对大量的菌株进行区分，不宜采用PFGE分型的方法。同时，也有研究认为PFGE不能将大肠杆菌按照来源进行分型。

④ 聚合酶链式反应（Polymerase Chain Reaction，PCR）及其联用技术

a. 聚合酶链式反应（PCR）。使用拟杆菌引物进行PCR扩增，经凝胶电泳实验观察目标条带是否出现。使用拟杆菌通用引物时，出现目标条带则说明样品存在粪便污染；使用拟杆菌特异性引物时，出现目标条带则说明样品中存在特异性粪便污染。目前该方法已成功地判断出水样被何种动物的粪便污染。但PCR也存在一定的缺陷，如易产生非特异性扩增，只能定性判断人或其他动物粪便污染是否存在而不能对污染物定量等。

b. 末端标记限制性酶切长度多态性（Terminal Restriction Fragment Length Polymorphism，T-RFLP）。同一目的基因由于碱基的插入、缺失、重排或点突变，故在不同的微生物间存在

长度多态性。用带有荧光标记的引物扩增DNA样品，然后用限制性核酸内切酶酶切扩增产物，由于不同微生物的同一基因的核苷酸序列存在差异，所以同一个基因的DNA片段经同一酶切后可能得到长度不同的限制性内切片段，在T-RFLP检测中表现为不同的荧光信号。该方法最终产生相应的图谱，峰的数量代表微生物的种类，峰的面积代表微生物的相对值。Bernhard和Field根据T-RFLP图谱成功地区别出人及牛粪便中的拟杆菌16S rRNA基因特异性片段，并据此设计了拟杆菌通用引物和特异性引物。Dick和Bernhard在设计拟杆菌引物时，也用到了T-RFLP技术。

c. 变性梯度凝胶电泳（Denatured Gradient Gel Electrophoresis，DGGE）。利用菌株的标记基因获得样品的特异性指纹图谱，以指纹图谱的差异表征菌株的差异，进而分析被污染样品与污染物之间的关系。目前，DGGE技术在以大肠杆菌为指示菌进行微生物溯源方面研究较多，且取得了良好的溯源效果，而以拟杆菌为指示菌进行微生物溯源方面的相关研究国内外鲜有报道。张曦等利用两种标记基因——拟杆菌特异性16S rRNA基因和大肠杆菌特异性基因phoE（膜外周磷通道蛋白编码基因）经DGGE技术对塘坝型饮用水污染进行溯源，研究结果显示，拟杆菌DGGE图谱比大肠杆菌图谱的条带更丰富，且样品之间的显著性更高，表明可利用拟杆菌的DGGE图谱表征污染水体之间的关系。

⑤ 实时荧光定量PCR（Real-time qPCR，qPCR）。qPCR是在常规PCR的基础上发展起来的，在微生物溯源研究中，qPCR相比常规PCR有以下优点：在微生物溯源研究中，仅仅检测污染物是否存在是不够的，还需测定污染物的量，常规PCR只能对污染物进行定性分析，即回答污染物类型，而qPCR则可对污染物进行定量分析，即回答污染物类型和污染物的量；相比PCR，qPCR的灵敏度更高，特异性更强；qPCR是实时检测，在对数扩增时期检测起始模板浓度，而常规PCR是检测产物的量。

基于qPCR的优势，其在微生物溯源中有更广泛的运用，主要有以下三点。

a. 区分不同类型的粪便污染并对污染物定量。Seurinck首次利用人粪源拟杆菌HF183标记物对水中的人粪源污染进行qPCR定量分析，发现使用qPCR比PCR敏感。Okabe选取了1种人粪源、3种牛粪源和2种猪粪源的拟杆菌——普雷沃菌属特异性16S rRNA基因进行溯源实验，成功地判断出河水的粪便污染来源并测定出污染量。Jeong使用人粪源和牛粪源拟杆菌16S rRNA基因进行TaqMan qPCR实验，结果表明利用qPCR能可靠地识别和量化粪便污染，为流域水质管理和改进方面提供有效的信息。

b. 验证标记物的敏感性和特异性。只有使用敏感性和特异性较高的标记物才能对污染物进行准确定量。表3.16列出了拟杆菌标通用引物和特性引物。需要注意的是，表中所列敏感性和特异性数值均为引物设计者实验所得出，在不同区域不一定能重新这些数值。Raith测试了5种拟杆菌标记物，检验它们是否适用于加利福尼亚地区反刍动物的粪便污染。研究表明，将牛粪源拟杆菌标记物CowM2和反刍动物粪源拟杆菌标记物BacR或Rum2Bac结合使用，最适合该地区牛、绵羊、山羊和鹿等反刍动物粪便污染的检验。Mieszkin使用两种猪粪源拟杆菌标记物对养猪场下游水域进行污染评估。qPCR实验结果表明，这两种猪粪源拟杆菌标记物具有良好的敏感性和特异性，可用于检验水环境中猪粪便的污染。Lee使用通用、人粪源和牛粪源拟杆菌16S rRNA基因分别进行TaqMan qPCR实验，在河流及下游区域检测到标记物的存在，三种标记物均表现出良好的特异性和敏感性。

c．发现粪便中的优势菌。Matsuki利用多种特异性引物进行qPCR实验，表明脆弱拟杆菌是人粪便中的优势菌。

表3.16　拟杆菌通用引物和特异性引物

目标微生物	标记物	引物/探针	序列	敏感性/%	特异性/%
			人和动物通用粪源拟杆菌		
	—	Bac32F	AACGCTAGCTACAGGCTT	100	—
		Bac708R	CAATCGGAGTTCTTCGTG		
	—	Bac32F	AACGCTAGCTACAGGCTT	100	—
		Bac303R	CCAATGTGGGGGACCTTC		
	BacUni-UCD	BacUni-520F	CGTTATCCGGATTTATTGGGTTTA	100 (73/73)	—
		BacUni-690R$_1$	CAATCGGAGTTCTTCGTGATATCTA		
		BacUni-690R$_2$	AATCGGAGTTCCTCGTGATATCTA		
		BacUni-656p	6-FAM-TGGTGTAGCGGTGAAA-TAMRA-MGB		
	BacPre1	qBac560F	TTTATTGGGTTTAAAGGGAGCGTA	100 (16/16)	—
		qBac725R	CAATCGGAGTTCTTCGTGATATCTA		
	AllBac	AllBac296F	AGAGGAAGGTCCCCCAC	100 (34/34)	—
		AllBac412R	GCTACTTGGCTGGTTCAG		
		AllBac375Bhqr	FAM-ATTGACCAATATTCCTC ACTGCTGCCT-BHQ1		
			哺乳动物粪源拟杆菌		
人	HF134	HF134F	GCCGTCTACTCTTGGCC	43.75 (7/16)	94.74 (18/19)
		HF654R	CCTGCCTCTACTGTACTC		
	HF183	HF183F	ATCATGAGTTCACATGTCCG	87.5 (14/16)	100 (19/19)
		Bac708R	CAATCGGAGTTCTTCGTG		
	BacHum-UCD	BacHum-241R	TGAGTTCACATGTCCGCATGA	81.25 (26/32)	97.56 (40/41)
		BacHum-160F	CGTTACCCCGCCTACTATCTAATG		
		BacHum-193p	6-FAM-TCCGGTAGACGATGGGG ATGCGTT-TAMRA		
	Human-Bac1	qHS601F	GTTGTGAAAGTTTGCGGCTCA	100 (4/4)	与牛和猪粪交叉反应
		qBac725R	CAATCGGAGTTCTTCGTGATATCTA		
		qHS624MGB	CGTAAAATTGCAGTTGA		
	HuBac	HuBac566F	GGGTTTAAAGGGAGCGTAGG	100 (6/6)	68 (19/28)
		HuBac692R	CTACACCACGAATTCCGCCT		
		HuBac594Bhqf	FAM-TAAGTCAGTTGTGAAAG TTTGCGGCTC-BHQ-1		
	BacH	BacHF	CTTGGCCAGCCTTCTGAAAG	97.5 (39/40)	97.5 (39/40)
		BacHR	CCCCATCGTCTACCGAAAATAC		
		BacH-pC	FAM-TCATGATCCCATCCTG-NFQ-MGB		
		BacH-pT	FAM-TCATGATGCCATCTTG-NFQ-MGB		

目标微生物	标记物	引物/探针	序列	敏感性/%	特异性/%
人	HumM2	Hum2F	CGTCAGGTTTGTTTCGGTATTG	100 (36/36)	99.2 (247/249)
		Hum2R	TCATCACGTAACTTATTTATATGCATTAGC		
		Probe	FAM-TATCGAAAATCTCACGGATTAACTCTT		
			GTGTACGC-TAMRA		
	HumM3	Hum3F	GTAATTCGCGTTCTTCCTCACAT	100 (36/36)	97.2 (242/249)
		Hum3R	GGAGGAAACAAGTATGAAGATAGAAGAATTAA		
		Probe	FAM-GTCTGTCCTTCGAAATAGCGGT-TAMRA		
猪	Pig-Bac1	qPS422F	CGGGTTGTAAACTGCTTTTATGAAG	100 (5/5)	100 (11/11)
		qBac581R	CGCTCCCTTTAAACCCAATAAA		
	Pig-Bac2	qBac41F	TACAGGCTTAACACATGCAAGTCG	100 (10/10)	54 (16/30)
		qPS183R	CTCATACGGTATTAATCCGCCTTT		
	Pig-1-Bac	Pig-1-Bac32Fm	AACGCTAGCTACAGGCTTAAC	98.55 (68/69)	100 (54/54)
		Pig-1-Bac108R	CGGGCTATTCCTGACTATGGG		
		Pig-1-Bac44P	FAM-ATCGAAGCTTGCTTTGATAGATGGCG-BHQ-1		
	Pig-2-Bac	Pig-2-Bac41F	GCATGAATTTAGCTTGCTAAATTTGAT	100 (69/69)	100 (54/54)
		Pig-2-Bac163Rm	ACCTCATACGGTATTAATCCGC		
		Pig2Bac113	VIC-TCCACGGGATAGCC-NFQ-MGB		
	PF	PF163F	GCGGATTAATACCGTATGA	100 (2/2)	100 (10/10)
		Bac708R	CAATCGGAGTTCTTCGTG		
犬类	BacCan-UCD	BacCan-545F1	GGAGCGCAGACGGGTTTT	62.5 (5/8)	86.15 (56/65)
		BacUni-690R1	CAATCGGAGTTCTTCGTGATATCTA		
		BacUni-690R2	AATCGGAGTTCCTCGTGATATCTA		
		BacUni-656p	6-FAM-TGGTGTAGCGGTGAAA-TAMRA-MGB		
	DF	DF475F	CGCTTGTATGTACCGGTACG	100 (2/2)	100 (6/6)
		Bac708R	CAATCGGAGTTCTTCGTG		
马	HoF	HoF597F	CCAGCCGTAAAATAGTCGG	100 (2/2)	100 (10/10)
		Bac708R	CAATCGGAGTTCTTCGTG		
北美海狸	Beapo101	Beapol-F02	AGCATTTTTCAAGCTTGCTT	100 (17/17)	100 (63/63)
		Beapol-R01	ACTTAATGCCATCCCGTATTAA		
		Beapol-P	HEX-CAACCTACCGTTTACTCTCGG-BHQ-1		
反刍动物粪源拟杆菌					
反刍动物	RUM	CF128F	CCAACYTTCCCGWTACTC	100 (19/19)	100 (16/16)
		Bac708R	CAATCGGAGTTCTTCGTG		
	RUM	CF193F	TATGAAAGCTCCGGCC	100 (19/19)	100 (16/16)
		Bac708R	CAATCGGAGTTCTTCGTG		
	Rum-2-Bac	BacB2-590F	ACAGCCCGCGATTGATACTGGTAA	97 (29/30)	100 (40/40)
		Bac708Rm	CAATCGGAGTTCTTCGTGAT		
		BacB2-626P	FAM-ATGAGGTGGATGGAATTCGTGGTGT-BHQ-1		

目标微生物	标记物	引物/探针	序列	敏感性/%	特异性/%
反刍动物	BacR	BacR-F	GCGTATCCAACCTTCCCG	100 (57/57)	100 (38/38)
		BacR-R	CATCCCCATCCGTTACCG		
		BacR-P	FAM-CTTCCGAAAGGGAGATT-NFQ-MGB		
牛	Cow-Bac1	qCS406F	GAAGGATGAAGGTTCTATGGATTGT	100 (7/7)	100 (9/9)
		qBac581R	CGCTCCCTTTAAACCCAATAAA		
	Cow-Bac2	qCS621F	AACCACAGCCCGCGATT	100 (7/7)	100 (9/9)
		qBac725R	CAATCGGAGTTCTTCGTGATATCTA		
	Cow-Bac3	qBac41F	TACAGGCTTAACACATGCAAGTCG	100 (7/7)	100 (9/9)
		qCS160R	TCAACGGGCTATTCCTGAGTAAG		
	BoBac	BoBac367F	GAAG（G/A）CTGAACCAGCCAAGTA	100 (11/11)	100 (23/23)
		BoBac467R	GCTTATTCATACGGTACATACAAG		
		BoBac402P	FAM-TGAAGGATGAAGGTTCTATGGATTGT AAACTT-BHQ-1		
	CowM2	CowM2F	CGGCCAAATACTCCTGATCGT	100 (60/60)	—
		CowM2R	GCTTGTTGCGTTCCTTGAGATAAT		
		probe	FAM-AGGCACCTATGTCCTTTACCTCA TCAACTACAGACA-TAMRA		
	CowM3	CowM3F	CCTCTAATGGAAAATGGATGGTATCT	100 (60/60)	—
		CowM3R	CCATACTTCGCCTGCTAATACCTT		
		probe	FAM-TTATGCATTGAGCATCGAGGCC-TAMRA		
	BacCow-UCD	BacCow-305R	CCAACYTTCCCGWTACTC	100 (8/8)	95.89 (70/73)
		CF128F	GGACCGTGTCTCAGTTCCAGTG		
		BacCow-257p	6-FAM-TAGGGGTTCTGAGAGGAAGGTCC CCC-TAMRA		
麋鹿	EF	EF447F	AATAACACCATCTACGTGTAGA	100 (2/2)	80 (8/10)
		EF990R	GCCTGTCCAGTGCAATTTAA		

禽类粪源拟杆菌

目标微生物	标记物	引物/探针	序列	敏感性/%	特异性/%
鸡/鸭	Chicken/Duck-Bac	qCD362F-HU	AATATTGGTCAATGGGCGAGAG	79.59 (39/49)	100 (78/78)
		qcD464R-HU	CACGTAGTGTCCGTTATTCCCTTA		
		qBac394	FAM-TCCTTCACGCTACTTGG-MGB		
鸡	Chicken-Bac	qC160F-HU	AAGGGAGATTAATACCCGATGATG	69.57 (16/32)	88.46 (69/78)
		qBac265R-HU	CCGTTACCCCGCCTACTAC		
鸭	Duck-Bac	qBac366F-HU	TTGGTCAATGGGCGGAAG	84.62 (22/26)	94.87 (74/78)
		qDuck474R-HU	GCACATTCCCACACGTGAGA		
		qBac394	FAM-TCCTTCACGCTACTTGG-MGB		
加拿大雁	CGOF1-Bac	CG1F	GTAGGCCGTGTTTTAAGTCAGC	57.43 (58/101)	100 (291/291)
		CG1R	AGTTCCGCCTGCCTTGTCTA		
		Probe	FAM-CCGTGCCGTTATACTGAGACACTT GAG-BHQ-1		
	CGOF2-Bac	CG2F	ACTCAGGGATAGCCTTTCGA	50.50 (51/101)	100 (291/291)
		CG2R	ACCGATGAATCTTTCTTTGTCTCC		
		Probe	FAM-AATACCTGATGCCTTTGTTTCCCTGCA-BHQ-1		

（2）多源法

① 基因芯片技术（Gene Chip or DNA Microarray）。基因芯片又称DNA芯片（DNA Chip）或DNA微阵列（DNA Microarray），原理是采用光导原位合成或显微印刷等方法将大量特定序列的探针分子密集、有序地固定于经过相应处理的硅片、玻片、硝酸纤维素膜等载体上，然后加入标记的待测样品，进行多元杂交，通过杂交信号的强弱及分布，来分析目的分子的有无、数量及序列，从而获得受检样品的遗传信息。

基因芯片技术在微生物溯源中表现出一定的可靠性，主要应用在以下两方面。

a. 评估水体污染状况。Dubinsky等采集了42个包括人、鸟、牛、马、麋鹿和鳍足类动物的粪便排泄物，使用59316种不同类别的细菌16S rRNA基因的探针进行检测。其中梭状芽孢杆菌门和拟杆菌门中的多种科能把人、食草动物和鳍足亚目类动物三者的污染相互区分，为加利福尼亚沿海水域提供污染源信息。Inoue等调查加德满都谷地的浅井地下水污染状况时，以941个病原菌为对象进行基因芯片实验，表明该地区的浅井地下水普遍受到粪便污染。

b. 分析粪便样品中微生物多样性。Li等在前人研究基础上，利用鸡、牛、家禽和猪粪便微生物的DNA或RNA，将基因芯片、qPCR技术及下一代测序技术（NGS）相结合，检测到不同粪便中含有相同病原菌且病原菌主要有两类：*Ruminococcaceae*和*Lachnospiraceae*。Wang等使用CY-5荧光基团标记人粪便中的肠道细菌的16S rRNA基因，荧光杂交结果说明粪便中主要的肠道细菌是普通拟杆菌、梭形杆菌属、多型拟杆菌、瘤胃球菌属、消化链球菌和真杆菌，与前人的研究结果一致。

基因芯片在微生物溯源研究中有许多优点，如通量高，可同时检测成百上千个样品，全面分析样品中的致病微生物；检测速度快；在样品量很少的情况下仍能保持高敏感性。当然，它也存在一定的缺陷，如以16S rRNA基因为待测基因时，16S rRNA基因数据库不足，导致探针设计存在缺陷；成本和操作复杂度高。总体来说，基因芯片技术是一种快速有效判定污染物来源的技术，具有广阔的应用空间。

② 高通量测序技术（High-throughput Sequencing, HTS）。高通量测序技术能一次对PCR扩增产物或来自环境样品的DNA序列信息进行大规模平行分析，从而获得海量数据。通过对微生物群落分析和开发新的MST标记，HTS-MST法提供了一个快速、有效的定性粪便污染源检测途径，为水体粪便污染溯源带来新的机遇。

HTS-MST法不是依赖单个基因标记检测或者源指示微生物的培养计数，而是从微生物群落的角度，更全面地解析环境水体中的粪便污染来源。近年来，主要发展起来两种HTS-MST法：一种是经过对测序结果的聚类分析，选出某类粪便污染源（例如人类和动物）特异的可操作分类单元（Operational Taxonomic Units, OTUs），或者是多个污染源共有的OTUs，再根据环境样品的微生物群落组成特征判断粪便污染程度和可能的污染源；另一种方法是使用基于贝叶斯算法的溯源分析法（Source Tracker）分析，通过比较环境样品与不同动物粪便中微生物群落组成特征，进而判断不同污染源对环境样品微生物群落的贡献，目前已被用于鉴别环境水体的粪便污染源。

3.3.6 微生物溯源方法的比选

迄今为止，人们对最佳MST法还没有形成广泛的共识，但经过多年来人们对多种分子生物学方法的研究和筛选，非建库的PCR由于灵敏度高、特异性强、测试简单、检测时间短等优点已显示出巨大潜力，特别是基于拟杆菌16S rRNA基因序列扩增与比较的方法。目前很多实验室已经开发并注册了针对人或某类动物特有的16S rRNA序列的基因探针，这些方法检测复杂样品（如污水、废水）比菌种检测方法更为方便，但在做定量评价时需要谨慎，因为标记物可以在多菌种的菌株上存在，或者每个菌株上标记物的数量不确定。因此，新指示生物的开发和新检测或定量方法的改善仍然是当今的研究热点。MST法之间的比较有利于方法的完善，这其中3次大规模比较研究极大地推动了MST法的进步，克服了小规模比较研究的覆盖范围小、缺乏盲样控制等不足。

3.3.6.1　2003年美国实验室间比较研究

20世纪90年代，美国许多实验室已开展了基于分子生物学方法的MST溯源工作，但由于测试的样本类别与数量有限，加之人们对不同MST溯源方法的效果缺乏统一和综合的比较与鉴定，所以为了考察MST法的可推广性，2003年美国南加利福尼亚州沿海水域研究所和美国加利福尼亚州环保局主持了一项大型的MST法比较研究。在这次研究中，参与人员得到一套含有人、牛、狗、海鸥、生活污水或它们的混合物的水样（盲样）以及组成这些盲样的粪便样品。参与溯源分析的比选方法包括基于大肠杆菌噬菌体、病毒、抗生素抗性、碳利用种类分析、Ribotyping、REP-PCR（重复序列PCR）、PFGE、微生物种群指纹、*E.Coli*毒力基因宿主特异性PCR、拟杆菌生物标记物PCR等12种方法，其中6种方法基于培养法。该项研究中，评价MST法的指标包括病原微生物来源的识别率，粪便污染的定量分析和多种应用条件（淡水、咸水和腐殖酸干扰条件下）下的适用性。在这12种方法中，基于大肠杆菌毒素基因和拟杆菌标记物的宿主特异性PCR方法可准确查明样品与人类粪便和污水的关系，没有假阳性结果。该方法使用了人源、反刍类动物和狗的拟杆菌生物标记物，以及人源和牛的大肠杆菌的毒力基因标记物，但还缺少海鸥和狗的标记物。Ribotyping和PFGE方法在部分实验室也可正确识别人源和其他4个来源。但基于样品建库的表型法和基因型法表现不佳，只能部分识别人源污染，并出现了大量假阳性结果。基于病毒检测的方法可以非常有效地判别生活污水样品，但在检测人源粪便污染时表现欠佳。总体而言，该研究中没有一种方法能正确识别所有样品的污染来源，所有方法均在确定污染来源比例上表现不佳，并且同样的方法在不同实验室的差异也很大，这对MST法的标准化提出了较高的要求。

3.3.6.2　2006年欧洲实验室间比较研究

基于当时主流的MST法，欧洲的研究人员于2006年开展了跨实验室（西班牙、法国、瑞典、英国、塞浦路斯）的MST法比较研究，检测对象包括大肠杆菌噬菌体、拟杆菌噬菌体、山梨糖醇发酵双歧杆菌（Sorbitol-fermenting *Bifidobacteria*）、FC噬菌体、大肠杆菌和肠球菌表观分型、*B. Dentium*与*B. Adolescentis*的PCR基因型检测、粪甾醇化学检测等。该研究除了对MST法进行单项评估外，还基于实验结果开发出多个低参数要求的预测模型。本次比选与2003年美国比选的最大区别是没有采用统一的盲样进行分析，而是按照统一方法自行采集当地污水和猪场废水进行样品配制。虽然盲样检测可确保实验室间方法的可比性，但针对不同地理位置的已知源样品，该研究探明了在跨地区使用时哪些方法或哪些组合方法能有效识别人源和动物来源的病原微生物，这对完善MST法具有重要意义。两个最佳方法分别是通过检测山梨糖醇发酵双歧杆菌与噬菌体感染的拟杆菌（*B. Thetaiotaomicron*）是否存在及其与噬菌体的比例判断人源污染物的存在。虽然没有一种方法可把人源污染100%地识别出来，但由微生物和化学指标定义的38个变量（独立和组合变量）而开发的多个模型可有效识别人源污染物。研究人员指出，下阶段的研究重点是考察MST法对实际样品（如浓度较低的或者更多种来源的混合物）的检测效果以及实际样品中标记物的持久性。

3.3.6.3　2012年美国实验室间比较研究

MST法经过10年的发展，主流方法除了病毒培养法之外，均是非建库的方法。2011～2012年，南加利福尼亚州沿海水域研究所牵头，联合美国和欧洲27个研究机构的实验室，对41种较为成熟的MST法进行了特异性和敏感性的比较研究。这次研究与2003年的比较研究存在较大的差异。这41种方法绝大多数都采用PCR或qPCR技术，并以16S rRNA作为分子标记物，包括了专门针对人类、反刍动物类、狗、海鸥、猪、马、羊的MST法。针对病毒的分析多基于qRT-PCR技术，而噬菌体仍使用培养法检测。参与测试的方法也包括3个以微生物群落分析为基础的方法，分别是PhyloChip、16S末端限制性片段长度多态性法（T-RFLP）和*Bacteroidales* 16S T-RFLP。样本分别来自生活污水和直接从各种动物体外采集的排泄物标本。用以识别人类粪便或生活污水的指示物包括病毒和噬菌体两大类，其中病毒类指示物包括腺病毒（HAdV）、肠道病毒（EV）、Ⅰ类和Ⅱ类诺如病毒（NoⅥ和NoⅦ）和多瘤病毒（HPyVs）；噬菌体类包括用作一般性粪便污染指标的大肠杆菌噬菌体和F-特异性RNA噬菌体（F-RNAPH）。每一种方法都由1～7个实验室进行测试。比选结果如下。

① 按照以标记物在粪便样品中的定性存在或不存在作为判定粪便来源的鉴定标准，针对不同宿主的敏感性和特异性最高的方法分别为HF183端点法和HF183SYBR法（人类），CF193法和Rum2Bac法（反刍动物类），CowM2和CowM3（牛），BacCan（狗），Gull2SYBR和LeeSeaGull（海鸥），PF163和PigmtDNA（猪），HoF597（马），PhyloChip（猪、马、鸡、鹿），通用16S T-RFLP（鹿）和Bacteroidales 16S T-RFLP（猪、马、鸡、鹿）。这些方法的敏感性和特异性在所有实验室都超过了80%。

② 按照定量分析的标准，表现最好的方法只有HF183Taqman和BacH（人），Rum2Bac和BacR（反刍动物类），LeeSeaGull（海鸥）和Pig2Bac（猪），而针对牛或狗的检测方法都没达到定量分析的特异性和敏感性标准。在这次测试中，几种用来检测人类特异病毒方法的测试结果都不太理想。这些方法一般都具备高度的特异性，但对人类粪便源的敏感性都不高。特异性和敏感性方面表现最佳的方法是腺病毒qPCR技术（TetraTech公司），虽然用该方法测试结果的准确度达到100%，但灵敏度仅为13.2%，也就是说，如果检测出病毒标记物，可以有把握地确认污染源包括人粪便；如果没有检测到病毒标记物，研究者还不能轻易排除人类污染源。该研究结果很有代表性，反映了目前采用qRT-PCR技术检测人体特异病毒的现状和面临的挑战。除非受到大量生活污水的污染，一般情况下地表水中病毒含量偏低，需要将大量采集的水样浓缩后进行病毒分析。虽然水样富集方法近年来有所改进，但找到一个既可以有效提取和分离水样中的病毒，同时又避免其副作用（富集浓缩过程同时干扰PCR反应）的方法还是一个难题。

3.3.7 案例分析——基于猪源特异性拟杆菌16S rRNA基因标记的MST 法在我国的适用性评价及应用

3.3.7.1 猪源特异性拟杆菌16S rRNA基因标记的MST法现状

我国2016年的生猪存栏量约有4.3亿头，其产生的粪污量在我国的养殖业中的占比最大。据年鉴记载，我国2015年养猪所产生粪污量高达17.7亿吨，相比之下禽类产生的粪污量约为8997.6万吨，牛、马等牲畜类排放的粪污也约为千万吨计。养猪业产生的大量粪污主要储于污水池中或者用作肥料，漏排和偷排现象时有发生，对环境水体造成巨大的压力。鉴于此，我国地区的环境管理相关部门急需用于检测地表水体的猪源粪便污染的有效手段。

微生物溯源（Microbial Source Tracking，MST）法出现在20世纪后期，为准确鉴别环境水体中的粪便污染源提供了有效手段，其主要是通过检测宿主特异性肠道微生物如双歧杆菌和拟杆菌等的基因标记或者生化特征等来指示污染源。目前，多数MST法都是基于拟杆菌宿主特异性16s rRNA基因标记作为指示物来指示污染源，并且该法已经成功地在多个地区（如尼泊尔、爱尔兰、加拿大、塔桑尼亚和新西兰等）准确地区分了人类和动物的粪便污染源。但由于动物肠道系统内环境及各类微生物种群之间的相互关系极其复杂，极易受外界环境条件、食物以及其他的一些地区性因素影响，从而导致MST法的适用性存在地区差异性。例如，研究发现在美国被推荐为人类粪便污染指示物的特异性拟杆菌基因标记HF183，并不适用于印度的人源粪便污染判定；而在印度能够有效鉴别人源粪便污染的拟杆菌基因标记BacHum，在新加坡进行粪便污染溯源时的敏感性并不高。因此，在进行地表水粪便污染溯源前，有必要在研究区进行方法的适用性评估，以确定MST法是否适用于该地区。

本研究主要选取了5种猪源相关MST法（PF，Pig-Bac1^{SYBR}，Pig-Bac2^{SYBR}，Pig-1-Bac^{TaqMan}和Pig-2-Bac^{TaqMan}）用于评价其在中国的适用性。据开发者介绍，PF是基于传统PCR的一种MST法；Pig-Bac1^{SYBR}和Pig-Bac2^{SYBR}是基于染料SYBR Green的MST法；Pig-1-Bac^{TaqMan}和Pig-2-Bac^{TaqMan}是基于TaqMan探针的溯源方法。由Dick等和Bernhard等开发的PF法并没有推荐最佳的反应条件，所以需要研究者在研究区域摸索最佳的反应条件。Pig-Bac1^{SYBR}和Pig-Bac2^{SYBR}在日本被验证是有效的鉴别猪源粪便污染的MST法，但在其他地点的验证相对较少。Pig-1-Bac^{TaqMan}和Pig-2-Bac^{TaqMan}不仅有很高的特异性并且可以定量鉴别猪源粪便污染。但是，Malla等发现PF在尼泊尔的特异性仅有57%，与在法国的报道相差甚远（特异性大于90%）。所以本研究的目的是：评价已有的用于猪源粪便污染溯源的MST法在中国地区的适用性；猪源粪便污染MST法在环境水体中的实际应用性检验。

3.3.7.2 材料与方法

（1）样品采集

① 粪便样品采集。2018年间，从我国广西省、河南省、北京市以及内蒙古进行粪便样品采集。针对不同类型的动物，分别取15～20g的新鲜粪便样品装于50mL离心管（Corning Inc.，Tewksbury，MA USA）内，放于冰盒中，尽快送回实验室，-80℃保存。共采集107份新鲜粪便样品，分别为猪79份，人6份，牛6份，羊6份，鸡6份，马4份。其中，对于猪粪便样品，从广西省、河南省和北京市3个地区各随机抽取5个进行后续的MST适用性分析。

② 环境水样采集。对一个规模化养猪场附近河流在环境综合治理前后进行环境水体采样,以评价环境水体中的猪粪污染以及控制状况。该猪场位于H河流旁边,厂区后方紧挨着H河流有两个储粪池用于存放猪场产生的粪污及废水,该河流与J河流交汇。分别在猪场和两河的交汇处的上下游进行环境水样采集,采样点位置如图3.16(见彩插)所示。该猪场北方有两个储污池紧挨着河流H。为了检测河流H是否受到该猪场粪污的污染,在该猪场上下游进行水样采集并检测。但是,H河流与J河流在猪场下游汇合。为了检验是否由于H河流的流入导致河流J受到粪便污染,在两河的汇合点上下游进行采样。进行同样地点的两次采样,以对比环境管理前后两次的猪粪污染情况。

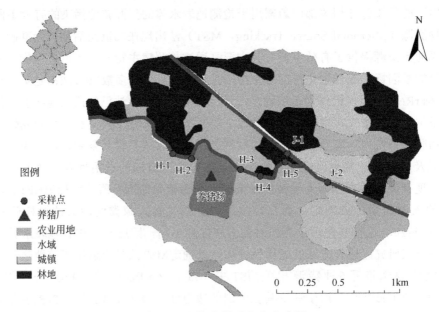

图3.16　环境水样采集点分布图

各采样点采集3份水样,共计21份水样,每份水样约500mL,盛放于无菌水瓶中。所有样品编号后都保存于保温箱中,尽快送回实验室,然后用0.45μm微孔滤膜(Merck Millipore,Billerica,MA,USA)过滤,将滤膜用无菌解剖刀剪碎保存于-80℃(Until Processing)。同时过滤3瓶500mL蒸馏水作为对照样与其水样一起进行后续实验。

(2)基因组DNA提取　采用FastDNA™ Spin Kit for Soil(MP Biomedicals,Solon,OH,USA)试剂盒提取所有粪便和环境水样的基因组DNA。将约0.4g的(每个)粪便样品或者是剪碎的滤膜碎片加入Lysing Matrix E Tube中后,按照说明书加入缓冲液,然后在Fast Prep快速核酸提取仪均质粉碎机(MP Biomedicals,Solon,OH,USA)上进行剧烈振荡,以破碎微生物细胞,释放出核酸。后续提取和纯化步骤均严格按照说明书进行。最后用100μL的DES溶液溶解基因组DNA,并用Nano Drop Spectrophotometer(Thermo Scientific,Wilmington,DE,USA)和Qubit™ 4.0 Fluorometer(Thermo Fisher Scientific,Waltham,MA,USA)检测样品DNA浓度。之后再用抑制去除试剂盒OneStep™ PCR Inhibit or Removal Kit(Zymo Research Corps,Irvine,CA,USA)去除抑制物如多酚类物质、腐殖酸、鞣酸等。再用Nano Drop Spectrophotometer(Thermo Scientific,Wilmington,DE,USA)和Qubit™ 4.0 Fluorometer

（Thermo Fisher Scientific，Waltham，MA，USA）检测样品DNA浓度，浓度和纯度均满足实验需求。将提取的基因组DNA分装后于-20℃保存，用于后续实验。

（3）PCR Assay 采用3种猪源特异性拟杆菌16S rRNA基因标记（PF、Pig-Bac1、Pig-Bac2）作为源指示物，通过PCR Assay对猪源粪便进行定性检测，各个基因标记及其对应的引物序列见表3.17。PCR反应试剂采用TaKaRa Ex Taq（TaKaRa Corporation，Dalian，China）。25μL PCR反应体系包含5μL的10×Ex Taq Buffer（Mg²⁺Plus），4μL的dNTP Mixture（2.5mM each），0.25μL的TaKaRa Ex Taq（5U/μL），1μL的BSA（5mg/mL），各1μL的正反向引物（25μmol/L）和1μL的基因组DNA模板，最后加入无菌超纯水补至25μL。其中BSA的主要作用是去除抑制物如腐殖酸等对PCR实验的抑制作用。试剂配制全过程均在无菌超净台（Airclean® Systems，Creedmoor，NC，USA）中进行。实验设有阴性对照，以判断实验过程中试剂是否受到外界环境等的污染。PF-PCR的反应程序为：预变性95℃、3min，然后30个循环：95℃、30s，53℃、1min，72℃、30s，最后在72℃下延伸10min。值得注意的是，该反应条件下PF-PCR的特异性并不高，所以梯度（1℃）提高退火温度以改善方法特异性。对于Pig-Bac1-PCR和Pig-Bac2-PCR，根据最初Okabe等的报道，该两种方法是基于SYBR Green-qPCR的MST方法，本研究首先采用传统PCR反应评估其特异性，反应程序与Okabe等报道的一致即50℃、2min，95℃、10min，然后40个循环：95℃、15s，62℃、1min。所有PCR产物都用浓度为1%的琼脂糖凝胶进行电泳检测，采用DNA Marker DL2000（TaKaRa Corporation，Dalian，China）作为条带大小对照。

表3.17 各个基因标记及其对应的特异性引物及探针序列

Assay	引物/探针	序列（5′-3′）	终浓度/（μmol/L）	退火温度/℃	扩增子大小/bp
PF-PCR	PF163F	GCGGATTAATACCGTATGA	1	53（本研究为62）	563
	Bac708R	CAATCGGAGTTCTTCGTG	1		
Pig-Bac1-PCR	PS422F	CGGGTTGTAAACTGCTTTTATGAAG	1	62	150
	Bac581R	CGCTCCCTTTAAACCCAATAAA	1		
Pig-Bac2-PCR	Bac41F	TACAGGCTTAACACATGCAAGTCG	1	62	150
	PS183R	CTCATACGGTATTAATCCGCCTTT	1		
Pig-1-Bac-TaqMan qPCR	Bac32F	AACGCTAGCTACAGGCTTAAC	0.2	60	129
	Bac108R	CGGGCTATTCCTGACTATGGG	0.2		
	Bac44p	（FAM）ATCGAAGCTTGCTTTGATAGA TGGCG（BHQ-1）	0.2		
Pig-2-Bac-TaqMan qPCR	Bac41F2	GCATGAATTTAGCTTGCTAAATTTGAT	0.3	60	116
	Bac163R	ACCTCATACGGTATTAATCCGC	0.3		
	Bac113p	（VIC）TCCACGGGATAGCC（NFQ-MGB）	0.2		

（4）qPCR Assay 据Mieszkin等报道，Pig-1-Bac和Pig-2-Bac是两种基于TaqMan-qPCR的定量检测猪源粪便污染的MST法。首先对猪粪便样品DNA中的基因标记Pig-1-Bac和Pig-2-Bac分别进行PCR扩增，对应的引物见表3.17。PCR产物交由某生工生物工程有限公司构建标准质粒。本研究中，TaqMan-qPCR的标准曲线用各自标准质粒DNA的10倍系列梯度稀释（$10^8 \sim 10^2$）溶液的定量检测结果进行绘制，横坐标表示基因拷贝数（Gene Copies，GC）的对数转

换值，即lg GC/μL DNA，纵坐标表示Ct值，即荧光信号到达阈值时所经历的循环数。TaqMan qPCR实验的反应体系（20μL）为：10μL的Premix Ex Taq（Probe qPCR）（TaKaRa Corporation，Dalian，China），0.4μL的ROX Reference Dye（50×），0.4μL的BSA（5mg/mL），0.5μL的基因组DNA，正反引物和探针的加入量依据表3.17的终浓度确定，最后用无菌超纯水补至20μL。所有试剂配制全过程均在无菌超净台中进行。每一个96孔板上设有3个阴性对照（No-Target Detected，NTD），以判断实验过程中试剂是否受到外界环境等污染。使用仪器ABI PRISM® 7300 Real-Time PCR System（Applied Biosystems，Carlsbad，CA，USA）进行qPCR反应，qPCR实验反应程序为预变性95℃、10min，然后40个循环：95℃、15s，60℃、1min。所有样品每次实验进行3个平行检测，共做4次重复实验。qPCR结果用软件SDS System Software v. 1.4.0（Applied Biosystems，Carlsbad，CA，USA）绘制标准曲线以及计算各个样品的Ct值和基因标记浓度，最终浓度单位统一为lgGC/g湿粪便和lgGC/mL水。每次实验结束后计算每个平行样品的Ct值以确保结果的一致性（平行样品之间Ct值差应≤1）。为确保最大限度地减少误差，全程实验用同一套移液枪，并且参照试剂说明书按照对应的仪器配制相应的反应体系。实验的重复性验证用稀释的标准质粒DNA（10^3和10^2GC/μL）作为未知样品进行。

（5）方法的适用性评估　方法的适用性从敏感性（Sensitivity）、特异性（Specificity）和准确性（Accuracy）三个方面进行评估。其中除环境水体样品以外所有粪便样品的结果均用于计算上述三个指标，分别用前述三个公式进行计算。

（6）统计分析　为了选择更适用于在中国进行定量检测猪源粪便污染的MST法，本研究采用R语言对两种定量猪源相关MST法Pig-1-Bac-TaqMan qPCR和Pig-2-Bac-TaqMan qPCR在猪粪便样品中检测到的基因标记的浓度进行t检验，以判断该两种方法检测到的结果是否具有显著差异。

3.3.7.3　结果

（1）定性检测　以猪源特异性拟杆菌16S rRNA基因标记PF、Pig-Bac1、Pig-Bac2作为源指示物，采用对应的特异性引物，以各种动物粪便基因组DNA为模板进行PCR扩增。各个方法检测到的阳性样本数以及特异性、敏感性和准确性见表3.18。

表3.18　各个方法检测到的阳性样本数以及特异性、敏感性和准确性

Assay	各个方法检测的阳性样品数（总样品数）						特异性/%	敏感性/%	准确性/%
	猪（$n=15$）	牛（$n=6$）	羊（$n=6$）	鸡（$n=6$）	人（$n=6$）	马（$n=6$）			
PF-PCR	15	0	0	0	0	0	100	100	100
Pig-Bac1-PCR	14	4	4	3	6	4	25	93	49
Pig-Bac2-PCR	15	6	3	3	5	4	25	100	51
Pig-1-Bac-TaqMan qPCR	15	0	0	0	0	0	100	100	100
Pig-2-Bac-TaqMan qPCR	15	0	0	0	0	0	100	100	100

最初采用53℃的退火温度对PF-PCR进行评估时，结果发现在非目标宿主样品（人、马）中检测到较多的目标条带。凝胶电泳的结果显示在所有的猪粪便样品DNA中都有目标条带

（阳性）检出，且亮度很高；在约83%（5/6）的人类粪便样品和所有的马粪便样品中也有目标条带检出，但条带亮度较低；此外，在猪（12/15，80%）、牛（4/6，67%）、羊（4/6，67%）和人（5/6，83%）的粪便样品中还有许多非特异性扩增条带，但亮度较低。将退火温度梯度（1℃）提高至65℃，其余反应条件不变，发现PF-PCR的最佳退火温度为62℃，且凝胶电泳的结果显示，在该退火温度下所有的猪粪便样本中都可以检测到目标条带，且仅在1头牛和3个人的粪便样品中出现较弱的非特异性扩增条带，其余非目标宿主粪便样品DNA均未出现目标条带和非特异性扩增条带。PCR反应条件优化后发现，PF Assay的特异性、敏感性和准确性都为100%（表3.18）。

Pig-Bac1-PCR和Pig-Bac2-PCR的反应条件均按照方法开发者推荐的反应条件进行实验。凝胶电泳结果显示Pig-Bac1-PCR分别在93%、67%、67%、50%、100%、100%的猪、牛、羊、鸡、人、马的粪便样品中有目标条带检出，且在几乎所有的粪便样品中都检出有非特异性扩增条带，特异性、敏感性和准确性分别为25%、93%和49%（表3.18）。Pig-Bac2-PCR分别在100%、100%、50%、50%、83%、100%的猪、牛、羊、鸡、人、马的粪便样品中有目标条带检出，仅个别样品中有非特异性扩增条带检出，特异性、敏感性和准确性分别为25%、100%和51%（表3.18）。

（2）定量检测　Pig-1-Bac-TaqMan qPCR和Pig-2-Bac-TaqMan qPCR两种定量检测方法在所有的猪粪便样品（$n=15$）中都能检测到浓度较高的基因标记，检测到的基因标记平均浓度分别为（7.950 ± 1.552）lgGC/g湿粪便和（9.200 ± 1.030）lgGC/g湿粪便（图3.17，见彩插）。10^2 GC/μL浓度的质粒和10^3GC/μL浓度的质粒的重复性验证结果显示，Pig-1-Bac-TaqManqPCR和Pig-2-Bac-TaqManq PCR对10^2GC/μL浓度质粒进行检测得到的Ct值的变异系数分别为1.03%和1.46%，对10^3GC/μL浓度质粒进行检测得到的Ct值的变异系数分别为2.27%和1.49%。从图3.17中可以看出，这两种方法在非目标宿主样品中检测到的基因标记浓度明显低于猪粪便样品中的基因标记浓度，可以将猪粪便样品与其他动物宿主粪便样品区分开，且特异性、敏感性以及准确性都为100%（表3.18）。将两种方法在目标宿主样品（猪粪便样品）中检测到的浓度进行t检验，P值为0.074（>0.05），表明这两种定量方法在目标宿主样品中检测到的基因标记浓度无显著差异。但从图3.17中可以看出，Pig-2-Bac-TaqMan qPCR得到的数据的离散性比Pig-1-Bac-TaqMan qPCR小，所以选择Pig-2-Bac-TaqMan qPCR用于后续的实际应用。

（3）实际应用　将PF-PCR与Pig-2-Bac-TaqMan qPCR应用于实际的环境水体猪源粪便污染溯源。采样地点如图3.16所示，在不同时期（约相隔半年）的相同地点进行两次采样，期间环境管理部门对该河段进行了整治。

第一次采集的样品在6个采样点处有目标条带检出，分别是采样点H-1、H-2、H-3、H-4、H-5和J-7（图3.18），其中亮度最高的是采样点H-5处，亮度最低的是采样点J-7处。定量检测结果也显示该6处样品的基因标记浓度都高于空白对照，其余1个采样点J-6处样品的基因标记浓度与空白对照值相差不大。在这6个有阳性检出的采样点中，样品基因标记的浓度最高在H-5处达到了约3.71lgGC/mL水，最低在J-7处约为2.83lgGC/mL水（图3.19，见彩插）。第二次采集水样前，据相关环境管理部门表示已对该养猪场进行管理，填埋了该厂区外的储粪池，并且该河流也已经过了治理（清理底泥等）。治理后的水样定性检测结果显示，所有水样均为阴性，未出现任何目标条带，定量检测结果也显示所有水样基因标记的浓度都较接近空白对照值。

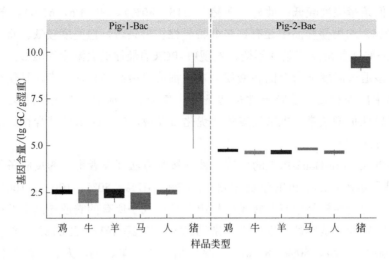

图3.17　定量方法在所有粪便样品中检测到基因标记的浓度分布

每个箱线图显示每种宿主粪便样品中检测到的基因标记浓度的中位数以及上、下四分位数。

不同颜色代表不同宿主的样品。红色的虚线将不同的检测方法分开

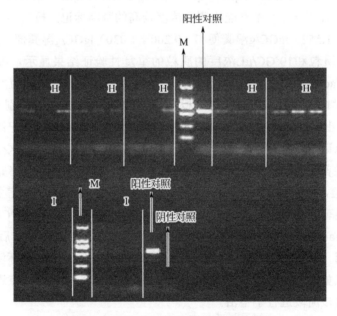

图3.18　第一次环境水样定性检测结果

白线将不同采样点分开，采样点编号标于两条白线之间

3.3.7.4　讨论

（1）MST适用性评估　有研究表明，微生物在适应不同地区动物宿主肠道内环境的同时发生了遗传变异性，所以基于基因标记的MST法在不同地区的适用性可能会存在差异。该研究结果表明，在MST法得到实际应用前，尤其是没有相关地区MST法应用报道时，需要对MST法的适用性进行评估，充分了解其特异性、敏感性、准确性等，以判断方法是否适用。

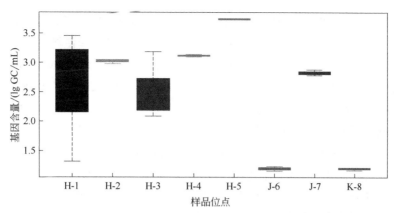

图3.19 第一次环境水样基因标记平均浓度分布

每个箱线图显示了每个采样点水样中检测到的基因标记浓度的中位数以及上、

下四分位数。不同颜色代表不同的采样点

PF-PCR最初由Dick等和Bernhard等开发出来，先后在不同地区进行适用性评估，并且已在多个国家有效地检测猪源粪便污染。笔者对该方法在中国进行评价并对其反应条件进行优化，结果发现在65℃的时候该方法可以达到100%的特异性和准确性。在加拿大，PF-PCR的敏感性、特异性和准确性都为100%，被推荐可用于当地地表水体的猪源粪便污染溯源。但也有研究发现，该方法与鸡、牛和羊等粪便样品发生交叉反应，导致此方法在不同地区的特异性和准确性差异较大；但该方法在所有研究地区所有的猪粪便样品中都能检测到基因标记，敏感性都为100%。在本研究中，最初采用53℃的退火温度进行实验时发现该方法主要与人的粪便样品发生交叉反应；优化后该方法与非目标样品之间没有发生交叉反应，在所采集的样品中表现出了极高的敏感性、特异性和准确性（表3.18）。

本研究所采用的基于基因标记Pig-Bac1和Pig-Bac2的两种定性方法最初是由Okabe等开发的，通过SYBR Green qPCR对猪源粪便污染进行定量检测的MST法。SYBR Green qPCR方法容易受到非特异性扩增的干扰，可能会导致假阳性检出。因此，本研究通过琼脂糖凝胶电泳对Pig-Bac1-PCR和Pig-Bac2-PCR的PCR扩增产物Patterns进行检测。检测结果显示，本研究中这两种方法在非目标宿主(人、鸡、牛、羊和马)粪便样品中都有较亮的阳性扩增条带检出，特异性和准确性均很低（表3.18），所以在本研究中没有对这两种方法进行优化。本研究结果与中国珠江三角洲地区的研究结果类似，他们也发现这两种方法与鸡和牛等非目标宿主粪便样品发生交叉反应，可能是由于中国的气候条件和人类饮食习惯以及动物的饲养模式与西方国家存在差异，产生不同的肠道环境，使肠道微生物产生了遗传多样性，影响了MST法在中国的适用性。此外，Mieszkin等在法国的研究结果也发现Pig-Bac2在非目标宿主(人、牛、羊和马)粪便样品中产生了阳性信号（假阳性），特异性约为54%。但这种方法最初在日本被Okabe等开发出来的时候并没有发现有交叉反应的现象发生，且仅在目标宿主粪便样品中产生阳性结果。总体来说，这两种方法受地区因素影响较大，并不适用于在中国进行猪源粪便污染MST。

Pig-1-Bac-TaqMan qPCR和Pig-2-Bac-TaqMan qPCR是两种基于猪源特异性拟杆菌基因标记的定量MST法，可对猪源粪便污染进行定量检测，据开发者Mieszkin等报道，具有很高的敏感性（分别是98%和100%）和特异性（都是100%）。但有研究报道该两种方法存在交叉反应。例如，在加拿大的研究发现Pig-1-Bac-TaqMan qPCR与鸡的粪便样品发生了交叉反应。此外，在美国北卡罗来纳州，Pig-1-Bac-TaqMan qPCR和Pig-2-Bac-TaqMan qPCR的敏感性也有所降低，分别为80%和87%。而在本研究中，这两种方法都表现出了最高的敏感性和特异性（都为100%），没有与任何非目标样品发生交叉反应。但Pig-2-Bac-TaqMan qPCR检测到的基因标记浓度数据的离散度明显优于Pig-1-Bac-TaqMan qPCR（图3.17），并且其标准曲线R^2值高达0.99。因此，Pig-2-Bac-TaqMan qPCR能够提供更为稳定可靠的定量数据。

（2）实例应用　根据河流治理前后两次溯源分析结果来看，治理前共有6处（分别是H-1、H-2、H-3、H-4、H-5和J-7）水样，都存在一定的猪源粪便污染（图3.18和图3.19）。凝胶电泳的条带亮度表明粪便污染的程度（图3.18），其中亮度最高和最低的条带分别是H-5和J-7处，定量检测结果与定性检测结果相吻合，也显示出基因标记的在这两个点处的浓度分别达到最高和最低（图3.19）。至于在H-5处的基因标记浓度最高，可能是由于该处水位较低，流量较慢，加之河水蒸发，导致粪便在此处富集，所以基因标记在此处的浓度最高。两条河汇合前J-6处样品并无阳性结果检出（图3.18），汇合后水量瞬间增多，水流速度猛增，粪便被稀释，在汇合点下游J-7处可检测到较弱的目标条带，定量结果也显示此处基因标记浓度高于空白对照值（图3.19），应该是河流汇入导致了J-7处河水的猪源粪便污染。值得注意的是，在H-1和H-3这两个采样点处的6个（每个点3个）水样没有全部被检出阳性结果（图3.18），使同一个采样点3个样品的定量检测结果差异较大（图3.19），可能是由于环境水体中粪便分布不均匀所导致的。因此，将MST法应用于实际的地表水体粪便污染溯源中时应注意样品的代表性，必要时在一个地方的不同位置进行多次采样，以得到较为丰富和全面的污染源检测信息。

根据以上检测结果，相关环境管理部门针对性地对该养猪场进行整治，填埋储污池，治理了河水并清理了河道底泥。从治理后的污染源定性检测结果来看，所有的采样点处样品均已无猪源粪便污染，表明该河段经过管理后有效控制了猪源粪便的污染。这表明本研究所采用的PF-PCR和Pig-2-Bac-TaqMan qPCR两种猪源粪便MST法有助于环保部门对地表水体猪源粪便污染进行有效监管。

总体来说，这两种方法均能用于在中国环境水体中进行猪源粪便污染溯源。PF法简单、易操作，更适用于环保部门现场实时检测粪便污染的存在与否。但若想得到粪便污染程度的相关信息，可选用Pig-2-Bac^{TaqMan}进行检测。

参考文献

[1] 揣小明. 我国湖泊富营养化和营养物磷基准与控制标准研究［D］. 南京：南京大学，2011.

[2] 张亚丽. 我国蒙新高原湖区湖泊营养物基准制定技术研究［D］. 北京：中国环境科学研究院，2012.

[3] 朱欢迎. 滇池草海富营养化和营养物磷基准与控制标准研究［D］. 昆明：昆明理工大学，2015.

[4] Huo S, et al. Determining reference conditions for TN, TP, SD and Chl-a in eastern plain ecoregion lakes, China. Journal of Environmental Sciences，2013，25（5）：1001-1006.

[5] 唐小晴. 突发性水环境污染事件的环境损害评估方法与应用［D］. 北京：清华大学，2012.

[6] Barnthouse L W, Stahl Jr R G. Quantifying natural resource injuries and ecological service reductions: Challenges and opportunities［J］. Environmental Management，2002，30（1）：1-12.

［7］Hertwich E G，McKone T E，Pease W S. A systematic uncertainty analysis of an evaluative fate and exposure model ［J］. Risk Analysis，2000，20（4）：439-454.

［8］罗园. 基于生态系统的河流污染损害评估方法与应用 ［D］. 北京：清华大学，2014.

［9］Chambers P，et al. Development of Environmental Thresholds for Nitrogen and Phosphorus in Streams ［J］. Journal of environmental quality，2012. 41：7-20.

［10］Baker M E，King R S. A new method for detecting and interpreting biodiversity and ecological community thresholds ［J］. Methods in Ecology and Evolution，2010.

［11］King R S，Richardson C J. Integrating Bioassessment and Ecological Risk Assessment：An Approach to Developing Numerical Water-Quality Criteria ［J］. Environmental Management，2003，31（6）：795-809.

［12］Dodds W K，Carney E，Angelo R T. Determining ecoregional reference conditions for nutrients，Secchi depth and chlorophyll a in Kansas lakes and reservoirs ［J］. Lake and Reservoir Management，2006，22（2）：151-159.

［13］Chislock M F，et al. Eutrophication：causes，consequences，and controls in aquatic ecosystems ［J］. Nature Education Knowledge，2013，4（4）：10.

［14］齐雨. 中国淡水藻志. 第四卷，硅藻门，中心纲 ［M］. 北京：科学出版社，1995.

［15］Padisák J，Crossetti L O，Naselli-Flores L. Use and misuse in the application of the phytoplankton functional classification：a critical review with updates ［J］. Hydrobiologia，2009，621（1）：1-19.

［16］Rimet F，Bouchez A. Life-forms，cell-sizes and ecological guilds of diatoms in European rivers ［J］. Knowledge & Management of Aquatic Ecosystems，2012（406）：1283-1299.

［17］Stevenson R J，et al. Algae–P relationships，thresholds，and frequency distributions guide nutrient criterion development ［J］. Journal of the North American Benthological Society，2008，27（3）：783-799.

［18］Cowling S A，Shin Y. Simulated ecosystem threshold responses to co-varying temperature，precipitation and atmospheric CO_2 within a region of Amazonia ［J］. Global Ecology and Biogeography，2006，15（6）：553-566.

［19］Black R W，Frankforter M J D. Response of algal metrics to nutrients and physical factors and identification of nutrient thresholds in agricultural streams［J］. Environmental Monitoring&Assessment，2011，175（1-4）：397-417.

［20］Chambers P A，et al. Development of environmental thresholds for streams in agricultural watersheds ［J］. Journal of Environmental Quality，2012，41（1）：1-6.

［21］Smith A J，et al. Regional nutrient thresholds in wadeable streams of New York State protective of aquatic life ［J］. Ecological Indicators，2013，29（6）：455-467.

［22］Dodds W K，et al. Thresholds，breakpoints，and nonlinearity in freshwaters as related to management ［J］. Journal of the North American Benthological Society，2010，29（3）：988-997.

［23］Soininen J，Niemelä P. Inferring the phosphorus levels of rivers from benthic diatoms using weighted averaging ［J］. Archiv Fur Hydrobiologie，2002，154（1）：1-18.

［24］Beyene A，Awoke A，Ludwig Triest. Validation of a quantitative method for estimating the indicator power of, diatoms for ecoregional river water quality assessment ［J］. Ecological Indicators，2014，37（PT.A）：58-66.

［25］宁波市环境监测中心，快速检测技术及在环境污染与应急事故监测中的应用 ［M］. 北京：中国环境科学出版社，2011.

［26］戚佳琳. 工业产品与生态环境中有机锡化合物的形态分析与应用研究 ［D］. 青岛：中国海洋大学，2013.

［27］钱盘生. 关于工业废水的危害和有效治理的几点建议 ［J］. 环球人文地理，2017（9）：226.

［28］邓琴. 浏阳市点源污染对水体环境的影响及防治对策研究［D］. 长沙：湖南农业大学，2010.

［29］张曦. 拟杆菌16S rRNA基因在饮用水污染溯源方法中的应用研究［D］. 北京：中国农业科学院，2011.

［30］陈媛华. 河流突发环境污染事件源项反演及程序设计［D］. 哈尔滨：哈尔滨工业大学，2011.

［31］侯海林. 一类溶质运移方程的数值解法及地下水污染源识别问题［D］. 济南：山东大学，2011.

［32］牟行洋. 基于微分进化算法的污染物源项识别反问题研究［J］. 水动力学研究与进展A辑，2011，26（1）：24-30.

［33］Mahmoud M E，et al. Removal，preconcentration and determination of trace heavy metal ions in water samples by AAS via chemically modified silica gel N-（1-carboxy-6-hydroxy）benzylidenepropylamine ion exchanger［J］. Desalination，2010，250（1）：62-70.

［34］Karaaslan N M，et al. Novel polymeric resin for solid phase extraction and determination of lead in waters［J］. CLEAN-Soil，Air，Water，2015，38（11）：1047-1054.

［35］Mirzaei M，et al. Simultaneous separation/preconcentration of ultra trace heavy metals in industrial wastewaters by dispersive liquid–liquid microextraction based on solidification of floating organic drop prior to determination by graphite furnace atomic absorption spect［J］. Journal of Hazardous Materials，2011，186（2-3）：1739-1743.

［36］王会霞. 离子色谱法测定水中亚氯酸盐、氯酸盐和高氯酸盐［J］. 中国卫生检验杂志，2015（19）：3250-3252.

［37］杨梅. 液液萃取-气相色谱法测定水体中的45种有机氯和菊酯类农药残留［J］. 农药科学与管理，2014，35（10）：32-38.

［38］王伟. HPLC法测定水中16种多环芳烃［J］. 环境科学与管理，2009，34（7）：108-111.

［39］李晓娟. 固相萃取——超高效液相色谱串联质谱法对杭州市不同水环境中13种痕量药物残留状况的检测及分析［D］. 杭州：浙江大学，2011.

［40］Castillo，et al. Characterisation of organic pollutants in textile wastewaters and landfill leachate by using toxicity-based fractionation methods followed by liquid and gas chromatography coupled to mass spectrometric detection［J］. Analytica Chimica Acta，2001，426（2）：253-264.

［41］Merijn S，et al. High-resolution mass spectrometric identification and quantification of glucocorticoid compounds in various wastewaters in the Netherlands［J］. Environmental Science & Technology，2010，44（12）：4766-74.

［42］Dsikowitzky L，Schwarzbauer J. Organic Contaminants from Industrial Wastewaters：Identification，Toxicity and Fate in the Environment［J］. Environmental Chemistry Letters，2013，12（3）：371-386.

［43］Oxana B，Jan S，Nadia A S. Identification and chemical characterization of specific organic indicators in the effluents from chemical production sites［J］. Water Research，2011，45（12）：3653-3664.

［44］Keith C，Rick C. Qualitative analysis and the answer box：a perspective on portable Raman spectroscopy［J］. Analytical Chemistry，2010，82（9）：3419.

［45］Fingas M. Chapter 3 - Introduction to Oil Chemistry and Properties，in Oil Spill Science and Technology［M］. Boston：Gulf Professional Publishing，2011:51-59.

［46］Sturchio N C，et al. Chlorine-36 as a Tracer of Perchlorate Origin［J］. Environmental Science & Technology，2009，43（18）：6934-6938.

［47］Wuerfel O，et al. Position-specific isotope analysis of the methyl group carbon in methylcobalamin［J］. Analytical and Bioanalytical Chemistry，2013，405（9）：2833.

［48］Sascha U，et al. Sources and deposition of polycyclic aromatic hydrocarbons to Western U.S. national parks［J］. Environmental Science & Technology Technology，2010，44（12）：4512-4518.

［49］ 杨子臣. 基于三维荧光谱技术的矿物油种类鉴别［D］. 秦皇岛：燕山大学，2013.

［50］ 王燕. 污废水化学指纹的分析提取［D］. 北京：北京化工大学，2013.

［51］ 李彩鹦. 污水化学指纹数据库的构建及其在水污染溯源中的应用［D］. 北京：北京化工大学，2013.

［52］ Chen Y，et al. Evolution and standard comparison of indicator microorganisms for different surface waters ［J］. Acta Scientiae Circumstantiae，2015，35（2）：337-351.

［53］ Wang F，et al. The estimation of the production amount of animal manure and its environmental effect in China ［J］. China Environmental Science，2006，26（5）：614-617.

［54］ Harwood V J，et al. Microbial source tracking markers for detection of fecal contamination in environmental waters：relationships between pathogens and human health outcomes ［J］. Fems Microbiology Reviews，2014，38（1）：1-40.

［55］ Domingo J W S，et al. Quo vadis source tracking? Towards a strategic framework for environmental monitoring of fecal pollution ［J］. Water Research，2007，41（16）：3539-3552.

［56］ Oun A，et al. Effects of biosolids and manure application on microbial water quality in rural areas in the US ［J］. Water，2014，6（12）：3701-3723.

［57］ Tremblay L A，Gadd J B，Northcott G L. Steroid estrogens and estrogenic activity are ubiquitous in dairy farm watersheds regardless of effluent management practices ［J］. Agriculture，Ecosystems & Environment，2018，253，48-54.

［58］ Ao J，Ruan X，Wan Y. Development of Microbial Source Tracking of Fecal Pollution in Water ［J］. Journal of Environment and Health，2012，29（7）：658-662.

［59］ Sun H，et al. Diversity，abundance，and possible sources of fecal bacteria in the Yangtze River ［J］. Applied Microbiology and Biotechnology，2017，101（5）：2143-2152.

［60］ Byappanahalli M N，et al. Enterococci in the Environment ［J］. Microbiology and Molecular Biology Reviews，2012，76（4）：685-706.

［61］ Parveen S，et al. Association of multiple-antibiotic-resistance profiles with point and nonpoint sources of Escherichia coli in Apalachicola bay ［J］. Applied and Environmental Microbiology，1997，63（7）：2607-2612.

［62］ Roslev P，Bukh A S. State of the art molecular markers for fecal pollution source tracking in water ［J］. Applied Microbiology and Biotechnology，2011，89（5）：1341-1355.

［63］ Bernhard A E，Field K G. A PCR assay to discriminate human and ruminant feces on the basis of host differences in Bacteroides-Prevotella genes encoding 16S rRNA［J］. Applied and Environmental Microbiology，2000，66（10）：4571-4574.

［64］ Li X，et al. A Novel Microbial Source Tracking Microarray for Pathogen Detection and Fecal Source Identification in Environmental Systems ［J］. Environmental Science & Technology，2015，49（12）：7319-7329.

［65］ Dubinsky，E A，et al. Application of Phylogenetic Microarray Analysis to Discriminate Sources of Fecal Pollution ［J］. Environmental Science & Technology，2012，46（8）：4340-4347.

［66］ Tan B，et al. Next-generation sequencing（NGS）for assessment of microbial water quality：current progress，challenges，and future opportunities ［J］. Frontiers in Microbiology，2015（6）：1-20.

［67］ Hagedorn C，Blanch A R，Harwood V J. Microbial source tracking：methods，applications，and case studies ［M］. New York：Springer，2011.

［68］ Scott T M，et al. Potential use of a host associated molecular marker in Enterococcus faecium as an index of human fecal pollution ［J］. Environmental Science & Technology，2005，39（1）：283-287.

［69］ McQuaig S M，et al. Detection of human-derived fecal pollution in environmental waters by use of a PCR-based human polyomavirus assay ［J］. Appl Environ Microbiol，2006，72（12）：7567-7574.

［70］ Harwood V J，et al. Validation and field testing of library-independent microbial source tracking methods in the Gulf of Mexico ［J］. Water Research，2009，43（19）：4812-4819.

［71］ Kildare B J，et al. 16S rRNA-based assays for quantitative detection of universal，human-，cow-，and dog-specific fecal Bacteroidales：A Bayesian approach ［J］. Water Research，2007，41（16）：3701-3715.

［72］ Griffith J F，et al. Evaluation of rapid methods and novel indicators for assessing microbiological beach water quality ［J］. Water Research，2009，43（19）：4900-4907.

［73］ Shanks O C，et al. Performance of PCR-Based Assays Targeting Bacteroidales Genetic Markers of Human Fecal Pollution in Sewage and Fecal Samples ［J］. Environmental Science & Technology，2010，44（16）：6281-6288.

［74］ Venegas C，et al. Microbial source markers assessment in the Bogota River basin（Colombia）［J］. J Water Health，2015，13（3）：801-810.

［75］ Gomez-Donate M，et al. New Molecular Quantitative PCR Assay for Detection of Host-Specific Bifidobacteriaceae Suitable for Microbial Source Tracking［J］. Applied and Environmental Microbiology，2012，78（16）：5788-5795.

［76］ Khatib L A，Tsai Y L，Olson B H. A biomarker for the identification of swine fecal pollution in water，using the STII toxin gene from enterotoxigenic Escherichia coli ［J］. Applied Microbiology and Biotechnology，2003，63（2）：231-238.

［77］ Mieszkin S，et al. Estimation of Pig Fecal Contamination in a River Catchment by Real-Time PCR Using Two Pig-Specific Bacteroidales 16S rRNA Genetic Markers ［J］. Applied and Environmental Microbiology，2009，75（10）：3045-3054.

［78］ Zhang Y，et al. Microbial source tracking of fecal contamination in the Pearl River Delta region ［J］. China Environmental Science，2017，37（9）：3446-54.

［79］ Nshimyimana J P，et al. Bacteroidales markers for microbial source tracking in Southeast Asia ［J］. Water Research，2017，118：239-248.

［80］ Erika V D B，Tom D W，Luc D V. Enterocin A production by Enterococcus faecium FAIR-E 406 is characterised by a temperature-and pH-dependent switch-off mechanism when growth is limited due to nutrient depletion ［J］. International Journal of Food Microbiology，2006，107（2）：159-170.

［81］ Green H C，et al. Genetic markers for rapid PCR-based identification of gull，Canada goose，duck，and chicken fecal contamination in water ［J］. Applied and Environmental Microbiology，2012，78（2）：503-510.

［82］ Dridi B，et al. High prevalence of Methanobrevibacter smithii and Methanosphaera stadtmanae detected in the human gut using an improved DNA detection protocol ［J］. PLoS One，2009，4（9）：7063.

［83］ Caldwell J M，Raley M E，Levine J F. Mitochondrial multiplex real-time PCR as a source tracking method in fecal-contaminated effluents ［J］. Environmental Science & Technology，2007，41（9）：3277-3283.

［84］ Nguyet-Minh V，et al. Fecal source tracking in water using a mitochondrial DNA microarray ［J］. Water Research，2013，47（1）：16-30.

［85］ 杨静. 生活污水中人类肠道病毒的浓缩分离及其在环境监测中的应用研究 ［D］. 济南：山东大学，2012.

[86] Rezaeinejad S, et al. Surveillance of enteric viruses and coliphages in a tropical urban catchment [J]. Water Research, 2014, 58: 122-131.

[87] Lee C S, et al. Occurrence of human enteric viruses at freshwater beaches during swimming season and its link to water inflow [J]. Science of the Total Environment, 2014, 472: 757-766.

[88] Jiang S C, et al. Microbial source tracking in a small southern California urban watershed indicates wild animals and growth as the source of fecal bacteria[J]. Applied Microbiology and Biotechnology, 2007, 76(4): 927-934.

[89] Xi Z, et al. Potential Use of Bacteroidales Specific 16S rRNA in Tracking the Rural Pond-drinking Water Pollution [J]. Journal of Agro-Environment Science, 2011, 30 (9): 1880-1887.

[90] Raith M R, et al. Comparison of PCR and quantitative real-time PCR methods for the characterization of ruminant and cattle fecal pollution sources [J]. Water Research, 2013, 47 (18): 6921-6928.

[91] Lietard J, et al. High-Density RNA Microarrays Synthesized In Situ by Photolithography [J]. Angewandte Chemie-International Edition, 2018, 57 (46): 15257-15261.

[92] Inoue D, et al. High-Throughput DNA Microarray Detection of Pathogenic Bacteria in Shallow Well Groundwater in the Kathmandu Valley, Nepal [J]. Current Microbiology, 2015, 70 (1): 43-50.

[93] Brown C M, et al. A High-Throughput DNA-Sequencing Approach for Determining Sources of Fecal Bacteria in a Lake Superior Estuary [J]. Environmental Science & Technology, 2017, 51 (15): 8263-8271.

[94] Stewart J R, et al. Recommendations following a multi-laboratory comparison of microbial source tracking methods [J]. Water Research, 2013, 47 (18): 6829-6838.

[95] Boehm A B, et al. Performance of forty-one microbial source tracking methods: A twenty-seven lab evaluation study [J]. Water Research, 2013, 47 (18): 6812-6828.

[96] Layton B A, et al. Performance of human fecal anaerobe-associated PCR-based assays in a multi-laboratory method evaluation study [J]. Water Research, 2013, 47 (18): 6897-6908.

[97] Harwood V J, et al. Performance of viruses and bacteriophages for fecal source determination in a multi-laboratory, comparative study [J]. Water Research, 2013, 47 (18): 6929-6943.

[98] 苏丹. 水环境污染源解析研究进展 [J]. 生态环境学报, 2009, 18 (2): 749-755.

[99] 陈锋. 地表水环境污染物受体模型源解析研究与应用进展 [J]. 南水北调与水利科技, 2016, 14 (2): 32-37.

[100] 贝迪恩特. 地下水污染-迁移与修复 [M]. 北京: 中国建筑工业出版社, 2010.

[101] 张水燕. 流域重点工业污染源识别特征成分谱建立技术 [J]. 中国环境监测, 2014, 30 (03): 85-89

[102] 刘小静. 三维荧光光谱分析技术的应用研究进展 [J]. 河北工业科技, 2012, 136 (6): 422-425.

[103] 孙媛媛. 荧光光谱法在环境监测中的应用 [J]. 环境监测管理与技术, 2000 (3): 12-6.

[104] 吕清. 基于水纹识别的水体污染溯源案例研究 [J]. 光谱学与光谱分析, 2016, 36 (8): 2590-2595.

[105] 吕清. 水纹预警溯源技术在地表水水质监测的应用 [J]. 中国环境监测, 2015, 173 (1): 152-156.

第 **4** 章

淡水生态环境损害程度判定理论与技术

4.1 背景

4.1.1 国外淡水生态环境损害评估

4.1.1.1 法律法规与技术规范

发达国家在其自身生态环境保护发展历程中，将淡水生态环境损害相关立法及管理模式、损害评估方法与导则、淡水生态环境价值理念和自然文化融为一体，逐渐形成了独特的淡水生态环境损害评估制度，演变出健全的淡水生态环境保护和环境权益保障体系。美国、欧盟、日本、加拿大及澳大利亚等国家和地区均结合其社会经济环境发展的阶段和特征，开展了丰富的淡水生态环境损害评估理论研究及实践应用，对淡水生态环境损害评估的定义、目标、对象、内容都做出了明确界定，逐渐形成了类型各异的基于污染者付费原则的淡水生态环境损害评估制度。

（1）美国　作为世界上最早开展自然资源环境损害评估（Natural Resource Damage Assessment，NRDA）研究的国家，美国在《清洁水法》（CWA，1977年）和《油污法》（OPA，1990年）中授权有关部门制定了淡水生态环境的自然资源损害评估制度，目的是确定并量化生态环境污染造成的淡水生态环境损害，为损害赔偿提供技术依据。其中，CWA主要针对石油及有害物质排放污染水生态环境造成环境损害的评估与赔偿，OPA主要针对油类物质泄漏的处置和请求赔偿；CWA偏向于生态环境损害，OPA倾向于生态环境损害评估，赔偿范围较CWA有所拓展，既包括生态环境公益损害，还包括生态环境私益损害评估与赔偿。1994年，美国内政部（DOI）依据CWA发布了关于自然资源评估程序的规章（43 CFR Part 11）相关的技术导则和评估工作手册，开发了相关评估模型，自然资源评估程序的规章（43 CFR

Part 11）明确了自然资源损害评估规章的目的、适用范围、定期审查要求、术语和定义、评估程序、评估内容、评估方法和技术要求，并就该规章与相关法律和标准的衔接性等进行了阐述；1996年，美国商贸部的国家海洋和大气管理局（NOAA）依据OPA发布了自然资源损害评估规章（15 CFR Part 990），包括预评估、损害评估、主要恢复行动、恢复计划阶段技术导则。自然资源损害评估规章（15 CFR Part 990）规定了自然资源损害评估规章的目的、适用范围、定期审查要求、术语和定义、评估程序、评估内容、评估方法和技术要求，并就该规章与相关法律和标准的衔接性等进行了阐述。自然资源损害评估规章（15 CFR Part 990）对油污染导致的自然资源损害评估不同阶段，如损害确认、预评估期、基本修复、修复计划等的技术方法进行了详细规定。自然资源损害评估规章（15 CFR Part 990）明确定义了溢油事件的责任方、责任范围、责任上限等概念，成为美国处理相关溢油事件的主要技术依据；美国鱼类和野生动物管理局也发布了自然资源损害评估指南《自然资源损害评估手册：经济学的作用》，用于规范、指导和推动美国渔业及野生动物管理部门的自然资源损害评估工作。

美国NRDA主要分为4个阶段：预评估期、评估计划期、评估期和后评估期。预评估旨在确定自然资源或者其服务功能是否受到了损害，该阶段的工作还包括应急响应机构或其他利益相关方将事件通知自然资源受托人〔根据美国联邦《综合环境反应、赔偿和责任法》（CERCLA）和《石油污染法》（OPA）等法律，美国内政部、商务部（DOC）、农业部（USDA）、国防部（DOD）、能源部（DOE）、州政府、印第安部落组织以及外国政府等均可作为自然资源受托人〕、启动应急行动、必要时进行取样试验、对处于危险的自然资源或其资源的服务功能进行初步确认和评估。如预评估结论提示应进行损害评估，则评估者需制定评估计划，自然资源受托人在制定评估计划时，应对应选择其拟采用的评估类型。评估计划制定后，自然资源受托人应针对评估计划中所选择的评估类型采取不同的执行方式。在评估期，自然资源受托人应进行损害判定，确定发生损害后，开展因果关系判定、自然资源损害量化评估，通过确定"基线"，对受损害自然资源提供的服务数量和质量相对于基线状态的减少程度开展量化评估，评估过程常用的方法有资源对等法、服务对等法、等值分析法、等替代等值分析法，评估结束后，自然资源受托人应编写包含预评估、评估计划和评估过程等有关信息的评估报告，以评估报告为依据，向潜在责任方提交缴纳损害赔偿金和评估费用的书面要求。

（2）欧盟 从20世纪90年代开始，欧盟成员国开始关注污染造成的生态环境损害，但欧盟成员国针对生态环境损害评估的立法仅涉及生态环境损害方面，并不涉及损害评估与赔偿。2000年欧盟出台了水框架指令（2000/60/EC），2004年，欧盟颁布了第1部具有严格环境责任的环境责任指令（ELD，2004/35/CE），该法案为强制执行。基于生态环境污染损害预防以及受损生态环境恢复理念，ELD法案要求欧盟成员国在3年内完成本国相关法律的转变。根据ELD法案，生态环境损害的范围严格限定在包含欧盟水框架指令（2000/60/EC）涉及的水生态环境等在内的三大类并对应制定不同的责任层级规定。2006年意大利根据ELD法案较早转化为本国法律（No.152/2006），并据此开展了生态环境损害评估实践。ELD法案推荐在环境损害评估和生态环境修复时选用资源等值法，包括初始评估、损害确定和损害量化、损害价值量化、修复方案、后续监测和报告五部分。

（3）日本 20世纪60年代后期，日本开始正式重视环境保护。1970年日本出现环境立法高潮，将保护人体生命健康和生态环境作为环境立法的首要宗旨。根据环境介质不同，日本

《环境基本法》将公害分为大气污染、水污染、土壤污染、噪声污染、震动污染、地面下沉及恶臭共7类典型公害，公害事实一旦被确定，受害者诉求范围非常宽泛，包括赔偿实际损失、停止侵害行为和赔偿预期可能的损失。

4.1.1.2 淡水生态环境损害赔偿范围实践

（1）从禁止阻碍通航到清除污染 美国对淡水生态环境损害的认识是逐步深入的，由最初的污染排放行为导致的财产损害（如渔业）、突发性水环境污染事件导致的人身损害、财产损害和自然资源损害，到累积污染事件对水生生物的毒性效应评估。1899年通过的《河流和港口拨款法》不允许在航道上排放和沉积废弃物，其目标在于禁止阻碍通航，而非防止污染或清除污染。1948年颁布的《联邦水污染控制法》旨在鼓励各州制定并实施水体污染标准，并无法阻止突发性污染排放对水体环境造成的破坏。1970年出台的《水质改善法》首次规定了针对船舶的溢油泄漏责任和赔偿制度。1972年通过的《联邦水污染控制法修正案》，使得水污染防治成为一项国家政策，该法案直接禁止在美国通航水域排放石油，并授予联邦政府执法、清除溢油，以及要求全额赔偿的权利。1977年颁布的《清洁水法》法案，覆盖范围扩大到潜在的溢油泄漏，地域范围扩大到深水港和外大陆架的活动，提高了污染者的赔偿责任限额。该法案将自然资源重置或恢复成本作为损害费用的一部分，损害费用的定义为"船东或经营者清除溢油或有害物质的费用"。1989年生效的《油污法》设立了油污基金（OSLTF）以提供清除等相关资金支持，明确指出赔偿责任包括油污清理费用和损害赔偿费用（包括自然资源损害，动产或不动产损害，生计损失，政府的税收、版税或者利润损失，利润和收入损失以及公共服务费用等）。

（2）从清除污染到"恢复" 针对淡水生态环境污染事件的处置，在污染清除措施实施期间，由于污染物排放并在环境介质中迁移所导致的生态环境资源或服务质量下降，损失的这部分生态环境资源或其服务，并不一定可以在"清除"后得到补偿；此外，即使污染清除措施可以使降低的生态环境资源及其服务水平恢复至基线，在恢复期间的"期间损失"也并未得到补偿及恢复。因此，国外研究者们认为针对淡水生态环境污染事件的处置，除了实施污染清除措施外，还应该采取恢复措施。43 CFR Part 11在损害量化部分将价值分为两部分：一是自然生态环境资源修复、重置或获取同等受损自然生态环境资源及其提供的服务所需要的费用；二是补偿价值，即在损害发生到自然生态环境资源的服务修复到基线的期间损失。该规章并未将补偿价值的计算方法局限于非货币化评估方法，而是给予自然资源受托人可选余地。根据发布的自然资源损害评估规章（15 CFR Part 990），美国国家海洋和大气管理局明确了损害赔偿可以分为三部分：一是重建、复原、更换或取得受损自然生态环境资源的类似等价物的成本；二是自然生态环境资源在进行重建期间价值的减少；三是上述损害赔偿的评估费用。

淡水生态环境损害赔偿范围在美国立法实践中的发展见表4.1。

表4.1 淡水生态环境损害赔偿范围在美国立法实践中的发展

法规、指南	颁布年份	内 容
《河流和港口法案》	1899年	将《纽约港法案》的宗旨扩展到全国范围；新法案只对较轻的罪行做出了规定，并未规定恢复污染损害的法定权利。该法案的主要目的是禁止阻碍通航，不允许在航道上排放和沉积废弃物
《联邦水污染控制法》	1948年	联邦政府鼓励各州制定并实施国家水体污染标准，无法阻止突发性的污染排放对水环境造成的破坏
《水质改善法》	1970年	第一次规定了针对船舶的石油泄漏责任和赔偿制度

法规、指南	颁布年份	内　　容
《联邦水污染控制法修正案》	1972年	水污染防治成为一项国家政策，该法案直接禁止在美国通航水域排放石油，授予联邦政府执法、清除污染物并要求全额赔偿的权利
《清洁水法》	1977年	覆盖范围扩大到潜在的石油泄漏，地域范围扩大到深水港口和外大陆架的活动，并提高了污染者的赔偿责任限额。法案将自然资源的重置或恢复成本作为损害费用的一部分，损害费用的定义为"船舶的所有者或经营者清除石油或有害物质的费用"。法案的修订没有规定遭受溢油污染损害的州、地方政府和其他当事人提出的损害赔偿要求
《油污法》	1989年	进一步扩大受溢油损害的索赔者范畴和赔偿范围，进入全面损害评估与赔偿阶段。明确指出赔偿责任包括清理费用和损害赔偿费用（自然资源损害，动产或不动产损害，生计损失，政府的税收、版税或者利润损失，利润和收入损失以及公共服务费用等）
43 CFR Part 11，NRDA	1994年	将自然生态环境资源的价值分为两个部分：一是自然生态环境资源修复、重置或获取同等受损自然生态环境资源及其服务所需要的费用；二是补偿价值，即在损害发生到自然生态环境资源的服务修复到基线水平的期间损失
15 CFR Part 990，NRDA	1996年	明确了损害赔偿可以分为三部分：一是重建、复原、更换或取得受损自然生态环境资源的类似等价物的成本；二是自然生态环境资源在进行重建期间价值的减少；三是上述损害赔偿的评估费用

4.1.1.3　淡水生态环境损害评估量化技术现状

结合上述美国、欧盟和日本等发达国家及地区的自然资源损害评估历程，其淡水生态环境损害评估量化方法的发展有两个特点：一是淡水生态环境损害评估量化方法体系的发展变化，经历了：由一个单纯从经济学角度出发，建立在环境价值理论基础上的方法体系，到形成一套从自然科学、管理学以及经济学理论相结合的方法体系的过程；二是淡水生态环境损害评估量化方法的完善，其过程并非单纯的学术发展历程，而是一个与淡水生态环境损害评估的法律以及司法案例相互推动，共同作用的过程。

迄今为止，淡水生态环境损害评估量化方法可分为两大类：货币化方法和非货币化方法。

（1）货币化方法　货币化方法是一种基于经济评价的方法，通过计算受损害的淡水生态环境价值来量化损害赔偿，试图将淡水生态环境的价值货币化的方法。货币化方法通常要求将淡水生态环境与经济学进行整合（费用较高）。

货币化方法可归结为4大类：揭示支付意愿法、虚拟支付意愿法、陈述支付意愿法以及效益转化法。

（2）非货币化方法　非货币方法也称作替代等值分析法，是一种基于恢复的方法，通过建立受损害的淡水生态环境与补偿受损害的淡水生态环境的一种等量关系，根据补偿受损害淡水生态环境所需要的恢复成本量化损害赔偿。

非货币化方法是对提供补偿性生态效益所需的恢复措施类型进行科学分析和工程评估。非货币化方法可归纳为三大类：资源对等法、服务对等法、价值对等法，其中价值对等法又可分为价值-价值法和价值-成本法。

应用实践表明：基于恢复的量化和补偿淡水生态环境损害赔偿应用较广。非货币化方法的局限性包括两方面：一是受到受损的淡水生态环境自然条件的局限；二是受到受损的淡水生态环境相关的社会条件的局限。有学者指出，该方法虽易于实施，但缺少福利经济学的理论基础。

OPA对应的NRDA评估导则确立了恢复优先的评估方法。其程序代表了美国淡水生态环境损害评估领域所发生的根本变化。早期的程序（即《综合环境反应、赔偿和责任法》规定的程序）强调淡水生态环境损害赔偿金额，倾向于使用货币化方法开展淡水生态环境损害量化。其程序侧重于根据受损害淡水生态环境及其服务恢复到基线状态所产生的实际成本来计算淡水生态环境损害赔偿金额。虽然《综合环境反应、赔偿和责任法》和OPA规定有一些差别，但实践表明，目前《综合环境反应、赔偿和责任法》的评估也大多按照恢复的方法进行。

美国内政部与NOAA规则都注重淡水生态环境"基线"的确定，以此作为淡水生态环境污染损害量化的参考标准，且都关注了淡水生态环境自损害发生到恢复至基线状态这一时段内丧失的生态服务，即"期间损失"。两种规则在目的与方法上也有不同，美国内政部规则注重以经济学工具评估淡水生态环境使用价值，而NOAA规则的重点是以受损害淡水生态环境恢复到基线状态所产生的实际工程费用为依据计算淡水生态环境损害赔偿金额。

4.1.2　我国淡水生态环境损害评估

4.1.2.1　技术规定

（1）农业农村部　从2000年起，原农业部下属渔业部门针对环境污染造成的种植业和渔业损害评估陆续发布了相关技术文件，如针对渔业污染事故的《渔业污染事故调查鉴定资格管理办法》（农渔发[2000]7号）和《渔业污染事故经济损失计算方法》（GB/T 21678—2008），对水域污染造成的渔业养殖和天然鱼类损害的评估技术做了明确规定。根据上述技术文件，渔业损失包括直接经济损失和天然渔业资源损失。直接经济损失包括水资源损失、污染防护设施损失、渔具损失、清除污染费和监测部门取证、鉴定等工作的实际费用，天然渔业资源损失"由渔政监督管理机构根据当地的资源情况而定，但不应低于直接经济损失中水产品损失额的3倍"。上述规定比较原则且不够完整，没有涉及对非使用价值的赔偿和受损资源的修复，缺乏科学合理性。

（2）司法行政部门　2005年全国人大颁布并实施《关于司法鉴定管理问题的决定》，该决定明确了由国家统一管理的司法鉴定业务包括法医类鉴定、物证类鉴定和声像资料鉴定三大类，对三大类以外的鉴定业务未明确范围与管理方式。针对淡水生态环境损害问题，司法行政部门许可了一些高等院校、科研院所、环境监测机构、科技团体以及其他社会性的优质环境检测机构开展环境司法鉴定，如山东海事司法鉴定中心、北京市劳保所室内环境司法鉴定中心、福建力普环境司法鉴定所等，均可开展环境损害监测鉴定和微量物证鉴定业务。

（3）生态环境部　2004年，原国家环境保护总局联合最高人民法院发布了《关于审理环境污染刑事案件具体应用法律若干问题的解释》；2007年，原国家环境保护总局又就环境污染损害赔偿法律体系、鉴定评估管理体系、技术方法体系开展了综合性专项研究。2011年，原环境保护部出台《关于开展环境污染损害鉴定评估工作的若干意见》（环发 ［2011］ 60号）、《环境污染事故损失数额计算推荐方法（第Ⅰ版）》等管理与技术性文件，对未来十年的环境污染损害鉴定评估工作做出了总体部署。2011年10月，原环境保护部印发《环境污染损害鉴定评估试点工作方案》（环办函 [2011] 1019号），指导地方开展试点工作，并开展了具体案例评估。2014年12月，原环境保护部发布了《环境损害鉴定评估推荐方法（第Ⅱ版）》。2017年12月4日，国办印发了《生态环境损害赔偿制度改革方案》，围绕贯彻落实这一方案要求，2020年，生态环境部发布了《生态环境损害鉴定评估技术指南 地表水和沉积物》，规定了涉及地表水的生态环境损害鉴定评估工作的工作程序、损害调查、因果关系判定和损害量化等环节的技术要点与方法。

（4）国家标准化管理委员会 国家标准化管理委员会组织制定了《生态环境损害鉴定评估技术指南 环境要素 第2部分：地表水和沉积物》（GB/T 39792.2—2020），2020年12月29日发布，2021年1月1日实施。该标准规定了涉及地表水和沉积物生态环境损害鉴定评估的内容、程序、方法和技术要求。标准实施之前发生的生态环境损害的鉴定评估，继续参照《生态环境损害鉴定评估技术指南 总纲》（环办政法 [2016] 67号）（以下简称"总纲"）和《生态环境损害鉴定评估技术指南 地表水与沉积物》（环办法规 [2020] 290号）（以下简称"指南"）开展，但该损害持续至GB/T 39792.2—2020实施的除外。

4.1.2.2 淡水生态环境损害评估实用性研究

近年来，我国淡水生态环境损害事件频发，淡水生态环境损害量化评估工作尚处于探索阶段。已有案例中（表4.2），淡水生态环境损害调查和量化评估常用方法包括虚拟治理成本法、资源等值分析法和意愿调查价值评估法。其中，因虚拟治理成本法计算过程简洁、易操作，大多数案例选择利用虚拟成本法进行生态环境损害评估。已有案例中，关于损害量化内容多数是针对水体、水质、应急处置、财产损失等，缺少对于生物资源及其生态服务功能受损价值量化的内容。由于水体的流动性，因果关系分析也是淡水生态环境损害鉴定评估工作中的难点，多数情况下，污染源和污染路径不明，难以明确判断损害的因果关系。虽然污染物同时对淡水水质和水生态环境产生了影响，但是由于技术有限，目前的评估大多数计算的是淡水水质等环境损失，而缺乏对淡水生态环境损失的计算。

表4.2 涉及淡水生态环境损害评估案例

类型		具体事件	受损对象类型	受损功能和指标	调查和定损方法
无机污染	烧碱泄漏	湖北省宜都市烧碱货船泄漏案件（2007年）	淡水水体	pH值	工业用水和生活用水资源环境损失
	非法排放含砷废水	某化工企业违规排放富集砷化物废水事件（2008年）	淡水水体	水体中污染物浓度、野生动植物	确定影响对象及损失项目，分析各项损失是否可价值量化，选择计量方法和参数，计量损失，填写损失评估结果总表
	非法排酸	天津市北辰区废酸倾倒案（2013年）	淡水水体	pH值、水质、水体动植物	虚拟治理成本法
		江苏某药业公司复产酸非法处置（2014年）			虚拟治理成本=污染物排放量×污染物单位虚拟治理成本
					污染物单位虚拟治理成本按案发地污染物实际治理平均成本计算
	非法排放废弃碱液	江苏省政府诉安徽某公司生态环境损害赔偿案（2014年）	淡水水体	水质、水体动植物	资源等值分析法

类型		具体事件	受损对象类型	受损功能和指标	调查和定损方法
无机污染	排放化学需氧量、氨氮、总磷等超标废水	江苏省徐州市某造纸有限公司偷排浓度严重超标（2015年）	淡水水体及沉积物	水质	根据已查明的具体污染环境情节、防治污染设备的运行成本、污染环境的范围和程度、生态环境恢复的难易程度、生态环境的服务功能等因素采用虚拟治理成本法计算赔偿生态环境修复的费用
	非法排放电镀废水	江苏省丰县常店镇非法排放电镀废水（2015年）	淡水水体	水体中污染物浓度	虚拟治理成本法
			淡水水体及沉积物	环境介质中的污染物浓度	虚拟治理成本法
	向水塘非法倾倒垃圾	广东省水塘倾倒垃圾污染事件（2016年）	淡水水体	水体中重金属浓度	虚拟治理成本法
	非法排放含重金属废水	福建省晋江市永和镇废塑料水洗造粒加工生产废水外排（2016年）	淡水水体	水体中重金属浓度	虚拟治理成本=污染物排放量×污染物单位治理成本
	非法排放氯化亚铜	江苏省泰州市非法排放氯化亚铜案件（2016年）	淡水水体及沉积物	环境介质中的污染物浓度	虚拟治理成本法
	非法排放含镉、铊、镍重金属及砷的废液、废水	江西省新余市宜春中安公司私设暗管排放废液事件（2016年）	淡水水体及沉积物	环境介质中的污染物浓度、湖泊生物群落结构	资源等值分析法和虚拟治理成本法
有机污染	柴油泄漏	中石油渭南支线12·30柴油泄漏事件（2009年）	淡水水体（城市生活用水）	水质	水资源损失费用和水资源恢复成本：水资源恢复成本由于数据信息不齐全不予考虑；水资源损失成本=影子价格×受污染水量
	油漆泄漏	重庆市某货车侧翻水污染事件（2013年）	损害区域淡水水资源及沉积物、地下水资源、生物资源和周边土壤	损害区域水质（石油类浓度，高锰酸盐指数浓度，苯、甲苯及二甲苯浓度）	现场勘查及跟踪监测，经调查分析确定该事件的环境损害评估范围为财产损害、生态环境资源损害、应急处置过程中的行政事务投入费用和调查评估费用
	油污渗漏水污染	重庆市长江近岸某处油污渗漏事件（2015年）	淡水水体及沉积物	水环境污染程度，鱼类等水生生物、浮游植物	建立初步调查指标体系（明确污染源的位置和类型，初步确定生态环境损害的类型和范围），系统调查（明确生态环境损害的范围和程度、污染物的超标范围以及确切的责任主体）
	仲辛醇泄漏水污染	重庆市某化工厂仲辛醇泄漏事件（2015年）	淡水水体	环境介质中的污染物浓度、生物种类和丰度、COD	环境介质中的污染物浓度在两周内恢复至基线水平，环境介质中的生物种类和丰度未观测到明显改变，可参考虚拟治理成本法进行计算；在量化生态环境损害时，可根据受污染影响区域的环境功能敏感程度分别乘以1.5～10的倍数作为环境损害数额的上下限值
	硝基苯、苯泄漏	松花江重大水污染事件（2005年）	淡水水体（城市生活用水）	水质，环境介质中的污染物浓度，鱼类等水生生物	生态环境损失=水资源损失+土壤资源损失+生态环境资源恢复费用

4.1.3 淡水生态环境损害量化在国内司法实践中的应用分析

近年来，涉及淡水生态环境的环境污染与生态破坏的事件急剧增多，事件类型包括环境污染、湿地破坏、非法采砂、过度捕捞、工程建设等，导致淡水生态环境及其生态系统服务功能遭受损害。

我国自2013年施行了新修订的《中华人民共和国民事诉讼法》之后，才明确确立了公益诉讼制度，自2014年4月修订了《中华人民共和国环境保护法》之后，才真正确立了环境公益诉讼制度。直接提到"环境公益诉讼"这一表述的案例，也是自2012年才开始出现的。2012~2017年，我国环境公益诉讼案件的数量呈现急速增长的趋势。最高人民法院统计结果表明，环境损害赔偿案件近年来以年均25%的速度递增。环境损害赔偿案件不仅影响范围广泛、危害结果严重，而且关系异常复杂。在大多数环境公益诉讼案件中，原告提起诉讼的目的就是为了让污染者承担环境损害赔偿责任，即生态环境损害的货币化表示。在最高人民法院、最高人民检察院多次出台的关于办理环境污染刑事案件、审理环境侵权责任纠纷等案件的适用法律若干问题的解释中，屡次提及环境保护主管部门出具检验报告、损害结果是认定案件事实的主要依据。

由于我国建立环境公益诉讼制度的时间比较晚，相关的学术著作数量并不多。因此本部分拟结合我国司法实践中的案例进行分析。

通过在中国裁判文书网进行关键词的检索，截止到2018年2月底，生态环境损害赔偿相关的判决书共有156个。通过对判决书的搜集、分析和总结得出现有环境公益诉讼案件在环境损害价值量化上的特征。

（1）生态环境损害价值量化表述方式呈现多样化　具体类型如下：危险物的处置费用，环境修复费用，生态环境损害损失、恢复原状的费用，生态环境损害赔偿等。这几组概念被广泛使用，甚至混同使用。

（2）环境损害赔偿金的范围不明确　人多数坏境损害赔偿请求针对的只是赔偿环境本身受到的损害（环境损害赔偿金也只用于修复环境本身，以"环境修复""恢复原状"等词语表达）；在司法实践中，服务功能损失这种环境损害赔偿请求并不多见。在156份案件，仅有2份案件判决书提出了服务功能损失赔偿请求，其中与淡水生态环境损害相关的案件1份。

（3）环境损害赔偿金的计算方法不同　在环境修复费用的计算方法上，除了在少部分案件中，原告方能通过票据等证据直接证明实际支出的环境修复费用数额，在大多数情况下，原告方和法院都会选择虚拟治理成本法。在司法实践中，虚拟治理成本法的运用比较常见。

在156份案件中，计算虚拟治理成本时，因不同案件的污染类型而异，所认定的倍数差别跨度为2~8倍。在《突发环境事件应急处理阶段环境损害评估推荐办法》中，不同污染类型所对应倍数的差别跨度为1.5~10。虚拟治理成本法虽然看似简单，但若在倍数的认定上操作不准确，单个案件的赔偿数额可能存在天壤之别。在"徐州市鸿顺造纸有限公司环境污染责任纠纷案"中，环境公益诉讼人向一审法院起诉请求虽然提到了服务功能损失，但并未说明损失因何而来、如何计算，仅笼统表述为环境污染损害的3~5倍。一审法院在通过虚拟治理成本法计算出生态修复费用为26.455万元之后，直接采纳检察院的建议，认定生态修复费用和服务功能损失共计为105.82万元（其中服务功能损失为生态修复费用的3倍）。判决书在认定服务功能损失为生态修复费用的3倍方面，未给出令人信服的评估和鉴定意见。

（4）法院委托鉴定机构对环境损害进行鉴定的案件很少　156个案件中，法院委托鉴定机构对环境损害进行鉴定的案件很少。在大多数情况下，如原告方是适合的环境公益诉讼主体，而被告污染环境、破坏生态的行为又属实，那么法院在判决被告败诉的同时，会直接采纳原告方委托的第三方机构通过鉴定、评估得出的环境修复费用的数额。

（5）基本未开展环境损害实物量化　司法实践对环境损害程度进行实物量化时，均采用了水质超标倍数，未对环境损害程度进行一个综合的实物量化评估。

4.1.4　国内外水环境监测技术发展

4.1.4.1　国外水环境监测技术现状

发达国家环境监测经历了100多年的发展，积累了大量先进的监测技术和监测经验，建立了多种以数学计算为基础的水环境事故处理模型和仿真系统，使水环境污染事故的应急管理制度化和定量化。与此同时，发达国家还建立了许多相关的信息网站，如美国环保署等多家政府机构联合资助开发的"化学品信息网系统（CSIN）""化学物质特性信息（Chemical Substances Fact Sheet）"等。

欧盟、美国等发达国家和地区的监测技术标准、方法体系比较健全，形成了多介质、多项目、多方法的监测技术体系，对于淡水生态环境损害鉴定评估过程涉及的相关水环境监测技术工作，由自然资源受托方依据相关的程序，制定工作计划、采样分析计划等方案，委托具有资质的第三方监测机构依据本国现有的监测技术方法体系、质量保证要求等开展水环境监测分析工作。美国生态环境损害监测体系中，淡水生态环境相关的污染源手工监测方法包括美国环保署已批准的分析方法和未经批准的其他监测方法两类。监测辅助技术支撑体系包括样品采集保存的技术规定、质量保证和技术规定、辅助性技术参考指南等。淡水生态环境暴露途径及其受体监测技术方面，美国成立了沉积物研究、水生态环境遥感以及水环境监测勘查等技术支持中心。其中，水环境监测与勘查技术支持中心主要集中在各种环境介质（尤其是沉积物）中相关污染物的测定与评价，并在采样方案优化、样品前处理、现场与实验室分析方法、质量保证与质量控制过程、统计数据分析和评估方法、决策过程以及地球物理分析等环节开展相关工作。为配合《资源保护和恢复法案》（RCRA）的实施，美国环保署制定了沉积物质量指南，组织制定的沉积物监测技术方法已有21个。此外，战略研究公司（SDI）、美国地理调查国家水质量实验室（USGS）也制定了大量沉积物监测技术方法。美国水环境生物监测技术体系框架主要包括水生生物种群/群落调查、毒性试验、微生物测试和鱼组织污染物分析四个部分。1977年美国试验和材料学会（ASTM）出版了《水和废水质量的生物监测会议文集》，内容包括多种水生生物监测方法和生物测试技术，在此基础上，各部分不断发展完善。水生生物种群/群落调查方面，美国环保署针对溪流和浅河、大型河流分别制定了《溪流和浅河水生生物快速评估方案——着生藻类、大型底栖动物和鱼类（第二版）》《大型溪流河流水生生物评估的内容和方法》，包括藻类、大型底栖生物和鱼类调查，着重开展生境评估和物理参数的调查分析；美国毒性测试主要技术指导文件是Whole Effluent Toxicity（WET），包括淡水和海洋生物的急性毒性分析方法、淡水水生生物慢性毒性短期评估方法、海洋和河口生物慢性毒性的短期评估方法3个方法体系；美国环保署还发布了淡水水体中多种细菌和原生生物、病毒等微生物的检测方法，如《病毒学方法手册》（EPA/600/4-84/013）等；针对鱼体残毒检测，美国环保署发布了鱼组织中砷、汞、二噁英、杀虫剂等268种具有生物富集作用的毒性化合物的测试分析方法。

相对理化项目监测分析方法及标准的全面和完备，水生生物监测技术标准化仍相对欠缺。目前为止欧盟标准化组织（CEN）和国际标准化组织（ISO）只有一部分水生生物监测要求的标准。

4.1.4.2　我国水环境监测技术

我国水环境应急监测起步虽晚，但随着我国环境应急监测能力建设的加强，水环境突发事件应急监测能力取得了一定进步。目前已颁布有《突发环境事件应急监测技术规范》（HJ 589—2010）等相关技术规范，为水环境应急监测的技术路线提出了方向，规定了水环境突发事件应急监测的布点与采样、监测项目与相应的现场监测和实验室监测分析方法、监测数据的处理与上报、监测的质量保证等环节的要求。

HJ 589—2010规定：采样点位需设置对照断面（点）、控制断面（点），地表水和地下水还应设置削减断面，尽可能以最少的断面（点）获取足够有代表性的信息；根据现场污染物状况确定采样频次，刚发生事故时增加采样频次，摸清污染物变化规律后可减少采样频次；现场仪器设备的确定原则是应能快速鉴定、鉴别污染物，并能给出定性、半定量或定量的检测结果，直接读数、使用方便、对样品前处理要求低；要求具备现场测定条件的项目尽量现场测定。

水污染监测技术也从单一检测手段的定性、半定量时代，发展到了多种技术联用的快速定量阶段。根据检测技术的原理及形式不同，可分为试纸技术、检测管技术、试剂盒技术、便携式光学分析技术、便携式气相色谱技术、便携式离子色谱技术、便携式气相色谱-质谱联用技术、便携式电化学技术、生物检测技术、便携式辐射仪技术以及车载实验室等。

虽然近年来水污染应急监测技术体系不断完善丰富，但应急监测技术方法标准欠缺，也造成了水污染应急监测仪器设备、技术运用不当，各种监测技术和装备的准确性、适用性水平不高等问题。目前使用的各种水环境现场监测方法大多未标准化，如各种基于传感器的气体检测仪、基于比色法的水质监测仪等，这类仪器只能用于现场初筛，即半定性、半定量，且各种水环境检测仪器厂家所采用的方法之间差异较大，造成目前现场监测方法与实验室检测方法的误差情况以及优劣比较均难以说清，监测过程无法律效力，严重制约了监测数据的可信度。

我国环境监测系统在水环境污染源及各环境介质监测技术方法方面积累了大量经验，目前已建立了涵盖绝大多数常规监测项目、方法种类多样的水污染物监测分析技术方法体系及污染源在线监测系统；生物监测力度正在逐步加强；但从总体来看，与发达国家相比，我国针对水环境损害暴露和损害受体的监测分析技术方法体系尚处于研究阶段，目前多数标准方法主要针对水环境常规污染物，无法完全涵盖及满足各类水环境事件中纷繁复杂的污染物类型。

4.2 基本概念

4.2.1　淡水生态环境及淡水生态环境损害相关概念

GB/T 39792.2—2020中，淡水水体指存在于陆地表面各种形态的水体，主要包括各种河流（包括运河、渠道）、湖泊和水库，根据地表水管理现状，还包括淡水河口。

GB/T 39792.2—2020中，沉积物指可以由水体携带、并最终沉着在水体底部，形成底泥状的任何物质。通常是黏土、泥沙、有机质及各种矿物的混合物，经过长时间物理、化学及生物等作用及水体传输而沉积于水体底部所形成。

"指南"中，水生态系统服务功能指人类从水生态系统中获得的收益，包括供给服务功能、调节服务功能、文化服务功能以及支持服务功能。

自2017年1月1日起施行的，最高人民法院、最高人民检察院《关于办理环境污染刑事案件适用法律若干问题的解释》（以下简称"解释"）中，所称"生态环境损害"，包括生态环境修复费用，生态环境修复期间服务功能的损失和生态环境功能永久性损害造成的损失，以及其他必要合理费用。

淡水指存在于陆地表面各种形态的水体（含运河、渠道在内的各种河流、湖泊及水库、淡水河口），本书所指的淡水生态环境损害量化，指对污染环境或破坏生态行为所致淡水生态环境损害的范围和程度进行评估，确定受损淡水生态环境恢复至基线并补偿期间损害的恢复措施，量化淡水生态环境损害数额的过程。

淡水生态环境损害程度量化主要分为两部分，即损害实物量化（含损害程度量化分级）和损害程度价值量化。

4.2.2 淡水生态环境损害实物量化

GB/T 39792.2—2020中，淡水生态环境损害实物量化，是指主要从淡水水体（水质）、沉积物、水生生物、水生态系统服务功能四部分出发，确定淡水水体和沉积物中特征污染物浓度，以及水生生物质量、种群类型、数量和密度、水生态系统服务功能表征指标的现状水平，与基线水平进行比较，分析淡水水质与沉积物环境以及水生生物资源、水生态系统服务功能受损的范围和程度，计算淡水水质和沉积物环境，以及水生生物资源和水生态系统服务功能损害的实物量。

根据"总纲"的相关规定，损害实物量化即对比受损生态环境状况与基线的差异，确定生态环境损害的范围和程度，计算生态环境损害实物量，给出生态环境损害实物量化的结果（生态环境损害的类型、时空范围及损害程度）。

2020年生态环境部组织编制了"指南"，损害程度量化的概念是基于所判定的基线水平，对地表水与沉积物以及水生态系统服务功能、水生生物资源的损害程度和范围进行量化，计算地表水与沉积物环境质量的损害程度，以及水生生物资源损害量、水生生物栖息地面积、水资源量等生态系统服务功能受损程度，并给出地表水与沉积物及其水生态系统服务功能的损害范围。

4.2.3 淡水生态环境损害价值量化

"指南"中，淡水生态环境损害程度价值量化主要是指：基于等值原则，编制并比选生态环境恢复方案，量化淡水水体与沉积物环境及水生态系统服务功能的损失。

4.3 损害判定原则

淡水生态环境损害鉴定评估包括淡水生态环境损害鉴定评估准备、损害调查确认、因果关系分析、损害实物量化、损害价值量化、损害恢复效果评估及损害鉴定评估报告编制。

根据不同的淡水生态、环境损害事件类型、损害鉴定评估委托目的及事项、不同的淡水生态环境损害评估条件，淡水生态环境损害评估程序可以适当简化或细化。如受损淡水水体无法恢复的，损害程度量化则可简化为损害价值量化；若水生生物及其服务功能没有受到损害，则不需开展生物调查，另外，水生生物调查与鉴定的开展应根据实际情况，视损害的严重程度、委托需求、评估经费等实际情况而定；若损害的因果关系非常明确，则无需另开展因果关系判定相关工作。

本部分所指淡水生态环境损害判定包括鉴定评估准备、生态环境损害调查确认以及淡水生态环境损害量化的范围及特征。

4.3.1 鉴定评估准备

鉴定评估准备主要包括淡水生态环境损害的基本情况调查内容，自然环境和水功能信息收集，社会经济信息收集和工作方案制定要求。

鉴定评估准备是在开展损害调查确认前，对淡水生态环境损害事件信息与基础资料的收集分析、文献查阅、座谈走访、问卷调查、现场踏勘、现场快速检测等。掌握淡水生态环境损害的基本情况和主要特征，分析可能的污染源大致类型，确定污染或破坏方式和类型，调查事件情况，确定评估对象、内容和方法，编制工作方案。

4.3.1.1 污染环境或破坏生态行为调查

对于水环境污染事件，调查水域及周边区域排污单位、纳污沟渠及农业面源等污染分布情况，分析或查明污染来源；对于突发水环境污染事件，还应查明事件发生的时间、地点，可能产生污染物的类型和性质、排放量（体积、质量），污染物浓度等资料和情况。

对于水生态破坏事件，查明破坏生态行为发生的地点、位置、时间、频次等情况。

（1）污染源调查　涉及排污单位的，应调查生产及污染防治工艺，包括主要产品、产能及实际产量；所使用的主要原辅材料的来源、使用量、运输及储存方式；主要产排污节点及特征污染物；污染防治工艺；污染防治设施的运行状况等。调取排污单位环境影响评价报告、清洁生产审计报告、环境管理体系认证资料、排污许可证、排污许可执行报告等相关文件，以及历史相关监测数据等资料。

对于排放污水的，应调查污水来源，点源应该标明监测点位名称、排放口的属性（总排口、车间排口）、平面位置、排放去向、流量；非点源应该标明排放方式、去向（有组织汇集、无组织漫流等）；调查外排废水中的主要污染物、排放规律（稳定连续排放、周期性连续排放、不规律连续排放、有规律间断排放、不规律间断排放等）、排放去向、排放量、污水处理工艺及处理设施运行情况；尤其注意第一类污染物是否在车间有处理设施或专门另设了污染物处理设施等。

对于产生固体废弃物的，调查固体废物种类、形态、数量、特性、所含主要污染物，是否属于危险废物；固体废物产生时间、产生形式，储存及处置方式（露天堆存、专用危险废物库内堆存、渣棚内堆存）；固体废物去向；尾矿库情况；防扬散、防雨、防洪、防渗漏、防流失等污染防治措施。

（2）环境污染或生态破坏基本情况调查　掌握受损害淡水生态系统的自然环境（包括水文、水文地质、水环境质量）、水生生物和服务功能受损害的时间、方式、过程和影响范围等信息。

对于水环境污染事件，调查污染物排放方式、排放时间、排放规律、排放去向，特征污染物种类、浓度；污染源排放的污染物进入淡水生态环境生成的次生污染物种类、数量和浓度等信息。

（3）事件应对基本情况调查　调查污染物清理、防止污染扩散等控制措施，淡水生态环境治理修复以及水生态系统恢复实施的相关资料和情况，包括实施过程、实施效果、费用等相关信息。

掌握环境质量与水生生物监测工作开展情况及监测数据。

4.3.1.2　自然环境与水功能信息收集

调查收集影响水域以及水域所在区域的自然环境信息，具体包括：

① 水域历史、现状和规划功能资料；

② 水域地形地貌、水文以及所在区域气候气象资料；

③ 水域及其所在区域的地质和水文地质资料；

④ 地表水与沉积物历史监测资料；

⑤ 影响水域内饮用水源地、生态保护红线、自然保护区、湿地、风景名胜区及所在区域内养殖区、基本农田、居民区等环境敏感区分布信息，以及浮游生物、底栖动物、大型水生植物、鱼类、水禽、哺乳动物及河岸植被等主要生物资源的分布状况。

4.3.1.3　社会经济信息收集

收集影响水域所在区域的社会经济信息，具体包括：

① 经济和主要产业的现状和发展状况；

② 地方法规、政策与标准等相关信息；

③ 人口、交通、基础设施、能源和水资源供给等相关信息。

根据所掌握的监测数据、损害情况以及自然环境和社会经济信息，初步判断淡水生态环境及水生态系统服务功能可能的受损范围与类型，必要时利用实际监测数据进行污染物与水生生物损害空间分布模拟。

根据淡水生态环境损害事件的基本情况和鉴定评估需求，明确要开展的损害鉴定评估工作内容，设计工作程序，通过调研、专项研究、专家咨询等方式，确定鉴定评估工作的具体方法，编制工作方案。

4.3.2　淡水生态环境损害调查确认

对淡水生态环境损害情况开展实地调查，是因果关系分析、环境损害实物量化、价值量化等损害评估后续工作基础。

主要包括以下内容：

① 淡水生态环境损害调查对象与范围；

② 损害调查指标；

③ 水文和水文地质调查；

④ 淡水生态环境损害现场监测、应急监测布点采样要求与方法；

⑤ 样品检测分析方法；

⑥ 淡水生态环境损害确认的原则和条件。

本部分重点阐述①～③和⑥，因④和⑤主要是监测布点要求及检测分析方法，内容引自GB/T 39792.2—2020，本部分不重点展开论述。

4.3.2.1 淡水生态环境损害调查对象与范围

按照评估工作方案的要求，参照《污水监测技术规范》（HJ 91.1—2019）、《水质 样品的保存和管理技术规定》（HJ 493—2009）、《水质 采样技术指导》（HJ 494—2009）、《水质 采样方案设计技术指导》（HJ 495—2009）、《突发环境事件应急监测技术规范》（HJ 589—2010）等相关规范性文件，针对淡水生态环境损害事件特征开展淡水布点采样分析，确定淡水生态环境状况，并对淡水生态系统服务功能、水生生物种类与数量开展调查；必要时收集水文和水文地质资料，掌握流量、流速、河道湖泊地形及地貌、沉积物厚度、地表水与地下水连通循环等关键信息。同时，通过历史数据查询、对照区调查、标准比选等方式，确定淡水生态环境及淡水生态系统服务功能的基线水平，通过对比确认淡水生态环境及淡水生态系统服务功能是否受到损害。

（1）淡水生态系统服务功能调查　获取调查区域水资源使用历史、现状和规划信息，查明淡水生态环境损害发生前、损害期间、恢复期间评估区的主要生态系统功能与服务类型，如珍稀水生生物栖息地、鱼虾类产卵场、仔稚幼鱼索饵场、鱼虾类越冬场和洄游通道、种质资源保护区、航道运输等支持服务功能，洪水调蓄、侵蚀控制、净化水质等调节服务功能，集中式饮用水源用水、水产养殖用水、农业灌溉用水、工业生产用水等供给服务功能，人体非直接接触景观功能用水、一般景观用水、游泳等休闲娱乐等文化服务功能。

（2）不同类型事件的调查重点　根据事件概况、受影响水域及其周边环境的相关信息，确定调查对象与范围。

① 对于突发水环境污染事件，主要通过现场调查、应急监测、模型模拟等方法，重点调查研判可能的污染源、污染物性质、可能涉及的环境介质，受水文和水文地质环境以及事件应急处置影响污染物可能的扩散分布范围和二次污染物，污染物在水体中的迁移转化行为、水生态系统服务功能和水生生物受损程度及时空范围。

② 对于累积水环境污染事件，主要通过实际环境监测和生物观测等方法，重点调查可能的污染源、污染物性质、可能涉及的环境介质、污染物的扩散分布范围，污染物在水体、沉积物、生物体中的迁移转化行为及其可能产生的二次污染物，淡水生态系统服务功能和水生生物受损程度及时空范围。

③ 对于淡水生态类事件，主要通过实际调查、生物观测、模型模拟等方法，重点调查淡水生态系统服务功能和水生生物受损程度和时空范围、淡水生态破坏行为可能造成的二次

污染及其对淡水环境与淡水生态系统服务功能和水生生物的影响。

4.3.2.2 损害调查指标

根据淡水生态环境损害事件的类型与特点，选择相关指标进行调查、监测与评估。本部分对指标确定的原则进行了综述。

（1）特征污染物的筛选　在污染源明确的情况下，参考国家或行业排放标准，通过现场踏勘、资料收集和人员访谈，根据排污单位的生产工艺、使用原料辅料，以及物质在淡水环境迁移转化中发生物理、化学变化或者与生物相互作用可能产生的二次污染物，综合分析识别特征污染物。

对于污染源不明的情况，通过对采集样品的定性和定量分析，识别特征污染物。特征污染物的筛选应优先选择我国相关水环境质量标准［《地表水环境质量标准》（GB 3838—2002）、《农田灌溉水质标准》（GB 5084—2021）、《渔业水质标准》（GB 11607—89）］，以及有毒有害水污染物名录中规定的物质。对于检测到的相关标准中没有的物质，应通过查询国外相关法规标准、开放数据库、研究成果，根据物质的理化性质、易腐蚀性、环境持久性、生物累积性、急慢性毒性和致癌性等特点，筛选识别特征污染物。必要时结合相关实验测试，评估其危害，确定是否作为特征污染物。物质的危害性分类方法可参考《基于GHS的化学品标签规范》（GB/T 22234—2008）和《化学品分类和危险性公示通则》（GB 13690—2009）。所依据的物质的毒性数据质量需符合《淡水水生生物水质基准制定技术指南》（HJ 831—2017）相关筛选原则。

水环境污染事件涉及的常见特征污染物主要包括但不限于以下类别。
① 无机污染物：重金属、酸碱、无机盐等。
② 有机污染物：石油类、脂肪烃、苯系物、溶剂、有机酸、醇醛酮、酚类、酯类等。
③ 富营养化特征指标：总磷、总氮、硝酸盐、亚硝酸盐、氨氮、藻华、异味物质等。
可能影响污染物对淡水环境及水生生物潜在损害的监测指标主要包括但不限于以下类别。
① 物理指标：温度、流速、深度、流量、其他与流动变化有关的水文指标。
② 水质指标：pH值、硬度、溶解氧、悬浮物、COD、病原微生物等。

（2）水文与水文地质指标的确定
① 对于河流类水体，重点关注事件发生的河流流域水系、流域边界、河流断面形状、河流断面收缩系数、河流断面扩散系数、河床糙率、降雨量、蒸发量、河川径流量、河底比降、河流弯曲率、流速、流量、水温、泥沙含量、本底水质、地表水与地下水补给关系、河床沉积结构等指标。

② 对于湖库类水体，重点关注湖泊形状、水温、水深、盐度、湖底地形、出入湖（库）流量、湖流的流向和流速、环流的流向、流速、稳定时间，湖（库）所在流域气象数据，如风场、气温、蒸发、降雨、湿度、太阳辐射、地表水与地下水补给关系、湖库底层及侧壁地层岩性、导水裂隙分布等指标。

（3）水生生物指标的确定　根据淡水生态环境损害事件类型和影响水域实际情况，选择代表性强、操作性好的水生生物指标开展监测。

石油类、毒性有机物、重金属等污染物导致的水环境污染事件的水生生物调查指标包括生物种类、数量或生物量、形态和水生生物组织中特征污染物的残留浓度。酸碱、氮、磷等污染物和有机质、溶解氧、热能等指标变化导致的水环境污染事件的水生生物调查指标包括生物种类、数量或生物量。

浮游生物调查指标包括种类组成、生物量；底栖动物调查指标包括种类组成、数量和生物量；鱼类及其他大型水生生物调查指标包括种类组成、数量和生物量等；水禽调查指标包括种类组成和数量。重点关注国家重点保护野生水生动物和鸟类相关物种。

（4）淡水生态系统服务功能指标的确定　对淡水生态系统支持服务功能改变的，调查监测指标主要包括生物种类、数量和生物量、栖息地面积、航运量、水文和水文地质参数，重点关注保护物种、濒危物种；对淡水生态系统生产服务功能改变的，调查指标主要包括水资源量、水产品产量和种类；导致淡水生态系统调节服务功能改变的，调查评估指标主要包括洪水调蓄量、降温量、蒸散量、水质净化量、土壤保持量；对淡水生态系统文化服务功能改变的，调查评估指标主要包括休闲娱乐人次和水平、旅游人次和服务水平。

4.3.2.3　水文与水文地质调查

主要包括目的、原则与方法，对不同类型水体的水文与水文地质调查指标进行分类说明。

（1）调查目的　水文和水文地质调查的目的在于了解调查区淡水的流速、流量、水下地形地貌、流域范围、水深、水温、气象要素、地层沉积结构、与周边水体水力联系等信息，获取污染物在环境介质中的扩散条件，判断事件可能的影响范围，污染物在淡水水体中的迁移情况、采砂等活动对水文水力特性、地形地貌的改变情况，为水体污染状况调查分析提供技术参数，为水生态系统服务功能受损情况的量化提供依据。

（2）调查原则与方法

① 充分利用现有资料。根据现有资料对调查区水文信息进行初步提取，重点关注已有水文站建档资料，以初步识别污染物在水体中迁移所需的水文学、水力学参数。现有资料不足时，开展进一步调查。

② 兼顾评估水域和所在区域水文学、水力学参数展开调查。

以评估水域为重点调查区，获得评估水域水文学、水力学资料。根据所在区域资料初步判断水文学、水力学信息，所在区域资料不能满足评估精度时，开展相应的水文测验、水力学试验获取相关参数。

4.3.2.4　淡水生态环境布点采样要求与方法

（1）布点采样要求　以调查环境损害发生流域（水系）状况、反映发生区域的污染状况或生态影响的程度和范围为目的，根据水系流向、流量、流速等水文特征、地形特征和污染物性质等情况，结合相关规范和指南的要求，合理设置监测断面或采样点位。一般在事件发生地点上游且未受干扰的区域设置对照断面（可在水系入境断面设置对照断面）。依据水生态系统服务功能和事件发生地的实际情况，尽可能以最少的监测断面（点）和采样频次获取足够有代表性的信息，同时考虑布点采样的可行性。

① 对于突发水环境污染事件，根据实际情况和HJ 589—2010的要求进行布点采样。初步调查和系统调查可以同步开展，系统调查采样应不晚于初步调查24h开展。事件刚发生时，采样频次可适当增加，待摸清污染物变化规律后，可以减少采样频次。

② 对于累积水环境污染事件，根据流向和污染情况进行布点采样；应在污染区域等间

距布设监测断面或采样点位，并在死水区、回水区、排污口处等疑似污染较重区域布点；对河流的监测断面布点应在损害发生区域及其下游加密布点采样，对湖（库）的监测垂线布设以可能的损害发生地点为中心，按水流波动方向以一定的间隔进行扇形或圆形布点采样。

③ 对于水生态破坏事件，根据实际情况和相关技术导则进行水体、沉积物和水生生物布点采样。

采样时应准确记录采样点的空间位置信息；采样结束前，应核对采样方案、记录和所采集到的样品，如有错误和遗漏，应立即补采或重采。

（2）调查采样准备　开展水生态环境事件现场调查，应准备的材料和设备主要包括但不限于：记录设备，录音笔、照相机、摄像机和文具等；定位设备，卷尺、卫星定位仪、经纬仪和水准仪等；采样设备，现场便携式检测设备，调查信息记录装备，水质、沉积物、水生生物等取样设备，样品保存装置；安全防护用品，工作服、工作鞋、安全帽、药品箱等。

采样前，应采用卷尺、卫星定位仪、经纬仪和水准仪等工具在现场确定采样点的具体位置和地面标高，并在图中标出。

（3）初步调查采样　初步调查采样的目的是通过现场定点监测和动态监测，进行定性、半定量及定量分析，初步判断污染物类型和浓度、污染范围、水生态系统服务功能变化和水生生物受损情况，为研判污染趋势、进一步优化布点、精确监测奠定基础。

初步调查阶段，对于污染物监测以色味观测、现场快速检测为主，实验室分析为辅，可根据实际情况选择现场或实验室分析方法，或两者同时开展。根据污染物的特性及其在不同环境要素中的迁移转化特点，对于易挥发、易分解、易迁移转化的污染物应采用现场快速监测手段进行监测。按环境要素，监测的紧迫程度通常为水质>沉积物>水生生物。进行样品快速检测的同时保存不低于20%比例的样品，以备复查。对于污染团明显的难溶性污染物，可以结合遥感图、影像图进行辅助判断。按污染物的理化性质和结构特征分类，尽可能采用能涵盖多指标同类污染物的高通量快速监测分析方法。

（4）系统调查采样　系统调查阶段的目的是通过开展系统的布点采样和定量分析，确定污染物类型和浓度、污染范围、水生生物受损程度，为损害确认提供依据。

① 污染源布点采样。根据排污单位的现场具体情况，对可能造成淡水生态环境损害的污染源污染物废水排放口布点，对污染物进入淡水水体的重污染区域布点。

a. 污染物进入水体前，对污染源废水排口进行采样，生产周期在8h以内，采样时间间隔应不小于2h；生产周期大于8h，采样时间间隔应不小于4h；每个生产周期内采样频次应不少于3次；如没明显生产周期、不稳定连续生产，采样时间间隔应不小于4h，每个生产日内采样频次应不少于3次。

b. 污染物进入水体后，应在刚进入水体的重污染区域布设采样断面。一般可溶性污染物，当水深大于1m时，应在表层下1/4深度处采样；水深小于或等于1m时，应在水深的1/2处采样；不溶性轻质污染物，应在水体表层采样；不溶性重质污染物，应在水体底层采样。

② 水体布点采样

a. 对于河流，根据污染物排放、泄漏、倾倒的位置，沿河流流向在下游（控制断面）设置监测断面（点），并在上游布设对照断面（点）。采样断面位置尽量选择顺直河段、河床稳定、水流平稳、水面宽阔、无急流、无浅滩处。监测断面尽量与水文观测断面一致，以便利用其水文参数，实现水质监测与水文监测的结合。如河流的流速很小或基本静止，可根据污染物的特性在不同水层采样；在影响区域内饮用水和农灌区取水口处必须设置采样断面（点）。

b．对于湖（库），可确定污染范围的事件，应以事件发生地点为中心，按水流方向以一定间隔进行扇形或圆形布设监测垂线采样点，并根据污染物的特性在不同水层采样，同时根据水流流向，在其上游或未受影响区域适当距离布设对照点。无法确定污染范围的事件，采样点应布设在湖库区的不同水域，如进水区、出水区、深水区、浅水区、湖心区、岸边区，按水体类别设置监测垂线。湖库区若无明显功能区别，可用网络法均匀设置监测垂线。必要时，在湖（库）出水口和饮用水取水口处设置采样断面（点）。监测垂线上采样点的布设一般与河流的规定相同，但有可能出现温度分层现象时，应做水温、溶解氧的探索性试验后再确定。

河流、湖（库）布点采样具体要求参照《地表水和污水监测技术规范》（HJ/T 91—2002）、《地表水环境质量监测技术规范》（HJ 91.2—2002部分代替HJ/T 91—2002）HJ 495—2009等相关技术规范执行。

③ 沉积物布点采样。沉积物样品的检测主要用于了解水体中易沉降、难降解污染物的累积情况，为确定沉积物中污染物的沉积时间，应该分层采样，模拟污染物沉积过程。沉积物采样点位通常为水质采样垂线的正下方。当正下方无法采样时，可略作移动，移动的情况应在采样记录表上详细注明；沉积物采样点应避开河床冲刷、底质沉积不稳定及水草茂盛、表层底质易受搅动之处；湖（库）沉积物采样点一般应设在主要河流及污染源排放口与湖（库）水混合均匀处。

河流、湖（库）沉积物采样布点位置和数量可以参考水体布点方案确定，为确定沉积物损害面积或方量，可以根据沉积物模型的需求确定。

④ 生物布点采样。在水生态环境事件影响范围内，考虑水体面积、水功能区、水生生物空间和时间分布特点和调查目的，采用空间平衡随机布点法布置采样点或沿生物、生态系统受损害梯度布置采样点。

a．对于湖（库）水生生物的调查，以事件发生地点为中心，按水流方向在一定间隔的扇形或圆形范围内布点采样，并在近岸和中部布设水生生物采样点，沿岸浅水区（有水草区、无水草区）随机分散布点。

b．对于河流水生生物的调查，应在事件发生地的上、中、下游，受影响支流汇合口及上游、下游等河段设置水生生物调查采样断面。

c．对受损害水体影响的陆生生物（如鸟类、两栖动物和其他陆生动物及岸边植物）的调查，根据生物类型，在受损害水体的两边50~100m范围内布点调查。

采样方法具体参照《生物多样性观测技术导则鸟类》（HJ 710.4—2014）、《生物多样性观测技术导则两栖动物》（HJ 710.6—2014）、《生物多样性观测技术导则 内陆水域鱼类》（HJ 710.7—2014）、《生物多样性观测技术导则 淡水底栖大型无脊椎动物》（HJ 710.8—2014）、《生物多样性观测技术导则 水生维管植物》（HJ 710.12—2016）以及《污染死鱼调查方法（淡水）》等相关技术规范执行，缺少规定的，可以参考《海洋生物质量监测技术规程》（HY/T 078—2005）等相关技术规范执行。

采样时间应考虑生物节律，包括植物的季节变化以及动物的季节变化和日变化。

⑤ 其他

a．如果地表水对岸边土壤可能造成污染，地表水与地下水存在连通的可能，需要对土壤和地下水开展必要的布点采样，可将污染地表水水体作为污染源，参照《生态环境损害鉴定评估技术指南　环境要素　第1部分：土壤和地下水》（GB/T 39792.1—2020）等相关技术规范进行布点采样。

b．如果因外来物种入侵导致生物受损，需要对外来物种种类、来源、数量等开展调查，有针对性地布点观测。

c．如果因矿产开采导致地表水、沉积物及水生生物陷漏，需要对地下水连通情况进行必要的布点调查。

4.3.2.5　样品检测分析方法

对于淡水生态环境损害鉴定评估单位来说，水质样品参照HJ 493—2009的相关规定进行采集和保存，沉积物样品参照《土壤环境监测技术规范》（HJ/T 166—2004）的相关规定进行采集和保存。生物样品参照《动、植物中六六六和滴滴涕测定的气相色谱法》（GB/T 14551—2003）、《动物性食品中有机氯农药和拟除虫菊酯农药多组分残留量的测定》（GB/T 5009.162—2008）等相关标准技术规范执行。

淡水和废水样品的分析参照HJ/T 91—2002等监测技术规范，应采用现有国家标准分析方法或等效分析方法进行测定。若污染物无国家标准分析方法或等效分析方法，可采用转化的国外标准分析方法或业界认可的先进分析方法，但需通过资质认定并经过委托方签字认可。新型污染物的分析方法可以参考生态环境部相关水质、土壤和沉积物环境监测规范。检出限应低于污染物在相应水环境介质中的国家标准限值，没有标准限值的，可参考国外标准限值。监测结果可用定性、半定量或定量来表示。定性监测结果可用"检出"或"未检出"表示，并注明监测项目的检出限；半定量监测结果可给出所测污染物的测定结果或测定结果范围；定量监测结果应给出所测污染物的测定结果。

淡水生态环境损害鉴定评估单位应制定防止样品污染的工作程序，包括空白样分析、现场重复样分析、采样设备清洗空白样分析、采样介质对分析结果影响分析、样品保存方式和时间对分析结果的影响等。实验室分析的质量保证和质量控制的具体要求见《环境空气质量手工监测技术规范》（HJ 194—2017）、《土壤环境监测技术规范》（HJ/T 166—2004）和HJ/T 91—2002、《地下水环境监测技术规范》（HJ/T 164—2004）、《环境监测质量管理技术导则》（HJ 630—2011）等相关监测技术规范。

4.3.2.6　淡水生态环境损害确认的原则和条件

当淡水生态环境损害事件导致以下一种及以上后果时，可以确认造成了淡水生态环境损害：

① 淡水水体中特征污染物的浓度，超过基线水平20%以上；

② 评估区指示性水生生物物种种群数量、密度、结构、群落组成、结构、生物物种丰度等指标，与基线水平相比存在统计学显著差异，或水生生物体出现明显畸形；

③ 水生生物组织中特征污染物的残留浓度，超过基线水平20%以上；

④ 水生态系统不再具备基线状态下的服务功能，例如支持功能（如生物多样性、岸带稳定性维持等）的降低或丧失，产品供给服务（如水产品养殖、饮用和灌溉用水供给等）的丧

失，调节服务（如涵养水源、水体净化、气候调节等）的降低或丧失，文化旅游服务（如休闲娱乐、景观观赏等）的降低或丧失。

4.3.3 淡水生态环境损害量化的范围及特征

自2018年1月1日起实行的，中共中央办公厅、国务院办公厅印发的《生态环境损害赔偿制度改革方案》中规定，生态环境损害赔偿范围包括清除污染费用、生态环境修复费用、生态环境修复期间服务功能的损失、生态环境功能永久性损害造成的损失以及生态环境损害赔偿调查、鉴定评估等合理费用。

在"指南"中淡水生态环境损害程度量化的范围是指基于所判定的基线水平，对地表水与沉积物以及水生态系统服务功能、水生生物资源的损害程度和范围进行量化。

4.3.3.1 淡水生态环境损害量化的范畴

开展淡水生态环境损害价值量化是法律法规和技术规范都要求进行的，与解释不同的是，"总纲"要求计算淡水生态环境损害实物量，给出淡水生态环境损害实物量化的结果，即淡水生态环境损害的类型、时空范围及损害程度。但总纲仅规定了淡水生态环境损害实物量化内容、量化方法，未提及淡水生态环境损害实物量化的损害程度、淡水生态环境损害实物量要如何计算，其损害程度应如何评估。

"指南"对淡水生态环境损害实物量化在总纲基础上进行了进一步的拓展，具体表现为淡水生态环境损害实物量的进一步具象化，但是淡水生态系统服务功能方面，涉及除水产品或生物多样性支持以外的淡水生态系统服务功能受损，如支持功能（地形地貌破坏量）、产品供给服务（水资源供给量、砂石资源破坏量）、调节服务（水源涵养量、蒸散量、污染物净化量、土壤保持量）、文化服务（休闲娱乐水平、旅游人次）等受到严重影响，常见淡水生态系统服务功能量化则直接进行损害价值量化。

"解释"与"指南"对淡水生态环境损害价值量化的范围基本一致。本书所指的淡水生态环境损害量化的范畴，包含淡水生态环境损害实物量化和损害价值量化。本书拟通过开展损害实物量化中对应的具体指标及指标体系构建研究，形成一个多层级损害量化指标体系，量化表征受损淡水生态环境状况与基线的差异，进一步确定淡水生态环境损害的时空范围和程度，给出淡水生态环境损害实物量化的结果。损害程度价值量化是在实物量化基础上，基于等值原则，编制并比选淡水生态环境恢复方案，量化淡水水质与沉积物环境及淡水生态系统服务功能的损失。

4.3.3.2 淡水生态环境损害特征

由于水资源污染流动性的特点，往往是上游污染，下游遭殃。司法实践中，由于公民维权意识不强和取证手段有限，导致水资源污染案件的证据不能及时有效收集，不能及时进行相关鉴定并科学计算损失，导致人民法院在判定是否构成侵权或者确定赔偿数额方面存在较大困难。

在淡水污染案件中，较易认定的损失是鱼类和其他水产品的直接损失，对于难以量化的渔业资源中长期损失、水域生态损失则需要建立科学的评价体系和专门的评估机构确定赔偿数额。目前对于这些难以量化的损失，各方当事人存在较大争议，法院难以认定，不能取得良好的社会效果。

4.4 淡水生态环境损害实物量化技术常用方法

4.4.1 淡水生态环境损害实物量化评估方法研究

截至目前，国外并未将环境损害实物量化与价值量化割裂开，只是更侧重于价值量化。许多发达国家的学者在水生态环境损害价值量化评估领域创新性地研究出适合各国国情的量化方法和理论模型。张红振等研究对比了不同国家的环境损害评估案例实践经验后，归纳分析了各国相关评估方法、技术导则。牛坤玉等分析了美国自然资源评估相关的法律法规和技术导则，并介绍了最主要的自然资源损害评估方法。

现阶段，我国淡水生态环境损害实物量化评估工作还在探索阶段，还没有形成一套完善的损害量化评估方法体系。蔡峰等以某货车侧翻突发水污染事件为研究对象，提出了突发水环境事件环境损害的量化评估方法，且从财产损失、生态环境资源损害、事故调查费用和事件应急处置投入费用4个方面量化了事件造成的环境损害价值。

4.4.1.1 等值分析法

国内外常见的环境损害评估方法有等值分析法（含资源等值分析法、服务等值分析法、价值-价值法、价值-成本法）与环境价值评估法。环境损害实物量化体现在等值分析法中。等值分析法的核心是通过建立恢复的资源量（资源等值法）或服务量（服务等值法）与损害的资源量或服务量的等量关系来估算恢复行动所需要的规模。资源等值法的常用指标为鱼的数量、水资源量等，服务等值分析法的常用指标为生境面积、服务恢复的比例。国内外学者还进行了一些探索，如在实物量化评估指标体系中采用单一资源指标量化受损情况，如鱼类、鸟类、地表水、沉积物，在一起多化学物污染事件中，资源层面指标包括底泥沉积物、底栖生物、鱼类、两栖与爬行类、半水生动物与鸟类，但见诸文献报道的诸多事件中仅两起事件的恢复工程考虑生态系统整体功能加强。

生态服务层面指标包括供给服务、调节服务、文化服务和支持服务等，但由于许多基础数据缺乏难以支持以服务为指标的基线水平判定，生态服务评价有很大实际运用潜力，由于实际开展的恢复工程方案仍主要针对资源展开，当前应用仍面临困难。

环境损害实物量化选择适当的实物量化指标，利用对比分析、统计分析、空间分析和模型模拟等技术方法对损害的程度以及时间和空间范围进行物理量的表征。指南直接采用了具体指标的形式。总纲中的具体指标包括特征污染物浓度、指示物种种群密度、种群数量、种群结构、植被覆盖度等。指南中的具体指标包括地表水与沉积物中特征污染物浓度、水生生物质量、种群类型、数量和密度、水生态系统服务功能相关的指标等。

4.4.1.2 指标体系法

在表征淡水生态环境系统损害方面，指标体系法是最具代表性的方法。国内学者罗园等选取生态系统服务表征河流生态系统状况，以生态网络的方法建立河流生态概念模型。基于生态模型，识别出对河流生态系统服务产生水平具有重要贡献的生态系统组分与结构，建立河流污染损害分层指标体系，以分配权重分析的方法，简化服务产生水平形成的复杂过程，结合生物毒理学理论，对河流生态系统损害进行量化。裴倩楠等采用统计学和数学模型法相结合的技术手段，提出了重金属污染物水生态环境损害量化的实用性方法。罗园、裴倩楠等识别出底栖生物、浮游动植物、高等水生植物、鱼类、水禽、底泥、地表水、河岸植被8项指标，认为这8项指标共同决定了河流生态系统服务的作用。

4.4.2 淡水生态环境损害量化指标体系构建

损害量化指标体系构建的目的在于遵从现有的法律法规、"总纲"和"指南"，在其框架所允许的范围内，如何开展损害量化，使其能成为司法实践中环境损害赔偿金确定的有效工具和手段，为司法鉴定提供技术依据。

4.4.2.1 指标体系构建原则

（1）指标选取应可行、成熟　考虑到量化评估是为了司法实践中环境损害赔偿金数据确定服务，因此，量化评估指标体系在选择指标时需要选择成熟、可行的指标，这样才能确保赔偿金额的可信度及其客观、公正性。

（2）指标覆盖应全面完整　基于文献调研，多数学者在构建指标体系时采用了诸多指标，但在案例分析过程中多声明"常因缺乏×××数据"而导致某指标以某种折中方式进行，本着科学性、简明性、可操作性的原则，指标体系构建应尽量全面完整。

（3）技术方法优先度分析　目前"总纲"和"指南"都提出了很多的技术方法，鉴定评估的整体思路非常清晰，难点不在于量化评估的方法，而在于在环境公益诉讼具体案件情形下，要对应运用何种方法，方法与情形之间的适配性，如何把握量化的度。考虑到环境损害鉴定评估的专业性，本书要提出一个法院案件审理操作性强的量化指标体系。

（4）普适性　所谓普适性，在于95%的案件情形均可以参考该技术体系进行量化评估，因此，量化评估技术体系需要考虑在基线数据无法获取的情况下，应如何判断量化程度。即一种量化程度判断的底线方法，但应限制其条件。如采用指标权重法，在缺少观测数据、经验公式情况下，建议采用层次分析法对权重进行赋值，对生态环境损害程度量化进行评估。

4.4.2.2 量化评估指标体系构建初探——应用示范

本部分以航道工程全生命周期为例开展指标体系构建，其涉及的环境损害类型多样，其建设涉及工程建设，其运行涉及突发环境污染事故、维护性疏浚等生态环境损害，其受体包括重要生物栖息地、鱼类、底栖生物、浮游动物等，同时又涉及恢复工程，属于比较典型的综合性案例。

（1）指标选取　量化与损害确认、基线判定、因果关系判定不能简单划分开，损害确认、基线判定、因果关系判定均是为了得出损害量化结果，因此，应将损害确认、基线、因果关系等落实在航道工程生态环境损害多层级综合指标体系架构中。该架构基于航道工程生态环境损害的分类源项、受体、状态及损害恢复工程全过程，其横向主架构是具有明显区别的损害因果作用过程指标子系统，涵盖了航道工程及影响所涉区域的分类作业活动、生境变化、物种活动、生态影响全过程作用机制的影响因子，其纵向主架构按照损害作用的过程、类型、因素、分项指标这样的分层级包含关系，依次将损害作用过程指标系统展开为更为细化的损害类型指标模块，再通过各类指标模块的分支架构，进一步细化出分组的损害因素指标和分项的单因素分类分项指标。

时间上涵盖了从工程设计、施工、航道运营、维护、风险防范及应急、生态修复措施实施效果等全过程，空间上涵盖了航道工程所在内河水域、岸滩等周边区域、内河两侧范围内人类社会经济环境等中尺度范围，影响程度上涵盖了直接影响、间接影响、短期影响、中长期影响、分项影响及叠加影响等中长时间序列范围，内容上不仅涵盖了环境影响、生态影响和受体（物种及其生境、社会经济环境变化），还包括了源项（人类干预）、途径和修复对策分析。

本部分提出一种航道工程生态环境影响多层级综合指标体系架构，该架构由4个具有逐级包含关系的层级组成（表4.3）。第一层级：A影响作用过程指标子系统层。第二层级：B影响类型指标模块层。第三层级：C影响因素指标层。第四层级：D单因素分项指标层。

该架构基于航道工程生态环境影响的分类源项、受体、状态及程度的全过程作用机理，其横向主架构分为子系统A1作业行为系统、子系统A2生境变化系统、子系统A3物种活动系统、子系统A4生态影响系统，这4种具有明显区别的影响作用过程指标子系统，涵盖了航道工程及影响所涉区域的分类作业活动、生境变化、物种活动、生态影响全过程作用机制的影响因子，其纵向主架构按照作用及影响的过程、类型、因素、分项指标这样的分层级包含关系，依次将影响作用过程指标系统展开为更为细化的影响类型指标模块，再通过各类指标模块的分支架构，进一步细化出分组的影响因素指标和分项的单因素分类分项指标。

表4.3　多层级综合指标体系架构一览

影响作用过程子系统（A）	影响类型指标模块（B）	影响因素指标（C）	单因素分类分项指标（D）
作业行为系统（A1）	施工作业模块（B1-1）	作业时序（C1-1-1）	不同施工段整体施工作业时序安排（D1-1-1-1）
			不同施工段疏浚、切滩、筑坝、护底、护岸各施工作业类型的作业时序（D1-1-1-2）
		作业形式（C1-1-2）	不同施工段疏浚、切滩、护底、护岸施工的水工构筑物材料、结构、形态。作业位置及水流、水深等设计参数（D1-1-2-1）
			不同施工段丁坝、潜堤施工的堤坝高、长、数量、挑角、材料种类、结构形式、坝间距、是否包括近自然、透水率优的材料和结构形式等设计参数（D1-1-2-2）
		作业方式（C1-1-3）	不同施工段护底施工的不同类型软体排铺设方式（D1-1-3-1）
			不同施工段各施工作业类型避开鱼类产卵期、洄游期以及保护动物长江江豚繁殖期和抚幼期的作业方式（D1-1-3-2）
			不同施工段各施工作业类型避开在相同时间段集中作业的施工组织方式（D1-1-3-3）
			不同施工段疏浚和切滩挖掘、运输、吹填、抛泥工艺等指标（D1-1-3-4）
		作业强度（C1-1-4）	不同施工段相关施工作业类型的作业长度、宽度、方量、水域及陆域占用位置、面积、工期等指标（D1-1-4-1）

影响作用过程子系统（A）	影响类型指标模块（B）	影响因素指标（C）	单因素分类分项指标（D）
作业行为系统（A1）	工程变化及环保措施落实模块（B1-2）	施工作业变化（C1-2-1）	环评期及实际施工期的疏浚、切滩、筑坝、护岸、护底等工程的施工作业时序、范围、工程量、材料、结构及施工方式变化（D1-2-1-1）
		环保措施变化（C1-2-2）	环评期及实际施工期的环保措施变化（D1-2-2-1），以及环保措施落实状况（D1-2-2-2）
	航道运行及维护模块（B1-3）	通航运行（C1-3-1）	通航船舶吨级及数量、船型及燃料、载货类型及运量的变化（D1-3-1-1），沿岸港口吞吐量、货类的变化（D1-3-1-2），船舶及港口水、气、声、固体废物排放量（D1-3-1-3），船舶及港口污染防治对策（D1-3-1-4）
		航道维护（C1-3-2）	航道维护性疏浚的范围、频次、疏浚量（D1-3-2-1），污染防治对策（D1-3-2-2）
	突发污染事故及应急模块（B1-4）	泄漏类型（C1-4-1）	溢油（原油、重油、柴油）（D1-4-1-1），危险化学品（D1-4-1-2）
		泄漏规模（C1-4-2）	易发溢出量（D1-4-2-1），泄漏时长（D1-4-2-2）
		污染风险概率（C1-4-3）	船舶及航道沿岸溢油或化学品泄漏污染事故风险概率（D1-4-3-1），易发位置（D1-4-3-2），分类风向风速统计概率（D1-4-3-3）
		应急防备（C1-4-4）	应急处置对策及人员装备配备（D1-4-4-1），环境敏感资源分布（D1-4-4-2），应急预案（D1-4-4-3），污染预警模型（D1-4-4-4），损害赔偿及修复对策（D1-4-4-5）
生境变化系统（A2）	水文环境模块（B2-1）	地形变化（C2-1-1）	不同施工段岸线及水深分布变化（D2-1-1-1）
		水流变化（C2-1-2）	不同施工段逐月或分季节的水流量、流向、流速分布变化（D2-1-2-1）
		光照变化（C2-1-3）	不同施工段逐月或分季节的光照条件分布变化（D2-1-3-1）
	水生态环境（B2-2）	水质（C2-2-1）	pH值（无量纲）（D2-2-1-1）、水温（℃）（D2-2-1-2）、悬浮物（SS）（D2-2-1-3）、溶解氧（D2-2-1-4）、高锰酸盐指数（COD_{Mn}）（D2-2-1-5）、五日生化需氧量（BOD_5）（D2-2-1-6）、总磷（D2-2-1-7）、氨氮（D2-2-1-8）、总氮（D2-2-1-9）、挥发酚（D2-2-1-10）、石油类（D2-2-1-11）、富营养化指数（D2-2-1-12）、砷（D2-2-1-13）、硫化物（D2-2-1-14）时空分布
		岸滩及沉积物类型（C2-2-2）	不同施工段粒径分布（D2-2-2-1），栖息地类型（D2-2-2-2）
		岸滩及沉积物质量（C2-2-3）	石油类（D2-2-3-1）、有机碳（D2-2-3-2）、pH值（D2-2-3-3）、镉（D2-2-3-4）、汞（D2-2-3-5）、砷（D2-2-3-6）、铜（D2-2-3-7）、铅（D2-2-3-8）、铬（D2-2-3-9）、锌（D2-2-3-10）、镍（D2-2-3-11）时空分布
	社会经济环境变化（B2-3）	渔业（C2-3-1）	渔业资源量（D2-3-1-1）、捕捞量（D2-3-1-2）时空分布
		水利（C2-3-2）	年径流量（D2-3-2-1）、泥沙通量（D2-3-2-2）时空分布
		环境（C2-3-3）	入水污染物通量（D2-3-3-1）时空分布
		交通（C2-3-4）	不同施工段通航环境变化带来的相应变化（D2-3-4-1）
物种活动系统（A3）	各类水生植物和动物活动模块（B3-1）	群落学（C3-1-1）	叶绿素a含量（D3-1-1-1）时空分布
			浮游植物（种类组成、数量分布、优势种和物种多样性、丰度）（D3-1-1-2）
			浮游动物（种类组成、数量分布、优势种和物种多样性、丰度）（D3-1-1-3）
			底栖生物（种类组成、数量分布、优势种和物种多样性、丰度）（D3-1-1-4）
			潮间带生物（种类组成、数量分布、优势种和物种多样性、丰度）（D3-1-1-5）
			水草及水生维管束植物（种类组成、数量分布、优势种和物种多样性、丰度）（D3-1-1-6）

影响作用过程子系统（A）	影响类型指标模块（B）	影响因素指标（C）	单因素分类分项指标（D）
物种活动系统（A3）	各类水生植物和动物活动模块（B3-1）	群落学（C3-1-1）	鱼卵仔鱼种类组成、优势种、资源密度及分布（D3-1-1-7）
			游泳生物种类组成、优势种、资源密度及分布（D3-1-1-8）
			工程水域重要鱼类"三场"概况：栖息地、洄游通道、越冬场、产卵场、索饵场和育幼场分布等指标的变化（D3-1-1-9）
			工程附近水域渔业生产现状（D3-1-1-10）
			珍稀水生保护动物现状（D3-1-1-11）
		生产力（C3-1-2）	初级生产力（D3-1-2-1）时空分布
			次级生产力（D3-1-2-2）时空分布
		生物体质量（C3-1-3）	石油烃（D3-1-3-1）、铜（D3-1-3-2）、锌（D3-1-3-3）、铅（D3-1-3-4）、铬（D3-1-3-5）、汞（D3-1-3-6）时空分布
		生态毒理学（C3-1-4）	生物残毒（PCB）（D3-1-4-1）时空分布
	生态系统功能（B3-2）	生态服务功能（C3-2-1）	浅水、缓流岸滩等适生栖息地供应（D3-2-1-1）
			多样性流态等适生栖息地供应（D3-2-1-2）
			挺水性植物等适生栖息地供应（D3-2-1-3）
			具备透水、通水性等适生栖息地供应（D3-2-1-4）
		生态景观健康（C3-2-2）	水体自净化能力变化（D3-2-2-1）
			适宜生境多样性及面积变化（D3-2-2-2）
			生境破碎化变化（D3-2-2-3）
	人类干预（B3-3）	减缓措施（C3-3-1）	水质防护实施方式（D3-3-1-1）
			水生生物保护（D3-3-1-2）
			水生生物救助（D3-3-1-3）
			增殖放流、人工鱼巢和植物群落营造等生态恢复实施效果（D3-3-1-4）
	重要生物关键活动（B3-4）	物种活动（C3-4-1）	主要保护物种和经济鱼类的栖息、觅食、索饵、繁殖、产卵、洄游等生态习性（D3-4-1-1）
		活动变化相关性（C3-4-2）	重要生物群落学指标、生境面积、生境破碎化、食源水源变化等具有活动变化相关性指标（D3-4-2-1）
生态影响系统（A4）	分项影响（B4-1）	分项作业直接影响（C4-1-1）	疏浚、切滩、筑坝、护底、护岸等分项施工作业（D4-1-1-1）以及航道运行、维护（D4-1-1-2）对生态环境带来的直接影响指标
		分项作业间接影响（C4-1-2）	分项施工作业（D4-1-2-1）以及航道运行、维护（D4-1-2-2）对生态环境带来的间接影响指标
	叠加累积影响（B4-2）	多类工程叠加影响（C4-2-1）	在相同或相近时间和空间范围内不同类型施工作业以及航道运行、维护对同一直接影响因素（如水中噪声、水中悬浮物浓度、水流流向及流速、栖息地变化、岸滩及底栖生物损失量等）带来的叠加影响指标（D4-2-1-1）
		多类工程累积影响（C4-2-2）	在工程及影响区域多种直接、间接影响叠加后产生的综合累积影响指标（D4-2-2-1）
	环保措施落实效果影响（B4-3）	环评阶段提出措施（C4-3-1）	在工程环评阶段，对疏浚、切滩、筑坝、护底、护岸等施工作业以及航道运行、维护提出的对应环保措施的落实情况及实施效果（D4-3-1-1），以及溢油和化学品泄漏对应的应急措施情况（D4-3-1-2）
		工程变化追加措施（C4-3-2）	工程变化带来影响对应的追加措施状况（D4-3-2-1）

影响作用过程子系统（A）	影响类型指标模块（B）	影响因素指标（C）	单因素分类分项指标（D）
生态影响系统（A4）	影响持续时长（B4-4）	短期影响（C4-4-1）	因工程施工、维护（D4-4-1-1）和季节性运行（D4-4-1-2）带来的短期不利影响，随着施工及维护的结束，或季节变化，该影响能够消除或在短期内得到明显减缓，如抛石、筑堤引起的水中悬浮物浓度、水中噪声增加，工程施工对水生生物洄游、产卵、越冬等关键活动影响的指标
		中长期影响（C4-4-2）	工程施工、维护带来的不利影响，即便施工及维护结束在短期内仍难以得到明显减缓（D4-4-2-1），如抛石、筑堤引起的水流变化，对物质、能量交换产生的阻隔作用；工程运行的不利影响，即便季节变化仍难以得到明显减缓（D4-4-2-2），如工程运营对水生生物洄游、产卵、越冬的影响等指标

上述纵向主架构由分属于4列子系统的共计15类影响类型指标模块组成，具体如下：

① A1作业行为系统包括B1-1施工作业、B1-2工程变化及环保措施落实、B1-3航道运行及维护、B1-4突发污染事故及应急4类影响类型指标模块；

② A2生境变化系统包括B2-1水文环境、B2-2水生态环境、B2-3社会经济环境变化3类影响类型指标模块；

③ A3物种活动系统包括B3-1生物活动、B3-2生态系统功能、B3-3人类干预、B3-4重要生物关键活动4类影响类型指标模块；

④ A4生态影响系统包括B4-1分项影响、B4-2叠加累积影响、B4-3环保措施落实效果影响、B4-4影响持续时长4类影响类型指标模块。

各类指标模块的分支架构包括横向分支架构和纵向分支架构。

横向分支架构由分属于15类指标模块的共计39组影响因素指标组成，每类指标模块的横向分支架构具体如下：

① B1-1施工作业影响类型指标模块包括C1-1-1作业时序、C1-1-2作业形式、C1-1-3作业方式、C1-1-4作业强度4组影响因素指标；

② B1-2工程变化及环保措施落实影响类型指标模块包括C1-2-1施工作业变化、C1-2-2环保措施变化2组影响因素指标；

③ B1-3航道运行及维护影响类型指标模块包括C1-3-1通航运行、C1-3-2航道维护2组影响因素指标；

④ B1-4突发污染事故及应急影响类型指标模块包括C1-4-1泄漏类型、C1-4-2泄漏规模、C1-4-3污染风险概率、C1-4-4应急防备4组影响因素指标；

⑤ B2-1水文环境影响类型指标模块包括C2-1-1地形变化、C2-1-2水流变化、C2-1-3光照变化3组影响因素指标；

⑥ B2-2水生态环境影响类型指标模块包括C2-2-1水质、C2-2-2岸滩及沉积物类型、C2-2-3岸滩及沉积物质量3组影响因素指标；

⑦ B2-3社会经济环境变化影响类型指标模块包括C2-3-1渔业、C2-3-2水利、C2-3-3环境、C2-3-4交通3组影响因素指标；

⑧ B3-1生物活动影响类型指标模块包括C3-1-1群落学、C3-1-2生产力、C3-1-3生物体质量和C3-1-4生态毒理学4组影响因素指标；

⑨ B3-2生态系统功能影响类型指标模块包括C3-2-1生态服务功能、C3-2-2生态景观健

康2组影响因素指标；

⑩ B3-3人类干预影响类型指标模块包括C3-3-1减缓措施1组影响因素指标；

⑪ B3-4重要生物关键活动影响类型指标模块包括C3-4-1物种活动、C3-4-2活动变化相关性2组影响因素指标；

⑫ B4-1分项影响的影响类型指标模块包括C4-1-1分项作业直接影响、C4-1-2分项作业间接影响2组影响因素指标；

⑬ B4-2叠加累积影响的影响类型指标模块包括C4-2-1多类工程叠加影响、C4-2-2多类工程累积影响2组影响因素种指标；

⑭ B4-3环保措施落实效果影响的影响类型指标模块包括C4-3-1环评阶段提出措施、C4-3-2工程变化追加措施2组影响因素指标；

⑮ B4-4影响持续时长影响类型指标模块包括C4-4-1短期影响、C4-4-2中长期影响2组影响因素指标。

纵向分支架构由分属于39组影响因素指标的多类多项单因素分类分项指标组成，具体如下：

① C1-1-1作业时序影响因素指标包括D1-1-1-1不同施工段整体施工作业时序安排以及D1-1-1-2不同施工段疏浚、切滩、筑坝、护底、护岸各自的施工作业时序2类多项单因素分类分项指标；

② C1-1-2作业形式影响因素指标包括D1-1-2-1不同施工段疏浚、切滩、护底、护岸施工的水工构筑物材料、结构、形态，作业位置及水流、水深这样的设计参数、D1-1-2-2不同施工段丁坝、潜堤施工的堤坝高、长、数量、挑角、间距、是否包含近自然、透水率优的材料和结构形式2类多项单因素分类分项指标；

③ C1-1-3作业方式影响因素指标包括D1-1-3-1不同施工段护底不同类型软体排铺设方式、D1-1-3-2不同施工段各施工作业类型避开鱼类产卵期、洄游期以及保护动物繁殖期和抚幼期的作业方式、D1-1-3-3不同施工段各施工作业类型避开在相同时间段集中作业的施工组织方式、D1-1-3-4不同施工段疏浚和切滩挖掘、运输、吹填、抛泥工艺4类多项单因素分项分类指标；

④ C1-1-4作业强度影响因素指标包括D1-1-4-1不同施工段各施工作业类型的作业长度、宽度、方量、水域及陆域占用位置、面积、工期1类多项单因素分类分项指标；

⑤ C1-2-1施工作业变化影响因素指标包括D1-2-1-1航道工程环评期及实际施工期的疏浚、切滩、筑坝、护岸、护底工程的施工作业时序、范围、工程量、材料、结构、施工方式变化1类多项单因素分类分项指标；

⑥ C1-2-2环保措施变化影响因素指标包括D1-2-2-1航道工程环评期及实际施工期的环保措施变化、D1-2-2-2环保措施落实状况2类多项单因素分类分项指标；

⑦ C1-3-1通航运行影响因素指标包括D1-3-1-1通航船舶吨级及数量、船型及燃料、载货类型及运量的变化、D1-3-1-2沿岸港口吞吐量、货类的变化、D1-3-1-3船舶及港口水、气、声、固体废物排放量、D1-3-1-4船舶及港口污染防治对策4类多项单因素分类分项指标；

⑧ C1-3-2航道维护影响因素指标包括D1-3-2-1航道维护性疏浚的范围、频次、疏浚量、D1-3-2-2航道维护性疏浚的污染防治对策2类多项单因素分类分项指标；

⑨ C1-4-1泄漏类型影响因素指标包括D1-4-1-1原油、重油、柴油这样的溢油类型、D1-4-1-2危险化学品的类型2类多项单因素分类分项指标；

⑩ C1-4-2泄漏规模影响因素指标包括D1-4-2-1易发溢出量、D1-4-2-2易发泄漏时长2类多项单因素分类分项指标；

⑪ C1-4-3污染风险概率影响因素指标包括D1-4-3-1船舶及航道沿岸溢油及化学品泄漏污染事故风险概率、D1-4-3-2污染事故风险易发位置、D1-4-3-3分类风向风速统计概率3类多项单因素分类分项指标；

⑫ C1-4-4应急防备影响因素指标包括D1-4-4-1应急处置对策及人员装备配备、D1-4-4-2环境敏感资源分布、D1-4-4-3应急预案、D1-4-4-4污染预警模型、D1-4-4-5损害赔偿及修复对策5类多项单因素分类分项指标；

⑬ C2-1-1地形变化影响因素指标包括D2-1-1-1不同施工段岸线及水深分布变化1类多项单因素分类分项指标；

⑭ C2-1-2水流变化影响因素指标包括D2-1-2-1不同施工段逐月或分季节的水流量、流向、流速分布变化1类多项单因素分类分项指标；

⑮ C2-1-3光照变化影响因素指标包括D2-1-3-1不同施工段逐月或分季节的光照条件分布变化1类多项单因素分类分项指标；

⑯ C2-2-1水质影响因素指标包括D2-2-1-1～D2-2-1-14水质时空分布中的pH值、水温、悬浮物（SS）、溶解氧（DO）、高锰酸盐指数（COD$_{Mn}$）、五日生化需氧量（BOD$_5$）、总磷、氨氮、总氮、挥发酚、石油类、富营养化指数、砷、硫化物14类多项单因素分类分项指标；

⑰ C2-2-2岸滩及沉积物类型影响因素指标包括D2-2-2-1不同施工段粒径分布、D2-2-2-2不同施工段栖息地类型2类多项单因素分类分项指标；

⑱ C2-2-3岸滩及沉积物质量影响因素指标包括D2-2-3-1～D2-2-3-11岸滩及沉积物质量时空分布中的石油类、有机碳、pH值、镉、汞、砷、铜、铅、铬、锌、镍11类多项单因素分类分项指标；

⑲ C2-3-1渔业指标影响因素指标包括D2-3-1-1渔业资源量时空分布、D2-3-1-2捕捞量时空分布2类多项单因素分类分项指标；

⑳ C2-3-2水利指标影响因素指标包括D2-3-2-1年径流量时空分布、D2-3-2-2泥沙通量时空分布2类多项单因素分类分项指标；

㉑ C2-3-3环境指标影响因素指标包括D2-3-3-1入水污染物通量时空分布1类多项单因素分类分项指标；

㉒ C2-3-4交通指标影响因素指标包括D2-3-4-1不同施工段通航环境变化带来的相应变化1类多项单因素分类分项指标；

㉓ C3-1-1群落学影响因素指标包括D3-1-1-1叶绿素a含量时空分布，D3-1-1-2浮游植物的种类组成、数量分布、优势种和物种多样性、丰度，D3-1-1-3浮游动物的种类组成、数量分布、优势种和物种多样性、丰度，D3-1-1-4底栖生物的种类组成、数量分布、优势种和物种多样性、丰度，D3-1-1-5潮间带生物的种类组成、数量分布、优势种和物种多样性、丰度，D3-1-1-6水草及水生维管束植物的种类组成、数量分布、优势种和物种多样性、丰度，D3-1-1-7鱼卵仔鱼的种类组成、优势种、资源密度及分布，D3-1-1-8游泳生物的种类组成、优势种、资源密度及分布，D3-1-1-9工程水域重要鱼类栖息地、洄游通道、越冬场、产卵场、索饵场和育幼场分布情况及其变化，D3-1-1-10工程附近水域渔业生产现状，D3-1-1-11珍稀水

生保护动物现状11类多项单因素分类分项指标；

㉔ C3-1-2生产力影响因素指标包括D3-1-2-1初级生产力时空分布、D3-1-2-2次级生产力时空分布2类多项单因素分类分项指标；

㉕ C3-1-3生物体质量影响因素指标包括D3-1-3-1～D3-1-3-6生物体质量时空分布中的石油烃、铜、锌、铅、铬、汞这6类多项单因素分类分项指标；

㉖ C3-1-4生态毒理学影响因素指标包括D3-1-4-1生物残毒（PCB）时空分布1类多项单因素分类分项指标；

㉗ C3-2-1生态服务功能影响因素指标包括D3-2-1-1浅水、缓流岸滩类型的适生栖息地供应，D3-2-1-2多样性流态类型的适生栖息地供应，D3-2-1-3挺水性植物类型的适生栖息地供应，D3-2-1-4具备透水、通水性这样的适生栖息地供应4类多项单因素分类分项指标；

㉘ C3-2-2生态景观健康影响因素指标包括D3-2-2-1水体自净化能力变化、D3-2-2-2适宜生境多样性及面积变化、D3-2-2-3生境破碎化变化3类多项单因素分类分项指标；

㉙ C3-3-1减缓措施影响因素指标包括D3-3-1-1水质防护实施方式、D3-3-1-2水生生物保护、D3-3-1-3水生生物救助、D3-3-1-4增殖放流、人工鱼巢和植物群落营造这样的生态恢复实施效果3类多项单因素分类分项指标；

㉚ C3-4-1物种活动影响因素指标包括D3-4-1-1主要保护物种和经济鱼类的栖息、觅食、索饵、繁殖、产卵、洄游这样的生态习性1类多项单因素分类分项指标；

㉛ C3-4-2活动变化相关性影响因素指标包括D3-4-2-1重要生物群落学、生境面积、生境破碎化、食源水源变化1类具有活动变化相关性的多项单因素分类分项指标。

㉜ C4-1-1分项作业直接影响的影响因素指标包括D4-1-1-1疏浚、切滩、筑坝、护底、护岸施工作业直接影响，D4-1-1-2航道运行、维护对生态环境带来的直接影响2类多项单因素分类分项指标；

㉝ C4-1-2分项作业间接影响的影响因素指标包括D4-1-2-1分项施工作业间接影响，D4-1-2-2航道运行、维护对生态环境带来的间接影响2类多项单因素分类分项指标；

㉞ C4-2-1多类工程叠加影响的影响因素指标包括D4-2-1-1在相同或相近时间和空间范围内不同类型施工作业以及航道运行、维护对水中噪声、水中悬浮物浓度、水流流向及流速、栖息地变化、岸滩及底栖生物损失量这样的同一直接影响因素带来的叠加影响1类多项单因素分类分项指标；

㉟ C4-2-2多类工程累积影响的影响因素指标包括D4-2-2-1在工程及影响区域多种直接、间接影响叠加后产生的综合累积影响1类多项单因素分类分项指标；

㊱ C4-3-1环评阶段提出措施影响因素指标包括D4-3-1-1工程环评阶段针对疏浚、切滩、筑坝、护底、护岸施工作业以及航道运行、维护提出的对应环保措施落实情况及实施效果，D4-3-1-2溢油及化学品泄漏对应的应急措施状况2类多项单因素分类分项指标；

㊲ C4-3-2工程变化追加措施影响因素指标包括D4-3-2-1工程变化带来影响对应的追加措施状况1类多项单因素分类分项指标；

㊳ C4-4-1短期影响的影响因素指标包括D4-4-1-1因工程施工及维护而带来的短期不利影响、D4-4-1-2因某些季节性工程运行而带来的短期不利影响2类单多项因素分类分项指标；

㊴ C4-4-2中长期影响的影响因素指标包括D4-4-2-1工程施工、维护带来的不利影响即

便施工及维护结束在短期内仍难以得到明显减缓，D4-4-2-2工程运行的不利影响即便季节变化仍难以得到明显减缓2类多项单因素分类分项指标。

指标体系架构详见图4.1～图4.3。

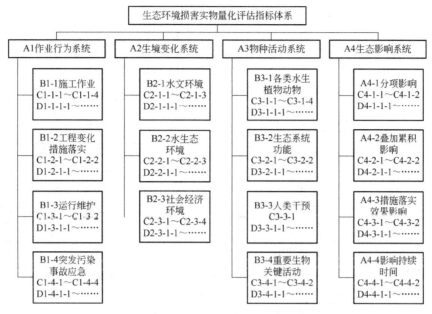

图4.1 生态环境损害实物量化评估指标体系

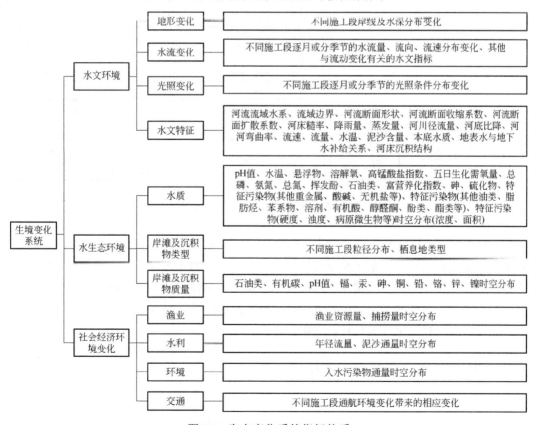

图4.2 生态变化系统指标体系

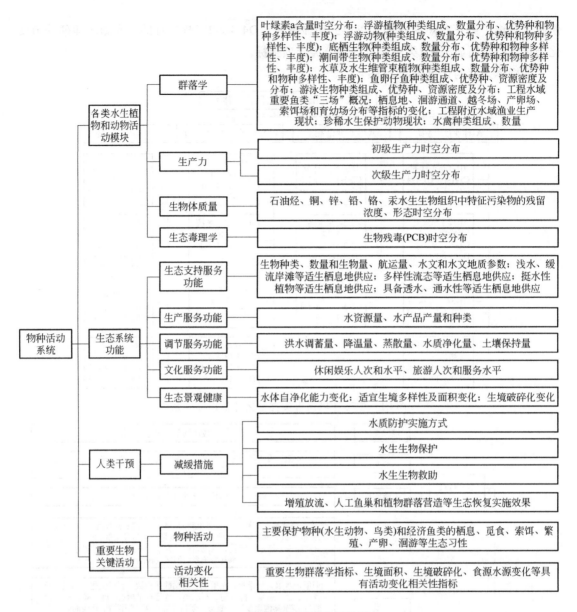

图4.3　物种活动系统指标体系

（2）权重确定　权重分析采用层次分析法（AHP）。目的在于确定影响生态环境损害程度的各个指标之间相对权重。从上至下分析每一层每一元素对上一层次某一元素产生的贡献相对大小，即重要性相对大小，采用1～9标度法，构造两两比较的判断矩阵，可得到各组分对生态环境损害产生贡献的大小，以权重表示。所有的指标受损程度都以比例（%）形式表示，各项予以权重可以计算出生态环境的受损程度。

4.4.3　淡水生态环境损害实物量化

淡水生态环境损害实物量化包括损害范围和损害程度的量化。淡水生态环境损害实物量化部分明确了损害程度和范围量化的思路与方法。提出了损害程度量化的主要指标，针对污染物浓度、水生生物量、水生生物多样性与生态系统服务，提出具体的损害量化方法。

损害范围量化重点强调涉及水环境污染损害、生物资源损害及生态服务损害的时间范围和空间范围确定的方法与依据。

4.4.3.1　损害程度量化通用指标

损害程度量化是对淡水水质与沉积物中特征污染物浓度，水生生物质量，种群类型、数量和密度，水生态系统服务功能超过基线水平的程度进行分析，为水生态环境与水生生物资源恢复方案的设计和恢复费用的计算、价值量化提供依据。

（1）特征污染物的筛选　在污染源明确的情况下，参考国家或行业排放标准，通过现场踏勘、资料收集和人员访谈，根据排污单位的生产工艺、原料辅料使用情况，以及污染物在地表水与沉积物迁移转化中发生物理、化学变化或者与生物相互作用可能产生的二次污染物，综合分析识别特征污染物。

对于污染源不明的情况，通过对采集样品的定性和定量化学分析，识别特征污染物。

特征污染物的筛选应优先选择我国相关水环境质量标准（GB 3838—2002、GB 5084—2021、GB 11607—89），以及有毒有害水污染物名录中规定的物质。对于检测到的相关标准中没有的物质，应通过查询国外相关法规标准、开放数据库、研究成果，根据化学物质的理化性质、易腐蚀性、环境持久性、生物累积性、急慢性毒性和致癌性等特点，筛选识别特征污染物。必要时结合相关实验测试，评估其危害，确定是否作为特征污染物。化学物质的危害性分类方法参考GB/T 22234—2008和GB 13690—2009。所依据的化学物质的毒性数据质量需符合《淡水水生生物水质基准制定技术指南》（HJ 831—2017）相关筛选原则。

水环境污染事件涉及的常见特征污染物主要包括以下内容。

① 无机污染物：重金属、酸碱、无机盐等。

② 有机污染物：油类、脂肪烃、苯系物、溶剂、有机酸、醇醛酮、酚类、酯类等。

③ 富营养化特征指标：总磷、总氮、硝酸盐、亚硝酸盐、氨氮、藻华、异味物质等。

可能影响污染物对地表水和沉积物环境及水生生物潜在损害的监测指标主要包括以下内容。

① 物理指标：温度、流速、深度、其他与流动变化有关的水文指标。

② 水质指标：pH值、硬度、溶解氧、浊度、COD、病原微生物等。

（2）水文与水文地质指标的确定

① 对于流水生态环境，重点关注事件发生的河流流域水系、流域边界、河流断面形状、河流断面收缩系数、河流断面扩散系数、河床糙率、降雨量、蒸发量、河川径流量、河底比降、河流弯曲率、流速、流量、水温、泥沙含量、本底水质、地表水与地下水补给关系、河床沉积结构等指标。

② 对于静水生态环境，重点关注湖泊形状、水温、水深、盐度、湖底地形、出入湖（库）流量，湖流的流向和流速，环流的流向和流速，稳定时间，湖（库）所在流域气象数据，如风场、气温、蒸发、降雨、湿度、太阳辐射、地表水与地下水补给关系、湖库底层及侧壁

地层岩性、导水裂隙分布等指标。

（3）水生生物指标的确定　根据水生态环境事件类型和影响水域实际情况，选择代表性强、操作性好的水生生物指标开展监测。

石油类、毒性有机物、重金属等污染物导致的水环境污染事件的水生生物调查指标包括生物种类、数量或生物量、形态和水生生物组织中特征污染物的残留浓度。酸碱、氮、磷等污染物和有机质、溶解氧、热能等指标变化导致的水环境污染事件的水生生物调查指标包括生物种类、数量或生物量。

浮游生物调查指标包括种类组成、生物量；底栖动物调查指标包括种类组成、数量和生物量；鱼类及其他大型水生生物调查指标包括种类组成、数量和生物量等；水禽调查指标包括种类组成和数量。重点关注国家重点保护野生水生动物和鸟类相关物种。

（4）水生态系统服务功能指标的确定　对水生态系统支持服务功能改变的，调查监测指标主要包括生物种类、数量和生物量、栖息地面积、航运量、水文和水文地质参数，重点关注保护物种、濒危物种；对水生态系统生产服务功能改变的，调查指标主要包括水资源量、水产品产量和种类；导致水生态系统调节服务功能改变的，调查评估指标主要包括洪水调蓄量、降温量、蒸散量、水质净化量、土壤保持量；对水生态系统文化服务功能改变的，调查评估指标主要包括休闲娱乐人次和水平、旅游人次和服务水平。

4.4.3.2　单个指标损害实物量化

（1）污染物浓度　基于淡水水体与沉积物中特征污染物浓度与基线水平，确定每个评估点位淡水水质和沉积物的受损害程度，根据以下公式计算。

$$k_i = \frac{T_i - B}{B}$$

式中，k_i为某评估点位淡水水质与沉积物的受损害程度；T_i为某评估点位淡水水质与沉积物中特征污染物的浓度；B为淡水水质与沉积物中特征污染物的基线水平。

基于淡水水质、沉积物中特征污染物平均浓度超过基线水平的区域面积占评估区面积的比例，确定评估区淡水水质与沉积物的受损害程度。

$$k = \frac{N_0}{N}$$

式中，k为超基线率，即评估区淡水水质、沉积物中特征污染物平均浓度超过基线水平的区域面积占评估区面积的比例；N_0为评估区淡水水质、沉积物中特征污染物平均浓度超过基线水平的区域面积；N为淡水水质、沉积物评估区面积。

（2）水生生物量　根据区域水环境条件和对照点水生生物状况，选择具有重要社会经济价值的水生生物和指示生物，参照《渔业污染事故经济损失计算方法》（GB/T 21678—2018），采用下式估算。

$$Y_1 = (\Sigma D_i) R_i A_p$$

式中，Y_1为生物资源（包括鱼、虾、贝等水产品）损失量，kg或尾；D_i为近3年内同期第

i 种生物资源密度，kg/km²或尾/km²；R_i 为第 i 种生物资源损失率，%；A_p 为受损害面积，km²。

生物资源损失率按下式计算。

$$R = \frac{\overline{D} - D_p}{\overline{D}} \times 100\% - E$$

式中，R 为生物资源损失率，%；$\overline{D}$ 为近3年内同期水生生物资源密度，kg/km²或尾/km²；D_p 为损害后水生生物资源密度，kg/km²或尾/km²；E 为回避逃逸率，%。

（3）水生生物多样性 从重点保护物种减少量和生物多样性变化量两方面进行评价。

① 重点保护物种减少量（ΔS）。计算公式如下。

$$\Delta S = NB - NP$$

式中，NB和NP分别是基线水平和损害影响范围下的重点保护物种数。

② 生物多样性变化量。计算公式如下。

$$\Delta BD_i = BD_{i_0} - BD_i$$

式中，ΔBD_i、BD_{i_0} 和 BD_i 分别为第 i 类生物多样性指数（如鱼类、浮游动物、大型底栖动物、两栖动物等）变化量、基线水平和损害发生后的生物多样性指数。

生物多样性指数可以采用香农-威纳指数确定。

$$H = -\Sigma(P_i \ln P_i)$$

式中，H 为群落物种多样性指数；P_i 为第 i 种物种的个体数占总个体数的比例，如总个体数为 N，第 i 种个体为 N，则 $P_i = n_i / N$。

（4）水生态系统服务功能 如果涉及除水产品或生物多样性支持以外的水生态系统服务功能受损，如支持功能（地形地貌破坏量）、产品供给服务（水资源供给量、砂石资源破坏量）、调节服务（水源涵养量、蒸散量、污染物净化量、土壤保持量）、文化服务（休闲娱乐水平、旅游人次）等受到严重影响，常见水生态系统服务功能量化方法可根据水生态系统服务功能的类型特点和评估水域实际情况，选择适合的评估指标，确定水生态系统服务功能的受损害程度或损害量。

$$K = \frac{B - S}{B}$$

式中，K 为水生态系统服务功能的受损害程度；B 为水生态系统服务功能指标的基线水平；S 为损害发生后水生态系统服务功能指标的水平。

$$K' = B' - S'$$

式中，K' 为水生态系统服务功能的受损量；B' 为损害发生前水生态系统服务功能量；S' 为损害发生后水生态系统服务功能量。

4.4.3.3 评价方法的优先序

生态环境损害实物量化的常用方法主要包括统计分析、空间分析、模型模拟。其中空间分析、模型模拟主要用在空间范围确定方面，实物量化主要用的方法是统计分析法，实物量化评估的目的是比较污染环境行为或破坏生态行为发生前后淡水生态环境质量状况、生物种群数量、密度、结构等的变化，确定生态环境中特征污染物浓度、生物资源或生态系统服务超过基线的时间、体积和程度等变量和因素。因此其量化方法的应用优先序与基线判定优先序是紧密相关的。在生态系统作为损害评估受体时，从资源角度，综合指数法和频数分布法应用较多，从生态系统功能角度可采用权重法。在水生生物相关指标方面，沉积物量化时可采用物种敏感度分析曲线法，当以单一物种或种群受体为实物量化对象时，可以采用生态毒理模型和高斯模型，生物群落作为实物量化对象时，可采用评价因子法、物种敏感度分布法、毒性百分数排序法（适用于对水生生物具有毒性的污染物）。

在选择实物损害量化评估方法时，必须综合考虑待判定区域的实际情况、方法的优缺点、计划耗费的时间、金钱等各方面因素，在条件允许的情况下做出最优选择。

4.4.3.4 范围确定

（1）时间范围确定　国内外学者在时间范围上的观点是基本一致的，淡水生态环境损害鉴定评估工作的时间范围以污染环境或破坏生态行为发生日期为起点，持续到受损生态环境及其生态系统服务恢复至基线为止。考虑到实际司法实践中，时间边界起点在评估初期可确定，终点根据恢复方案、设置恢复情景不同而改变，因此通常在恢复方案设计阶段才能确定。

根据污染物的生物毒性、生物富集性、生物致畸性等特性以及水环境治理方案、水生态恢复方案，判断生物资源类生态环境损害的时间范围。

涉及产品供给服务、水源涵养等调节服务、航运交通和栖息地等支持功能、休闲旅游等文化服务功能的，分析水生态环境损害和水环境治理方案、水生态恢复方案实施对产品供给、水源涵养、航运交通、生物栖息地、休闲舒适度、旅游人次等生态系统服务功能的影响的持续时间。

（2）空间范围确定　对于空间范围，不同学者有不同认知。总纲及指南中对生态环境损害鉴定评估工作空间范围的确定可以综合利用现场调查、环境监测、遥感分析和模型预测等方法，依据污染物的迁移扩散范围或破坏生态行为的影响范围确定。罗园等学者认为：地表水、底泥空间尺度为微生境尺度，鱼类、浮游动植物等涉及生物密度的指标适用于小河段尺度，为协调指标在尺度上存在的一定差异，需要分不同河段对指标进行评估。结合鉴定评估工作实际，纵向空间范围为污染河段的长度，横向空间范围一般设定为河宽以及两岸各延伸一定的宽度。开展评估时，需要根据水文条件、水质扩散条件等将评估区域河流分段，可借助环境数学模型预测并结合实际监测数据，以确定空间范围。

根据各采样点位淡水水质与沉积物、水生生物、水生态系统损害确认和损害程度量化的结果，分析淡水水质与沉积物环境质量、水生生物、水生态系统服务功能等不同类型损害的空间范围。对于涉及污染物泄漏、污水排放、废物倾倒等污染地表水的突发水环境污染事件，缺少实际调查监测数据的生态环境损害，可以通过收集污染排放数据、水动力学参数、水文地质参数、水生态效应参数，构建水动力学、水质模拟、水生态效应概念模型，模拟污染物在淡水水体与沉积物中的迁移扩散情况，不同位置的污染物浓度及其随时间的变化，初步确定损害空间范围。

4.5 淡水生态环境损害价值量化技术常用方法

4.5.1 淡水生态环境损害恢复技术及恢复费用计算方法

淡水生态环境损害恢复技术包括淡水生态环境损害恢复的类型、恢复目标确定、恢复方式、技术筛选方法、方案确定原则及恢复费用计算方法。

损害情况发生后，经损害鉴定评估机构判断，如果污染物浓度在两周内恢复至基线水平，水生生物种类、形态和数量以及水生态系统服务功能未观测到明显改变，采用实际治理成本法统计处置费用。

经损害鉴定评估机构判断，如果污染物浓度不能在两周内恢复至基线水平，或者能观测或监测到水生生物种类、形态、质量和数量以及水生态系统服务功能明显改变，应判断受损的水环境、水生生物以及水生态系统服务功能是否能通过实施恢复措施进行恢复，如果可以，基于等值分析方法，淡水生态环境损害鉴定评估机构应制定基本恢复方案，计算期间损害，制定补偿性恢复方案；如果制定的恢复方案未能将水环境完全恢复至基线水平并补偿期间损害，则制定补充性恢复方案。

经损害鉴定评估机构判断，如果受损水环境、水生生物以及水生态系统服务功能不能通过实施恢复措施进行恢复或完全恢复到基线水平，或不能通过补偿性恢复措施补偿期间损害，基于等值分析原则，采用环境资源价值评估方法对未予恢复的水环境、水生生物资源以及水生态系统服务功能损失进行计算。

4.5.1.1 恢复方案的确定

（1）恢复目标确定　基本恢复的目标是将受损的水环境、水生生物以及水生态系统服务功能恢复至基线水平。如果由于现场条件或技术可达性等限制原因，水环境、水生生物以及水生态系统服务功能不能完全恢复至基线水平，根据水环境功能规划，确定基本恢复目标。基本恢复目标低于基线水平的，计算相应的损失。

补偿性恢复的目标是补偿受损水环境、水生生物以及水生态系统服务功能恢复至基线水平期间的损害。

如果由于现场条件或技术可达性等限制原因，水环境、水生生物以及水生态系统服务功能的基本恢复方案实施后未达到基本恢复目标或补偿性恢复方案未达到补偿期间损害的目标，则损害鉴定评估机构应开展补充性恢复或者采用环境资源价值量化方法计算相应的损失。

对于水生态系统受到影响的事件，损害鉴定评估机构应选择具有代表性的水生生物、水生态系统服务功能作为恢复目标。

（2）恢复技术筛选　淡水生态环境损害的恢复技术包括水环境治理技术、沉积物修复技术、水生生物恢复技术、水生态系统服务功能修复与恢复技术。在掌握不同恢复技术的原理、适用条件、费用、成熟度、可靠性、恢复时间、二次污染和破坏、技术功能、恢复的可持续性等要素的基础上，参照类似案例经验，结合水环境污染特征、水生生物和水生态系统服务功能的损害程度、范围和特征，损害鉴定评估机构可从主要技术指标、经济指标、环境指标等方面对各项恢复技术进行全面分析比较，确定备选技术；或采用专家评分的方法，通过设置评价指标体系和权重，对不同恢复技术进行评分，确定备选技术。提出一种或多种备选恢复技术，通过实验室小试、现场中试、应用案例分析等方式对备选恢复技术进行可行性评估。基于恢复技术比选和可行性评估结果，选择和确定恢复技术。

（3）恢复方案确定　根据确定的恢复技术，可以选择一种或多种恢复技术进行组合，制定备选的综合恢复方案。综合恢复方案可能同时涉及基本恢复方案、补偿性恢复方案和补充性恢复方案，可能的情况如下。

① 仅制定基本恢复方案，不需要制定补偿性和补充性恢复方案。损害持续时间短于或等于一年，现有恢复技术可以使受损水环境、水生生物以及水生态系统服务功能在一年内恢复到基线水平，经济成本可接受，不存在期间损害。

② 需要分别制定基本恢复方案和补偿性恢复方案。损害持续时间长于一年，有可行的恢复方案使受损水环境、水生生物以及水生态系统服务功能在一年以上较长时间内恢复到基线水平，实施成本与恢复后取得的收益相比合理，存在期间损害。

补偿性恢复方案包括三种，一种是恢复具有与评估水域类似生态系统服务功能水平的异位恢复，第二种是使受损水域具有更高生态系统服务功能水平的原位恢复，第三种是达到类似生态系统服务功能水平的替代性恢复（受污染沉积物经风险评估无需修复，可以异位修复另外一条工程量相同的被污染河流沉积物，或通过原位修建孵化场培育较基线种群数量更多的水生生物，或通过修建污水处理设施替代受污染的水体自然恢复损失等资源对等或服务对等、因地制宜的水环境、水生生物或水生态恢复方案）。制定补偿性恢复方案时应采用损害程度和范围等实物量指标，如污染物浓度、生物资源数量、河流或湖库的长度或面积。

③ 需要分别制定基本恢复方案、补偿性恢复方案和补充性恢复方案。有可行的恢复方案使受损的水环境、水生生物、水生态系统服务功能在一年以上较长时间内恢复到基线水平，实施成本与恢复后取得的收益相比合理，存在期间损害，需要制定补偿性恢复方案；基本恢复和补偿性恢复方案实施后未达到既定恢复目标的，需要进一步制定补充性恢复方案，使受损的水环境、水生生物、水生态系统服务功能实现既定的基本恢复和补偿性恢复目标。

④ 现有恢复技术无法使受损的水环境、水生生物、水生态系统服务功能恢复到基线水平，或只能恢复部分受损的水环境以及水生态系统服务功能，通过环境资源价值评估方法对受损水环境、水生生物、水生态系统服务功能，以及相应的期间损害进行价值量化。

由于基本恢复方案和补偿性恢复方案的实施时间与成本相互影响，应考虑损害的程度与范围、不同恢复技术和方案的难易程度、恢复时间和成本等因素，对综合恢复方案进行比选，具体参考GB/T 39791.1—2020。

综合恢复方案的筛选应统筹考虑水环境质量、水生生物资源以及其他水生态系统服务功能的恢复，并结合不同方案的成熟度、可靠性、二次污染、社会效益和经济效益等因素确定。综合分析和比选不同备选恢复方案的优缺点，确定最佳恢复方案。

4.5.1.2　损害恢复费用计算方法选取原则

当淡水生态环境可恢复时，需要对恢复费用进行计算时，根据地表水与沉积物环境、水生生物、水生态系统服务功能的基本恢复、补偿性恢复和补充性恢复方案，按照下列优先级顺序选用计算方法，计算恢复方案实施所需要的费用。

（1）实际费用统计法　实际费用统计法适用于污染清理、控制、修复和恢复措施已经完成或正在进行的情况。收集实际产生的费用信息，参照 GB/T 39791.2—2020，并对实际产生费用的合理性进行审核后，将统计得到的实际产生费用作为恢复费用。

（2）费用明细法　费用明细法适用于恢复工程方案比较明确，各项具体工程措施及其规模比较具体，所需要的设施、材料、设备等比较确切，各要素的成本比较明确的情况。费用明细法应列出具体的工程措施、各项措施的规模，明确需要建设的设施以及需要用到的材料和设备的数量、规格及能耗等内容，根据各种设施、材料、设备、能耗的单价，列出工程费用明细。具体包括投资费、运行维护费、技术服务费、固定费用。投资费包括场地准备、设施安装、材料购置、设备租用等费用；运行维护费包括检查维护、监测、药剂等易耗品购置、系统运行水电消耗和其他能耗、污泥和废弃物处理处置等费用；技术服务费包括项目管理、调查取样和测试、质量控制、试验模拟、专项研究、方案设计、报告编制等费用；固定费用包括设备更新、设备撤场、健康安全防护等费用。

（3）承包商报价法　承包商报价法适用于恢复工程方案比较明确，各项具体工程措施及其规模比较具体，所需要的设施、材料、设备等比较确切，但各要素的成本不确定的情况。承包商报价法应选择3家或3家以上符合要求的承包商，由承包商根据恢复目标和恢复方案提出报价，对报价进行综合比较，确定合理的恢复费用。

（4）指南或手册参考法　指南或手册参考法适用于已经筛选确定恢复技术，但具体工程方案不明确的情况。基于所确定的恢复技术，参照相关指南或手册，确定技术的单价，根据待治理的淡水水体、水生生物和水生态系统恢复量，计算恢复费用。

（5）案例比对法　案例比对法适用于恢复技术和工程方案不明确的情况。调研与损害鉴定评估项目规模、污染特征、生态环境条件相类似且时间较为接近的案例，基于类似案例的恢复费用，计算该损害鉴定评估项目可能的恢复费用。

4.5.2　淡水生态环境损害价值量化其他常见方法

4.5.2.1　实际治理成本法

对于污染清理、控制、修复和恢复措施已经完成或正在进行的情况，比如，通过应急处置措施得到有效处置、没有产生二次污染影响的突发水环境污染事件，损害鉴定评估机构应该采用实际治理成本法计算生态环境损害。

4.5.2.2　虚拟治理成本法

对于向水体排放污染物的事实存在，但由于淡水生态环境损害观测或应急监测不及时等原因导致损害事实不明确或淡水生态环境已自然恢复，或者不能通过恢复工程完全恢复的淡水生态环境损害，或者实施恢复工程的成本远远大于其收益的情形，建议损害鉴定评估机构采用虚拟治理成本法计算淡水生态环境损害。具体参照《关于虚拟治理成本法适用情形与计算方法的说明》。

4.5.2.3　其他环境资源价值量化方法

对于淡水环境质量及其水生态系统服务功能无法自然或通过工程恢复至基线水平，没有可行的补偿性恢复方案补偿期间损害，或没有可用的补充性恢复方案将未完全恢复的淡水生态环境质量及其水生态系统服务功能恢复至基线水平或补偿期间损害时，损害鉴定评估机构需要根据评估区的生态系统服务功能，采用直接市场价值法、揭示偏好法、效益转移法、陈述偏好法等方法，对不能恢复或不能完全恢复的淡水生态系统服务功能及其期间损害进行价值量化。

对于以水产品养殖为主要服务功能的水域，建议采用市场价值法计算水产品养殖生产服务损失；对于以水资源供给为主要服务功能的水域，建议采用水资源影子价格法计算水资源功能损失；对于以生物多样性和自然人文遗产维护为主要服务功能的水域，建议采用恢复费用法计算支持功能损失，当恢复方案不可行时，建议采用支付意愿法、物种保育法计算；对于砂石开采影响地形地貌和岸带稳定的情形，建议采用市场价值法计算砂石资源直接经济损失，采用恢复费用（实际工程）法计算岸带稳定支持功能损失；对于航运支持功能的影响，建议采用市场价值法计算直接经济损失；对于洪水调蓄、水质净化、气候调节、土壤保持等调节功能的影响，建议采用恢复费用法计算，当恢复方案不可行时，建议采用替代成本法计算调节功能损失；对于以休闲娱乐、景观科研为主要服务功能的水域，建议采用旅行费用法计算文化服务损失，当旅行费用法不可行时，建议采用支付意愿法计算。

4.6 淡水生态环境损害量化评估-应用示范

本书拟选择交通运输部科技示范工程——长江南京以下深水航道二期工程生态航道建设与评估科技示范工程作为试点区域，时间段界定为施工期，开展典型淡水生态系统环境损害基线判定、因果分析及损害程度判定的实证应用研究。检验淡水生态系统环境损害评估的技术方法体系，建立标准化的环境损害分析方法和程序，形成相应的标准及规范，为政府问责及司法鉴定提供有力依据。该工程施工采用了生态修复技术，在本次损害鉴定评估过程中，暂不考虑其修复效果，因此本次损害量化数据不代表该工程施工期最终实际造成的损害。案例所用数据均为公开数据。

4.6.1 案例背景

二期工程按照建设航道关键控制性工程与疏浚工程相结合治理思路，对南通至南京段的227km航道进行治理，同时采取通航安全监管和航道维护措施，初步实现12.5m深水航道从太仓上延至南京的建设目标。长江南京以下12.5m深水航道二期工程河段里程较长，整治河段较多，而且部分河段航道建设条件较为复杂、整治难度较大，环境复杂、不确定因素多。

建设内容主要包括筑坝、护岸、疏浚工程，工程建设对环境的影响以施工期生态影响为主。项目对生态环境、水环境的影响是鉴定评估关注的主要环境问题。

4.6.2 生态环境损害情形案例

航道整治工程如鱼骨坝、护底、护岸、潜坝、切滩、护岸加固、梳齿坝、护堤丁坝、丁坝群、航道疏浚等工程对水生生态环境的影响主要表现在对长江水域的占用和扰动。主要是改变了局部河道生境地貌，并将对底栖生物造成破坏。如航道疏浚和切滩，底栖动物随着挖出的底泥，从工程区被人为地转移到吹填区，使工程区的数量明显减少；抛石、沉排等将掩盖工程区的底栖动物、浮游植物、浮游动物数量减少，黏沉性鱼类产卵场基质破坏，仔稚鱼死亡，周边捕鱼区鱼类数量减少。整治工程使长江靖江段中华绒螯蟹、鳜鱼国家级水产种质资源保护区和长江如皋段刀鲚国家级水产种质资源保护区中悬浮物浓度有不同程度的上升。

航道整治工程生态环境损害鉴定评估过程如下。

4.6.2.1 基线判定

（1）基线判定方法选择的优先序

① 优先使用历史数据作为基线水平。查阅相关历史档案或文献资料，包括针对调查区开展的常规监测、专项调查、学术研究等过程获得的文字报告、监测数据、照片、遥感影像、航拍图片等结果，获取能够表征调查区淡水生态环境质量和生态服务功能历史状况的数据。选择考虑年际、年内水文节律等因素的历史同期数据。应对历史数据的变异性进行统计描述，识别数据中的极值或异常值并分析其原因确定是否剔除极值或异常值，根据专业知识和评价指标的意义判定基线，确定原则参照GB/T 39791.1—2020中基线确认的相关内容。

② 以对照区数据作为基线水平。针对调查区地表水和沉积物环境质量以及水生态服务功能历史状况的数据无法获取的，可以选择合适的对照区，以对照区的历史或现状调查数据作为基线水平。对照区数据应对评估区域具有较好的时间和空间代表性，且其数据收集方法应与评估区域具有可比性，并遵守评估方案的质量保证规定。对照区的水功能区、气候条件、自然资源、水文地貌、水生生物区系等性质条件应与评估水域近似。对照区的具体采样布点要求参照5.4.1中的（1）执行。利用对照区数据判定基线的原则参照GB/T 39791.1—2020中基线判定的相关内容。

③ 参考环境质量标准判定基线水平。对于无法获取历史数据和对照区数据的，则根据调查区淡水生态环境的使用功能，查找相应的环境质量标准或基准。对于存在多个适用标准的，应该根据评估区所在地区技术、经济水平和环境管理需求选择标准。

④ 专项研究。对于无法获取历史数据和对照区数据，且无可用的水环境质量标准的，应开展专项研究，对于污染物指标，根据水质基准制定相关标准，推导判定基线水平。

（2）案例基线水平判定 案例调查区相关的常规监测、专项调查、学术研究等过程获得的文字报告、监测数据、照片、遥感影像、航拍图片等较少，在获取能够表征调查区淡水生态环境质量和生态服务功能历史状况的数据方面存在困难；因项目的特殊性，亦无合适的对照区（对照区的水功能区、气候条件、自然资源、水文地貌、水生生物区系等性质条件应与评估水域近似）可供选择；从基线判定方法的优先序上，对于无法获取历史数据和对照区数据的，则根据调查区淡水生态环境的使用功能，查找相应的环境质量标准或基准，参考环境质量标准判定基线水平。

本项目调查区生态环境包含水环境和底泥。

① 水环境基线水平判定。调查区河流基线水平参照《地表水环境质量标准》（GB 3838—2002），结合调查区水环境功能区划情况，不同河段按照不同的水质目标来判定基线水平。考虑到GB 3838—2002中无悬浮物相关质量要求，悬浮物基线判定参考《地表水资源质量标准》

（SL 63—94）确定（表4.4～表4.6）。

表4.4　调查区水环境功能区划情况

行政区划	河段	长度/km	水质目标（2020年）
南京	南京燕子矶镇—句容交界（大道河口）	44	Ⅱ类
镇江	句容大道河口—镇江引航道口	19.5	Ⅱ类
	镇江引航道口—镇江焦南坝西	7.75	Ⅲ类
	镇江焦南坝西—丹徒区与丹阳交界（团结河口）	51.47	Ⅱ类
常州	武进区银剩河—常州圩塘	11.1	Ⅱ类
无锡	常州圩塘—江阴与张家港交界（石牌港闸）	35.2	Ⅱ类
苏州	江阴与张家港交界（石牌港闸）—张家港朝东圩港	23.5	Ⅲ类
	张家港朝东圩港—张家港二干河	11.36	Ⅱ类
扬州	仪征市十二圩—红旗河下游3km	69	Ⅱ类
泰州	泰州引江河口上游2km—泰通交界四号港	95.6	Ⅱ类
南通	靖江焦港—南通市新捕鱼港	21.42	Ⅱ类
	南通市新捕鱼港—南通九圩港船闸	3.3	Ⅲ类

表4.5　地表水环境质量标准（GB 3838—2002）　　单位：mg/L

污染物		Ⅱ类标准值	Ⅲ类标准值
pH值（无量纲）		6～9	6～9
溶解氧	≥	6	5
高锰酸盐指数	≤	4	6
COD	≤	15	20
BOD$_5$	≤	3	4
氨氮	≤	0.5	1.0
总磷	≤	0.1	0.2
总氮	≤	0.5	1.0
挥发酚	≤	0.002	0.005
石油类	≤	0.05	0.05

表4.6　地表水资源质量标准（SL 63—94）　　单位：mg/L

参数项		二级标准值	三级标准值
悬浮物	≤	25	30

　　② 底泥基线水平判定。底泥基线水平参照《土壤环境质量标准》（GB 15618—1995）二级标准确定（表4.7）。

表4.7   《土壤环境质量标准》（GB 15618—1995）   单位：mg/kg

项目			二级		
			pH值<6.5	pH值=6.5～7.5	pH值>7.5
镉		≤	0.30	0.30	0.60
汞		≤	0.30	0.50	1.0
砷	水田	≤	30	25	20
	旱地	≤	40	30	25
铜	农田等	≤	50	100	100
	果园	≤	150	200	200
铅		≤	250	300	350
铬	水田	≤	250	300	350
	旱地	≤	150	200	250
锌		≤	200	250	300
镍		≤	40	50	60

③ 水生生物基线判定。调查区域水生生物可获取历史数据，因此采用历史数据作为水生生物基线。

a. 浮游生物基线数据如下。

ⓐ 仪征水道。2011年1月，鉴定出5门33属35种，优势种为颗粒直链藻和弓形藻属。平均密度为$10.13×10^6$个/m^3。调查水域的多样性指数$1<1.71≤2$，可推知调查水域的物种丰富度较低，个体分布比较均匀，水体中度污染。

2011年5月，调查水域鉴定出3门24属31种，优势种为镰形纤维藻、意大利直链藻、小环藻属、颗粒直链藻和美丽星杆藻。平均密度为$4.02×10^6$个/m^3。调查水域的多样性指数$2<2.10≤3$，可推知调查水域的物种丰富度较低，个体分布比较均匀，水体轻度污染。

2013年6月，鉴定出6门38属49种，其中绿藻门种类最多。平均密度为$1.50×10^5$ind./L，平均生物量为0.32mg/L。调查水域的多样性指数$1<1.62≤2$，可推知调查水域的生物多样性较好，水质中度污染。

ⓑ 和畅洲水道。2011年1月，鉴定出4门22属22种，优势种为颗粒直链藻、意大利直链藻、弓形藻属和集星藻。平均密度为$10.86×10^6$个/m^3。调查水域的多样性指数$1<1.49≤2$，可推知调查水域的物种丰富度较低，个体分布比较均匀，水体中度污染。

2011年5月，鉴定出3门33属38种，优势种为小环藻属、意大利直链藻、舟形藻属等。平均密度为$16.76×10^6$个/m^3。调查水域的多样性指数$2<2.62≤3$，可推知调查水域的物种丰富度较高，个体分布比较均匀，水体为轻度污染。

2013年6月，鉴定出5门34属55种，其中绿藻门种类最多。平均密度为$1.98×10^5$cell/L。平均生物量为0.27mg/L。调查水域的多样性指数$1<1.84≤2$，可推知调查水域的多样性较好，水质中度污染。

ⓒ 口岸直水道。2011年1月，鉴定出4门27属30种，优势种为颗粒直链藻、菱形藻属和弓形藻属。平均密度为11.95×10⁶个/m³。调查水域的多样性指数1＜1.36≤2，可推知调查水域的物种丰富度较低，个体分布比较均匀，水体中度污染。

2011年5月，鉴定出3门35属40种，优势种为意大利直链藻、小环藻属、尖针杆藻、颗粒直链藻等。平均值为10.87×10⁶个/m³。调查水域的多样性指数2＜2.78≤3，可推知调查水域的物种丰富度较高，个体分布比较均匀，水体为轻度污染。

2013年6月，鉴定出6门38属65种，其中绿藻门种类最多。平均密度为2.05×10⁵cell/L。平均生物量为0.32mg/L。调查水域的多样性指数2＜2.28≤3，可推知调查水域的多样性丰富，水体轻度污染。

ⓓ 福姜沙水道。2011年2月，鉴定出4门23属26种，优势种为弓形藻属、颗粒直链藻、意大利直链藻和美丽星杆藻。平均密度为66.30×10³个/L。调查水域的多样性指数1＜1.37≤2，可推知调查水域的物种丰富度较低，个体分布比较均匀，水体中度污染。

2013年6月，鉴定出5门28属43种，其中硅藻门种类最多。平均密度为1.69×10⁵ind./L。平均生物量为0.08mg/L。调查水域的多样性指数1＜1.42≤2，可推知调查水域的多样性一般，水体中度污染。

b. 浮游动物基线数据

ⓐ 仪征水道。2011年1月，鉴定出16种，优势种为透明溞、汤匙华哲水蚤和近邻剑水蚤。平均密度为122.37个/m³。平均生物量为5.71mg/m³。

2011年5月，调查水域鉴定出14种，优势种为透明溞、汤匙华哲水蚤。平均密度为362.42个/m³。平均生物量为20.85mg/m³。

2013年6月，鉴定出31种，优势类群为原生动物的恩茨筒壳虫、轮虫类的曲腿龟甲轮虫和萼花臂尾轮虫、枝角类的脆弱象鼻溞；桡足类的无节幼体和汤匙华哲水蚤。平均密度为10.39个/L，平均生物量为0.95mg/L。

ⓑ 和畅洲水道。2011年1月，鉴定出14种。平均密度为98.28个/m³。平均生物量为4.08mg/m³。

2011年5月，鉴定出10种。平均密度为143.04个/m³。平均生物量为9.69mg/m³。

2011年两次调查优势种有透明溞、汤匙华哲水蚤、近邻剑水蚤和等刺温剑水蚤。

2013年6月，鉴定出21种，优势类群为轮虫的萼花臂尾轮虫；枝角类的脆弱象鼻溞；桡足类的无节幼体、湖泊美丽猛水蚤和英勇剑水蚤。平均密度为12.6个/L。平均生物量为1.09mg/L。

ⓒ 口岸直水道。2011年1月，鉴定出15种，优势种为有透明溞、汤匙华哲水蚤和近邻剑水蚤。平均密度为150.47个/m³。平均生物量为7.31mg/m³。

2011年5月，鉴定出14种，优势种为汤匙华哲水蚤。平均密度为252.25个/m³。平均生物量为16.13mg/m³。

2013年6月，鉴定出29种，优势类群为原生动物的树状聚缩虫、轮虫类的曲腿龟甲轮虫和萼花臂尾轮虫、枝角类的脆弱象鼻溞；桡足类的无节幼体、汤匙华哲水蚤。平均密度为25.94个/L。平均生物量为0.26mg/L。

ⓓ 福姜沙水道。2011年2月，鉴定出16种，优势种为英勇剑水蚤、汤匙华哲水蚤、等刺温剑水蚤和近邻剑水蚤。平均密度为179.75个/m³。平均生物量为13.68mg/m³。

2013年6月，鉴定出22种，优势类群为桡足类的湖泊美丽猛水蚤和英勇剑水蚤，原生动物盘状匣壳虫、半球法帽虫和树状聚缩虫。平均密度为10.65个/L。平均生物量为0.92mg/L。

c．底栖动物基线数据

ⓐ 仪征水道。2011年1月，鉴定出2门3纲3目3科3种。平均密度为10.91个/m²。平均生物量为7.23g/m²。

2011年5月，鉴定出2门3纲4目4科4种。平均密度为29.09个/m²。平均生物量为4.04g/m²。

2013年6月，鉴定出3门20种。平均密度为105.33个/m²，平均生物量为44.98g/m²。

ⓑ 和畅洲水道。2011年1月，鉴定出2门3纲3目3科3种。平均密度为20.0个/m²。平均生物量为5.538g/m²。

2011年5月，鉴定出2门3纲4目4科4种。平均密度为56.0个/m²。平均生物量为5.318g/m²。

2013年6月，鉴定出3门19种。平均密度为41.08个/L。平均生物量为30.36g/m²。

ⓒ 口岸直水道。2011年1月，未采集到底栖生物样品。

2011年5月，鉴定出2门4纲5目6科6种。平均密度为38.3个/m²。平均生物量为4.16g/m²。

2013年6月，鉴定出3门26种。平均密度为110.92个/m²。平均生物量为68.26g/m²。

ⓓ 福姜沙水道。2011年2月，鉴定出3门3纲3目3科4种。平均密度为20个/m²。平均生物量为3.23g/m²。

2013年6月，鉴定出3门13种。平均密度为306.13个/m²。平均生物量为53.79g/m²。

d．鱼类基线数据。长江江苏南京至南通段历史记录鱼类有161种，分别隶属于19目42科。近10年的调查结果显示工程河段共有鱼类109种，隶属于13目24科，其中鲤形目物种最多，占鱼类总物种数的58.72%；其次是鲈形目物种，占17.43%。但近年白鲟和拟尖头红鲌未被发现。

鱼类区系主要包括4类群：江河平原区系类群、南方平原区系类群、第三纪早期区系类群和南黄海、东海近海分区类群。

建设河段出现的物种按栖息习性可以划分为江海洄游型、江湖半洄游型、淡水定居型和河口/近海型4种生态类型，其中以淡水定居型种类占优。按活动水层可以划分为上层、中上层、中下层和底层4种生态类型，其中以中下层及底层种类占优。按食性则可以划分为肉食性、杂食性、植食性和滤食性4种生态类型，其中以杂食性种类占优。

该水域鱼类的产卵类型可分为5类：产浮性卵种类、产漂流性卵种类、产黏性卵种类、产沉性卵种类和喜贝性产卵种类。

e．鱼卵仔鱼基线数据如表4.8。2011年经两次调查未在工程河段采集到鱼卵，仅2011年5月采集到仔鱼，各水道密度变动范围为0.65～0.89尾/m³，各水道采集到仔鱼的主要种类稍不同。

表4.8 工程水道鱼卵仔鱼调查结果汇总

水道	调查时间	鱼卵数量/个	仔鱼		
			数量/种	密度/（尾/m³）	主要种类
仪征水道	2011年1月	0	0	0	—
	2011年5月	0	4	0.89	铜鱼、刀鲚

水道	调查时间	鱼卵数量/个	仔鱼		
			数量/种	密度/（尾/m³）	主要种类
和畅洲水道	2011年1月	0	0	0	—
	2011年5月	0	3	0.70	鳘条
口岸直水道	2011年1月	0	0	0	—
	2011年5月	0	3	0.65	铜鱼
福姜沙水道	2011年2月	0	0	0	—

f. 渔获物基线数据。工程水域历史上分布有刀鲚、鲥鱼、凤尾鱼、河鲀、鮠鱼、鳗鱼、中华绒螯蟹等重要经济动物。近年来，资源量大幅下降，有些已难见踪影。2011年1月、5月和2013年1～8月、2014年2～7月对工程区进行了渔获物现状调查，结果如下。

ⓐ 仪征水道。2011年1月和5月采集到游泳生物分别为22种和23种，主要优势种为鳊、光泽黄颡鱼、瓦氏黄颡鱼和日本沼虾。2011年1月各站平均小时渔获质量和尾数分别为9.309kg和276.8尾。按照渔获质量计算，多样性指数平均为2.02；按照渔获尾数计算，多样性指数平均为2.55。幼鱼比例较高，平均为58.9%；中华绒螯蟹全部为幼体。各站资源密度平均为1148.943 kg/km²和3.416万尾/km²。2011年5月各站平均小时渔获质量和尾数分别为11.448kg和271.5尾。按照渔获质量计算，多样性指数平均为2.02；按照渔获尾数计算，多样性指数平均为1.77。幼鱼比例较高，平均为56.9%；中华绒螯蟹全部为幼体。各站资源密度平均为1412.897kg/km²和3.351万尾/km²。

ⓑ 和畅洲。2011年1月和5月采集游泳生物分别为20种和24种，主要优势种为黄颡鱼、鳘和日本沼虾。2011年1月各站平均小时渔获质量和尾数分别为1.573kg和206尾。按照渔获质量计算，多样性指数平均为2.06；按照渔获尾数计算，多样性指数平均为2.47。幼鱼比例平均为68.3%，幼虾比例为38.1%，中华绒螯蟹全部为幼体。各站资源密度平均为243.932 kg/km²和3.048万尾/km²。2011年5月各站平均小时渔获质量和尾数分别为2.537kg和225.0尾。按照渔获质量，多样性指数平均为2.24；按照渔获尾数计算，多样性指数平均为2.22。幼鱼比例为70.5%，幼虾比例为37.4%，中华绒螯蟹全部为幼体。各站资源密度质量差异显著，平均为313.123 kg/km²和2.777万尾/km²。

2013年1～6月镇江江段共采集鱼类30种、甲壳类1种，分别隶属于6目7科28属。其中鲤形目鱼类物种数占物种总数的比例为80.00%，渔获尾数和渔获质量占总渔获物的比例分别为79.49%和87.35%。抽样测定各类渔业生物样本224尾，总体平均全长为161mm，平均体长为129mm，平均体重为48g。

2014年2～7月，在和畅洲北汊江段共采集到鱼类37种，分别隶属于6目11科32属。鲤形目物种数量、渔获尾数及渔获质量占总渔获物的比例分别为72.27%、89.07%和90.65%，均显著高于其余各目。对34种鱼类共计900尾样本进行了生物学测定，总体平均全长为141mm，平均体长为113mm，平均体重为49g。

ⓒ 口岸直水道。2011年1月和5月采集游泳生物分别为14种和19种，主要优势种为瓦氏黄颡鱼、光泽黄颡鱼和日本沼虾。2011年1月各站平均小时渔获质量和尾数分别为1.151kg和138

尾。按照渔获质量计算，多样性指数为1.41~2.49，平均为1.83；按照渔获尾数计算，调查区域多样性指数平均为1.88。幼鱼比例平均为73.3%，虾类幼体比例为49.3%，中华绒螯蟹全部为幼体。调查水域各站平均资源密度（质量、尾数）值分别为243.932kg/km^{2}和3.048万尾/km^2。2011年5月各站平均小时渔获质量和尾数分别为5.066kg和296.3尾。按照渔获质量计算，多样性指数平均为1.77；按照渔获尾数计算，调查区域多样性指数平均为2.34。幼鱼比例平均为62%，虾类幼虾平均占12%，中华绒螯蟹全部为幼体。各站平均资源密度（质量、尾数）值分别为625.178kg/km^{2}和3.656万尾/km^2。

ⓓ 福姜沙。2011年2月采集到游泳生物11种，主要优势种为刀鲚、蛇鮈和黄颡鱼。各站平均小时渔获质量和尾数分别为1.333kg和294尾。按照渔获质量计算，多样性指数平均为1.54；按照渔获尾数计算，调查区域多样性指数平均为1.54。鱼类幼鱼平均占58.4%，日本沼虾幼虾8.3%；中华绒螯蟹全部为幼体。各站平均资源密度（质量、尾数）值分别为58.988kg/km^{2}和1.314万尾/km^2。

4.6.2.2　损害调查确认

开展淡水生态环境状况和水生态服务功能调查，必要时开展水文地貌调查，确定淡水生态环境质量及水生态服务功能基线，判断淡水生态环境是否受到损害，确定损害类型。

（1）淡水生态环境损害的确认原则

① 淡水生态环境中特征污染物的浓度超过基线，且与基线相比存在差异。

② 评估区指示性水生生物种群特征（如密度、性别比例、年龄组成等）、群落特征（如多度、密度、盖度、丰度等）或生态系统特征（如生物多样性）发生不利改变，超过基线。

③ 水生生物个体出现死亡、疾病、行为异常、肿瘤、遗传突变、生理功能失常、畸形。

④ 水生生物中的污染物浓度超过相关食品安全国家标准或影响水生生物的食用功能。

⑤ 损害区域不再具备基线状态下的服务功能，包括支持服务功能（如生物多样性、岸带稳定性维持等）的退化或丧失、供给服务（如水产品养殖、饮用和灌溉用水供给等）的退化或丧失、调节服务（如涵养水源、水体净化、气候调节等）的退化或丧失、文化服务（如休闲娱乐、景观观赏等）的退化或丧失。

（2）损害确认调查　要进行损害确认，需要开展淡水生态环境状况和水生态服务功能调查，必要时开展水文地貌调查。

考虑到环境损害的情形表现为对长江水域的占用和扰动。具体来讲，航道工程改变了局部河道生境地貌，并将对底栖生物造成破坏；浮游植物、浮游动物数量减少；长江靖江段中华绒螯蟹、鳜鱼国家级水产种质资源保护区和长江如皋段刀鲚国家级水产种质资源保护区中悬浮物浓度有不同程度的上升。因此，初步判定为水生态破坏事件。

确定调查指标：选取的水文地质指标为流速、水位。选取的特种污染物为悬浮物，水生生物指标为水生生物种类、数量和生物量，包括浮游生物、底栖动物，水生态服务功能指标为生物种类、数量和生物量、栖息地面积、水产品的产量和种类。

调查的重点如下。掌握受污染或破坏水生态系统的自然环境（包括水文地貌、水环境质量）、生物要素和服务功能受损害的时间、方式、过程和影响范围等信息。

对于水生态破坏事件，主要通过实际调查、生物观测、模型模拟等方法，重点调查水生态服务功能和水生生物受损程度和时空范围、水生态破坏行为可能造成的二次污染及其对水环境与水生态服务功能和水生生物的影响。

（3）调查内容　评估区域的原有底质和岸线性质发生改变，河道的生境发生改变，局部悬浮物浓度急剧增加。

① 对河道生境的影响调查

a．仪征水道（世业洲整治河段）。河道流速变化幅度为0.01～0.11m/s，水位下降幅度为0.001～0.038m，各汊道分流比最大变化幅度为2.55%。

b．焦山水道、丹徒直水道（和畅洲整治河段）。河道流速变化幅度为0.03～0.21m/s，水位下降幅度为0.001～0.16m，畅洲左汊分流比减小7.5%～10.4%。

c．口岸直水道、泰兴水道（三益桥浅区、鳗鱼沙浅区河段）

ⓐ 三益桥浅区整治河段。河道流速变化幅度为0.01～0.12m/s，水位下降幅度为0.003～0.054m，分流比最大改变为0.4%。

ⓑ 鳗鱼沙浅区整治河段。河道流速变化幅度为0.01～0.20m/s，水位下降幅度为0.001～0.020m，分流比最大改变为1.3%。

d．福姜沙河段。河道流速变化幅度为0.01～0.43m/s，水位下降幅度为0.001～0.084m，分流比最大改变为1.9%。

调查区域水位和流速改变小。局部区域河床地形地貌发生改变，河床的糙度增加。

② 占用水域面积对水生生态环境的影响调查。对长江水域的占用和扰动包括生态系统服务功能的破坏和水动力条件的改变两个方面。主要是航道工程改变了局部河道生境地貌，并将对底栖生物造成破坏。底栖动物随着挖出的底泥，从工程区被人为地转移到吹填区，使工程区的底栖生物数量明显减少；工程区的底栖动物被抛石、沉排等掩盖。

③ 对浮游生物的影响调查

a．对浮游植物的影响调查。局部水体被扰动，产生大量悬浮泥沙，造成水质浑浊。水中悬浮物浓度升高，降低了江水的透光性，光强减少，将阻碍浮游植物的光合作用，从而降低水体初级生产力，使浮游植物生物量下降。在水生食物链中，除了初级生产者浮游藻类以外，其他营养级上的生物既是消费者也是上一营养级生物的饵料。因此，浮游植物生物量的减少，会使以浮游植物为饵料的浮游动物在单位水体中拥有的生物量也相应地减少。以这些浮游动物为食的一些鱼类，也会由于饵料的贫乏而导致渔业资源量的下降。同样，以捕食鱼类为生的一些高级消费者，会由于低营养级生物数量的减少，而难以觅食。可见，水体中悬浮物质含量的增多，对整个水生生态食物链的影响是多环节、多层次的。

通过调查发现疏浚产生的悬浮物高浓度区主要集中在工程疏浚范围内，各水道工程疏浚时因工程量大小不一，悬浮物浓度值≥10mg/L的最大面积从3.31～14.36km²不等。而水下沉排、抛石及护岸过程悬浮物影响范围为施工作业点下游100m以内且靠近近岸区域，影响范围面积很小。施工悬浮物对水环境的影响将随着工程施工的结束而消失。

此外，涉水作业扰动底泥，泥沙中可能含有的Cu、Pb、Zn、Hg等重金属元素将会被释放到水中，对局部水域产生二次污染影响。

筑坝、护岸工程采用的材料主要是石料、水泥、钢筋、丙纶布、长丝机织布和无纺布，在水下不会老化腐烂，这些材料在汉江航道整治工程、长江中游界牌河段航道整治工程中的应用情况表明，对水质总体污染影响较小。

根据现状调查结果，工程影响的浮游生物均为沿线江段内的常见物种，这些浮游生物具有普生性的特点，且适应环境的能力很强，施工建设将会降低施工区域浮游生物的生物量，但不会对其种类组成、结构造成影响。

b. 对浮游动物的影响调查。浮游动物是许多经济鱼类和几乎所有幼鱼的重要饵料。浮游动物含有丰富的营养物质，在水域生态系统的食物链和能量转换中，浮游动物与浮游植物、底栖生物各占重要位置。

浮游动物受到最主要的影响是水上施工扰动水体，造成水体悬浮物浓度增加，从而影响浮游动物摄食率、生长率、存活率和群落等，根据有关实验结论，水中过量的悬浮物会堵塞桡足类等浮游动物的食物过滤系统和消化器官，尤以悬浮物浓度达到300mg/L以上、悬浮物为黏性淤泥时为甚，如只能分辨颗粒大小的滤食性浮游动物可能会摄入大量的泥沙，造成其内部系统紊乱而亡；水中悬浮物浓度的增加会对桡足类等浮游动物的繁殖和存活存在显著的抑制，如具有依据光线强弱变化而进行昼夜垂直迁移习性的球状许水蚤等部分地区优势桡足类动物可能会因为水体的透明度降低，造成其生活习性的混乱，进而破坏其生理功能而亡。

④ 对底栖生物的影响调查。疏浚、筑坝、护岸等涉水施工作业，改变了生物原有栖息环境，尤其对底栖生物的影响最大。施工期彻底改变施工水域内的底质环境，使得少量活动能力强的底栖生物逃往他处，大部分底栖生物将被掩埋、覆盖，除少数能够存活外，绝大多数将死亡。根据现场调查，长江下游河段底栖生物种类较少，常见的为河蚬、沙蚕、米虾或其他节肢动物的幼虫等，以上底栖生物种类主要栖息于河底底质为淤泥或泥沙的区域，工程建设将导致这部分种类遭受相对较大损失。

⑤ 对鱼类的影响调查。对鱼类的影响主要是悬浮物浓度的增加对施工区域的部分鱼类造成直接伤害，降低了该区域的鱼类密度。

项目建设将改变部分河床现状底质，从而影响浮游生物、底栖动物的种类和数量，改变部分鱼类局部生境，进而对鱼类繁殖、觅食和栖息造成影响。

a. 对鱼类生长繁殖的影响调查。对鱼类的影响，主要是施工期悬浮物的增加破坏水质。悬浮物将在一定范围内形成高浓度扩散场，悬浮物将直接对鱼类造成伤害，主要表现为影响胚胎发育，悬浮物堵塞鳃部造成窒息死亡，大量悬浮物造成水体严重缺氧而导致生物死亡，悬浮物有害物质二次污染造成生物死亡等。

抛石沉排等施工作业会暂时驱散在工程施工水域栖息活动的鱼类，施工噪声对施工区鱼类产生惊吓效果，不会对鱼类造成明显的伤害或导致其死亡。但是在持续噪声刺激下，一些种类的个体会出现行为紊乱，从而妨碍其正常索饵和洄游。如果噪声处于产卵场附近，或在繁殖期产生，则会对其繁殖活动产生一定影响。

b. 对鱼类产卵场的影响调查

ⓐ 对产沉性、黏性卵鱼类产卵场的影响。2011年两次现状调查中所有调查江段均没有采集到鱼卵，但2011年5月在和畅洲江段采集到鲹的仔鱼。鲹的繁殖力及适应性强，能容忍较污浊的水域。产卵期长，生殖季节从4月持续到8月，产卵盛期为5～6月。鲹产沉性卵，弱黏性。在浅水的缓流地区或静水中产卵，有逆水跳滩的习性。主要产卵地点分散于湖泊、水库沿岸的坡度较缓，底质为砾石、砂泥，水深一般在0.5～2.0m的浅水区。2011年5月调查和畅洲河

段共出现5尾仔鱼，占总量的55.56%，仅出现在1号站和6号站。说明和畅洲河段有少量零散刀产沉性卵鱼类产卵场，如焦北滩尾、左汊左岸新民洲和畅洲右缘等处。和畅洲水道整治工程与产卵场区域有部分重叠。

福姜沙河段黏沉性卵鱼类产卵场存在于双涧沙尾部和南岸护槽港附近浅水区域，新建护岸和加固已建护岸，破坏了产黏性卵鱼类的产卵基质，会影响鲤、鲫、黄颡鱼、鲇以及日本沼虾等经济种类的生长及繁殖，从而对相关水域的渔业资源造成间接影响。

ⓑ 对产漂流性卵鱼类的影响调查。2011年5月仅征至口岸直江段采集到少量铜鱼仔鱼。说明工程河段上游有零星的产漂流性卵鱼类的产卵场。施工对产漂流性卵鱼类的产卵过程和鱼卵发育不会产生直接影响。但施工产生的悬浮物会影响仔稚鱼的生长。

有研究表明，水下施工产生的悬浮泥沙会对仔稚鱼和幼体造成伤害，主要表现为堵塞幼鱼的鳃部造成窒息死亡。水体中过高的和细小的悬浮颗粒物会黏附于鱼卵表面，妨碍鱼卵的呼吸，不利于鱼卵成活、孵化，从而影响鱼类繁殖。

《渔业水质标准》（GB 11607—89）规定，悬浮物人为增加的量不得超过10mg/L。施工过程产生的高浓度悬浮物会影响鱼卵、仔稚鱼的生长发育，并造成部分死亡。

c. 对鱼类栖息生境及索饵场的影响调查。航道工程施工影响了江段部分经济鱼类的食性特点及繁殖习性。

ⓐ 草鱼。主要以水生植物为食，如马来眼子菜、大茨藻、轮叶黑藻、苦菜以及沿岸被水淹没的陆生高等植物等，一般喜欢生活在水体的中下层，摄食时也常成群在水上层及近岸多水草区活动。每年繁殖季节成熟亲鱼有溯流习性，到江河适当江段流水中产卵，鱼苗和产后亲鱼通常到江河的干、支流及附属湖泊、小河、港道、河湾等水草丛生处摄食、肥育。

ⓑ 鲤鱼。属广食性鱼类，它的饵料可分为动物性和植物性两大类。动物性食物的包括黄蚬、螺蛳、幼蚌等底栖动物。鲤鱼产黏性卵，因此水生植物是鲤鱼产卵场的必要条件，受精卵可黏附在上面进行发育。

ⓒ 黄颡鱼。属底栖性鱼类，主要食物为水生昆虫、软体动物及小型鱼类等。4～5月繁殖，产卵场多在近岸边有水草的浅水区域。

ⓓ 铜鱼。属半洄游性底层鱼类，喜流水性生活，平时多栖息于水质良好、溶解氧丰富的砂壤底质河段，喜群体集游。铜鱼在江河中是以动物性饵料为主的杂食性鱼类，其食物组成主要为淡水壳菜、蚬、螺蛳及软体动物等，其次是高等植物碎片和某些硅藻。铜鱼的产卵场主要分布于底质多为石质、流速较大河段，4月上旬到7月初为其繁殖期。

ⓔ 鲇鱼。白天多隐蔽于草丛、石块下或深水的底层，晚间则非常活跃，属于底栖肉食性鱼类。亲鱼于4～7月，每当雨后，在有一定水流的平坦的砂质水域产卵，卵黏附在细砂底质或石缝中发育孵化，仔鱼分散生活。

ⓕ 鲫鱼。喜栖息于水草丛生、流水缓慢的浅水河湾，食谱极为广、杂，产卵时期可从3月延至8月，其天然产卵场多在水草丛生地带，产卵场选择在河川沿岸水草丛生的浅水区，产卵多在半夜或清晨进行。卵分批产出，受精卵具有黏性，黏附于水草上发育。

本工程涉水施工活动将会扰动河床，使河床底泥再悬浮，引起岸边水体悬浮物浓度增大；此外，土方开挖也会扰动地貌，如果弃土未及时妥善处理，遇降雨引起水土流失，进入长江也会造成近岸水域悬浮物浓度增高。从而导致局部河段水体浑浊、溶解氧降低，这对喜欢清新水质、对溶氧要求较高的鱼类（如铜鱼）有一定影响，水体环境不适宜其生存。

d. 对鱼类越冬场的影响调查。施工主要是在碍航浅滩沙洲等区域，而鱼类越冬场主要集中在干流的河床深处或坑穴中，因此不会对越冬场生境产生影响。但航道疏浚等导致水体泥沙含量急剧增加，且会扩散影响到一定到范围，可能会影响到周边越冬场。

e. 对鱼类洄游的影响调查。施工江段是中华鲟、刀鲚等鱼类以及中华绒螯蟹等的洄游通道，航道工程的施工将对其洄游产生影响，影响程度与不同种类的耐受程度相关。

中华鲟上溯产卵亲鱼于6~9月底左右经过本工程所在河段，产后亲鲟约12月底至次年2月降河入海，亲鱼主要走深水航槽。而降海幼鲟于4~7月顺水下降经过本河段，施工江段是中华鲟幼鱼降海洄游的重要通道和饵料场所。幼鱼活动的区域主要为沿岸浅水带。亲本在底层深水区活动，且其趋避活动能力较强，受惊扰后会主动逃离施工区域，能消除护岸、丁坝等施工活动对其洄游的不利影响。

施工江段内无刀鲚产卵场。每年2~4月，刀鲚亲体经保护区向上洄游产卵，产卵后，亲鱼分散在干流或支流及湖泊中摄食，并陆续缓慢地顺流返回河口及近海，继续肥育。8~9月幼鱼经施工江段向河口洄游育肥、越冬。刀鲚亦主要从主航道逆水上溯，较少在浅滩缓流中集群，因此，洲头浅滩处整治工程对刀鲚的上溯洄游无明显影响。

中华绒螯蟹亲蟹降河洄游时喜好走岸边，洲头浅滩处整治工程对其有一定影响。

一般而言，工程施工以及施工船只的频繁穿梭将使河段江面呈一定程度束窄，这将减小鱼类迁移、洄游和繁殖的通道，对其栖息、活动以及繁殖迁移和洄游产生一定的影响。

⑥ 工程建设对渔业资源的影响调查。涉水施工将对工程区域渔业水产产生不利影响。

工程施工可能破坏长江鱼类现有的产卵场、索饵场、越冬场，影响鱼类的正常繁殖、洄游、觅食活动，施工以及施工可能导致的水环境恶化还会造成鱼类的意外死亡，造成一定数量的渔业资源损失。

工程河段内分布有多处渔业水域，是沿江渔民的主要捕鱼区，如落成洲水域，工程施工对鱼类有驱赶效应，将导致施工区域鱼类数量减少，造成渔民的经济损失。

工程建设特别是筑坝工程改变区域生态环境，可能导致部分渔业水域功能的改变，造成地方渔业经济的损失。

⑦ 对水环境的影响调查。主要是对施工现场悬浮物开展调查。表4.9为现场水质监测结果。

表4.9　现场水质监测结果

断面	监测时间	悬浮物（SS）/（mg/L）	备注
河口上游2000m水域	2010年4月25日	28	监测时段本河段泥沙本底值
	2010年4月26日	29	
锁坝及左缘护岸处（锁坝下游100m）	2010年4月25日	70	
	2010年4月26日	72	

损害确认：流速、水位发生变化，悬浮物浓度增大，超过了基线2倍以上；数量和生物量发生不利改变，包括浮游生物、底栖动物，水产品养殖功能退化。

4.6.2.3　因果关系分析

分析污染环境或破坏生态行为与淡水生态环境及水生生物、水生态系统、水生态服务功能损害之间是否存在因果关系，可根据需要采用同源性分析、暴露评估等分析方法。

详细阐明本次生态环境损害鉴定评估中鉴定污染环境或破坏生态行为与生态环境损害间因果关系所依据的标准或条件，以及分析因果关系所采用的技术方法。详细介绍因果关系分析过程中所依据的证明材料，现场踏勘、监测分析、实验模拟、数值模拟的过程和结果。写明因果关系分析的结论。

（1）污染物同源性分析　采用污染特征比对法，悬浮物的扩散特征符合疏浚工程的扩散特征。采用多元统计分析法，如相关性分析等统计分析方法，对长江水域的占用和扰动包括生态系统服务功能的破坏及水动力条件的改变两个方面。主要是改变了局部河道生境地貌，符合航道工程特点，底栖动物工程区和吹填区的变化，符合抛石、沉排等工程特征。

（2）暴露评估　航道工程项目区域的原有底质和岸线性质发生改变，河道的生境发生改变，局部悬浮物浓度急剧增加。

① 对河道生境的影响。河道流速、水位发生变化，暴露时间为永久。调查区域水位和流速改变小。局部区域河床地形地貌发生改变，河床的糙度增加。

② 占用水域面积对水生生态环境的影响见4.6.2.2、（3）、②中的内容。

③ 对浮游生物的影响见4.6.2.2、（3）、③中的内容。

④ 对底栖生物的影响调查见4.6.2.2、（3）、④中的内容。

⑤ 对鱼类的影响调查除对鱼类栖息生境及索饵场的影响外，其余内容见4.6.2.2（3）、⑤中的内容。

对鱼类栖息生境及索饵场的影响调查如下。本工程涉水施工活动将会扰动河床，使河床底泥再悬浮，引起岸边水体悬浮物浓度增大；此外，土方开挖也会扰动地貌，如果弃土未及时妥善处理，遇降雨引起水土流失，进入长江也会造成近岸水域悬浮泥沙浓度增高。从而导致局部河段水体混浊、溶解氧降低，这对喜欢清新水质、对溶解氧要求较高的鱼类（如铜鱼）有一定影响，水体环境不适宜其生存。

⑥ 工程建设对渔业资源的影响见4.6.2.2、（3）、⑥中的内容。

⑦ 对水环境的影响调查见4.6.2.2、（3）、⑦中的内容。

（3）关联性证明

① 悬浮物关联性证明。护岸（新建护岸或护岸加固）、筑坝（顺坝、梳齿坝、鱼骨坝、潜坝）、护底带、护滩、切滩及疏浚，均为涉水作业，上述施工作业均会扰动作业区域水体，造成局部区域悬浮物浓度增高。

疏浚作业的污染环节包括挖泥船挖泥、抛泥。

a. 疏浚作业悬浮泥沙源强。挖泥船挖泥过程搅动水体产生的悬浮泥沙量与挖泥船类型与大小、疏浚土质、作业现场的水流、底质粒径分布有关。根据交通运输部天津水运工程科学研究院对天津港1450m³/h绞吸式挖泥船作业源强进行的现场试验，作业中心区悬沙垂线平均浓度为250～500mg/L，推算源强为2.25kg/s。本项目采用4500m³/h耙吸式挖泥船进行疏浚，疏浚效率按40%计，则单艘挖泥船疏浚泥沙源强为2.8kg/s。和畅洲水道进口切滩采用13m³抓斗式挖泥船施工，疏浚泥沙源强为0.94kg/s。

b. 抛泥过程中悬浮物。根据四个水道疏浚工程区域的勘察资料，福姜沙水道、口岸直水道、和畅洲水道、仪征水道疏浚工程区域内的泥沙，泥的含量均<5%，经扰动后沉淀下来历

时较短，在陆域吹填处置时溢流口排放浓度较小，各水道疏浚泥沙粒径统计资料见表4.10。

表4.10　四个水道疏浚泥沙粒径统计资料

河段	单元土体名称	统计项目	统计值/mm							
			D_{10}	D_{15}	D_{60}	D_{85}	0.25	0.25～0.075	0.075～0.005	＜0.005
福姜沙水道	粉细沙	平均值	0.05	0.07	0.14	0.20	0.81	88.52	9.25	1.41
		子样数/个	43	43	43	43	67	67	67	67
		最大值	0.07	0.09	0.17	0.22	8.2	98.5	22.7	6.9
		最小值	0.01	0.03	0.11	0.17	0.2	74.1	0.6	1.1
口岸直水道	粉细沙	平均值	0.06	0.07	0.14	0.20	2.76	89.91	6.88	0.45
		子样数/个	13	13	13	13	31	31	31	31
		最大值	0.07	0.08	0.15	0.20	11.20	95.80	16.50	3.00
		最小值	0.02	0.05	0.14	0.19	0.20	82.20	1.40	0.50
和畅洲水道	粉细沙	平均值	0.04	0.06	0.14	0.21	0.72	83.87	13.50	1.92
		子样数/个	22	22	22	23	33	33	33	33
		最大值	0.07	0.08	0.15	0.30	6.20	96.10	29.50	5.00
		最小值	0.01	0.02	0.09	0.18	0.20	68.60	3.40	1.60
仪征水道	粉细沙	平均值	0.03	0.04	0.08	0.13	0.97	92.64	6.23	0.16
		子样数/个	2	2	2	2	48	48	48	48
		最大值	0.03	0.04	0.08	0.14	3.40	97.10	53.50	4.00
		最小值	0.03	0.04	0.08	0.12	0.20	42.60	1.80	3.70

　　和畅洲水道疏浚作业区采用自航式耙吸式挖泥船进行疏浚，自航耙吸式挖泥船疏浚装舱，满舱后驶往指定的抛泥区吹填造陆。根据疏浚方式现场类比测试结果，吹填溢流口未经处理时悬浮物浓度约为1000mg/L，经沉淀处理达到排放标准后排放，单台泥浆泵工作效率为200m³/h，悬浮物源强约为0.39kg/s。

　　在抛泥区进行疏浚泥沙处置作业时，航道疏浚泥沙沉淀后，泥沙中含有的水分将通过溢流口排放，造成溢流口附近区域悬浮物浓度升高。

　　② 生态环境影响关联性证明

　　a．水文情势变化。航道整治工程的实施，特别是筑坝、护底带、护滩及疏浚、切滩工程将改变现有长江河道的地形条件，改变整治河段内的流场、流速、水位等，在世业洲、和畅洲、落成洲、双山岛头部实施的筑坝（堤）工程还将影响分叉河段的分流比。

　　b．水生生态环境

　　ⓐ 护岸、筑坝、护底带、潜坝、护滩工程实施后，原来的自然岸线特别是局部崩塌、不稳定的岸线变成稳定的岸线。

　　ⓑ 抛石护岸、护滩、护底、潜坝等工程建设将占用水体，造成水生生物特别是底栖生物等生物量损失。

　　ⓒ 工程所采取的筑坝、护滩、护底工程，有利于浅滩的稳定化。

　　ⓓ 水工构筑物的建设，将导致水生生境发生变化或局部区域生境消失，特别是对局部岸滩湿地生态的影响。

ⓔ 施工作业产生的污染物，将对水生生物产生一定影响。岸坡开挖使地表裸露，遇降雨时地表径流将携带土颗粒进入水体，造成水体悬浮物浓度增高，筑坝、护岸（滩）工程中混凝土构筑物浇筑和养护将产生少量的生产废水影响施工水域的水生生态环境。

航道整治过程中船舶水上航行运输材料及水上沉排、疏浚、抛石施工产生的悬浮物和噪声可能对江段中生存的珍稀鱼类造成干扰和意外伤害。施工船舶可能对江豚声呐系统造成干扰，影响其辨别方位的能力，容易撞上船舶螺旋桨而受到伤害。

施工期水下施工作业对工程河段鱼类有驱赶作用，导致工程区域鱼类数量的减少，还有可能对过往水生动物产生误伤。

ⓕ 工程建设将对整治河段内的渔业资源产生影响，主要体现在水下作业对鱼类活动、进食及繁殖等方面，尤其是鱼类产卵期进行水下作业将对鱼类繁殖产生影响。

结合上述分析，同时满足以下条件，可以确定破坏生态行为与水生生物资源、水生态服务功能损害或水环境质量下降之间存在因果关系：

- 存在明确的破坏生态行为；
- 水生生物、水生态服务功能受到损害或水环境质量下降；
- 破坏生态行为先于损害的发生；
- 根据水生态学和水环境学理论，破坏生态行为与水生生物资源、水生态服务功能损害或水环境质量下降具有关联性。

4.6.2.4　淡水生态环境损害实物量化

筛选确定淡水生态环境损害的评估指标，对比评估指标现状与基线，确定污染物浓度、生物量、生物多样性、水生态服务功能等淡水生态环境损害的范围和程度，计算生态环境损害实物量。损害程度实物量化相关的计算公式见4.4.3.2中单个指标损害实物量化部分。

套用上述公式，悬浮物的受损害程度k_i=1.36。

评估区的受损害程度k经计算为0.35，面积的计算过程如下。

（1）泥沙扩散模型　预测施工产生的悬浮物对水环境的污染影响可采用以下运动方程式计算。

$$\frac{\partial(Hc)}{\partial t}+\frac{\partial(uHc)}{\partial x}+\frac{\partial(vHc)}{\partial y}-\frac{\partial}{\partial x}\left(D_xH\frac{\partial c}{\partial x}\right)-\frac{\partial}{\partial y}\left(D_yH\frac{\partial c}{\partial y}\right)=Q+Q_B$$

式中，u、v为流速，m/s，由前述流场模拟结果提供；c为悬沙浓度，kg/m³；D_x、D_y分别为x和y方向上的水平涡动扩散系数，m²/s，$D_x=5.93\sqrt{gH}|u|/c$，$D_y=5.93\sqrt{gH}|v|/c$；g为重力加速度，m/s²；H为水深，m；Q为悬沙点源源强，kg/(m²·s)；Q_B为悬沙垂直通量，kg/(m²·s)；包括沉降和再悬浮两项。

悬浮泥沙垂直通量Q_B按下式计算。

$$Q_B=-sw(1-R)$$

式中，s为床面处悬沙浓度，kg/m³；w为泥沙颗粒沉降速率，m/s；R为沉降泥沙的再悬浮率，取0.5。

沉降速度采用Stocks公式计算。

$$\omega_0=\frac{1}{18}\times\frac{\rho_S-\rho_0}{\rho_0\gamma}gD_{50}^2$$

式中，D_{50}为悬沙中值粒径，m；ρ_s和ρ_0分别为泥沙和水的密度，kg/m^3；γ为运动黏滞系数，m^2/s，取$0.01377m^2/s$。

R由C.G.Uchrin经验式给出，即：

$$R = \begin{cases} \dfrac{\alpha D_{50}}{\beta + D_{50}}(u_n - u_{nor}) & (u_n \geqslant u_{nor}) \\ 0 & (u_n < u_{nor}) \end{cases}$$

式中，α，β为C. G. Uchrin经验系数，β单位为m，α无量纲；D_{50}为中值粒径，m；u_n和u_{nor}分别为摩擦速度和临界摩擦速度，m/s。

$$u_n = \frac{\sqrt{g(u^2 + v^2)}}{C_b}$$

$$u_{nor} = 0.04 \frac{\rho_s - \rho_w}{\rho_w} \sqrt{gD_{50}}$$

式中，C_b为摩擦系数，$m^{0.5}$。

（2）初始条件和边界条件　初始条件：$c(x,y,0) = 0$。

边界条件：在海岸边界上，物流不能穿越边界，即$\dfrac{\partial c}{\partial n} = 0$；在开边界上，流出时满足边界条件$\dfrac{\partial c}{\partial t} + V_n \dfrac{\partial c}{\partial n} = 0$，流入时各边界上浓度为已知值$c = c_0(x,y)$，模型仅计算增量影响，取$c_0 = 0$。

（3）预测源强　根据工程施工时间安排，工程施工全部在枯水期进行，因此本评估只计算枯水期水文条件下悬浮泥沙扩散影响范围。

根据工程设计方案，部分航道水深不能满足设计要求，需要疏浚和切滩，疏浚的源强为2.8kg/s，切滩源强为0.94kg/s。

疏浚泥沙用于陆域回填，吹填源强为0.39kg/s。

疏浚、切滩悬浮物污染增量最大包络面积见表4.11。

表4.11　疏浚、切滩悬浮物污染增量最大包络面积　　　　单位：km^2

水道	浓度增量/（mg/L）			
	≥10	≥30	≥50	≥70
世业洲水道	3.31	1.63	0.78	—
和畅洲水道	5.04	1.78	1.06	0.71
口岸直水道	6.78	2.87	1.30	0.13
福姜沙水道	14.36	4.11	1.51	—

模拟结果表明，疏浚产生的悬浮物高浓度区主要集中在工程疏浚范围内。

世业洲水道：疏浚时悬浮泥沙浓度≥10mg/L的最大面积为$3.31km^2$，其影响区域在疏浚上游0.81km、下游2.8km范围以内，悬浮泥沙不会对世业洲左汊的世业镇自来水厂和扬州四水厂取水口处水质产生污染影响。

和畅洲水道：疏浚时悬浮泥沙浓度≥10mg/L的最大面积为5.04km²，其影响区域在疏浚上游0.90km、下游4.1km范围以内，悬浮泥沙不会对和畅洲左汊的江心乡水厂、高桥水厂和黄岗水厂取水口处水质产生污染影响。

口岸直水道：疏浚时悬浮泥沙浓度≥10mg/L的最大面积为6.78km²，其影响区域在疏浚上游0.93km、下游3.9km范围以内，悬浮泥沙不会对两岸的扬州头桥水厂、扬州亨达水厂、泰州市三水厂和扬中二水厂取水口处水质产生污染影响。

福姜沙水道：疏浚时悬浮泥沙浓度≥10mg/L的最大面积为14.36km²，其影响区域在疏浚上游3.0km、下游3.3km范围以内。

靖江市三水厂和双山水厂取水口悬浮泥沙浓度小于1mg/L，悬浮泥沙对该两个取水口影响较小，悬浮泥沙不会对如皋长青沙鹏鹞取水口和张家港三、四水厂取水口处水质产生污染影响。施工悬浮物对水环境的影响将随着工程施工的结束而消失。

相关悬浮泥沙增量浓度包络线如图4.4～图4.7（见彩插）所示。

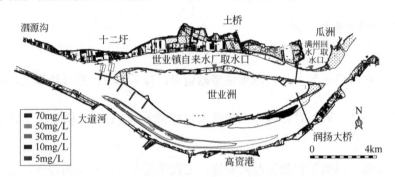

图4.4 世业洲水道疏浚区域悬浮泥沙增量浓度包络线

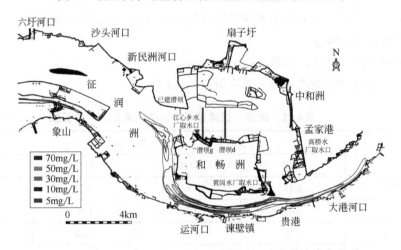

图4.5 和畅洲水道切滩、疏浚区域悬浮泥沙增量浓度包络线

（4）水生生物量 根据区域水环境条件和对照点水生生物状况，选择具有重要社会经济价值的水生生物和指示生物，参照《渔业污染事故经济损失计算方法》（GB/T 21678—2018），采用4.4.3小节中水生生物量部分相关公式估算生物资源损失量和生物资源损失率，损失率以100%计，则底栖生物对应的损失量计算结果为1425800kg（表4.12）。

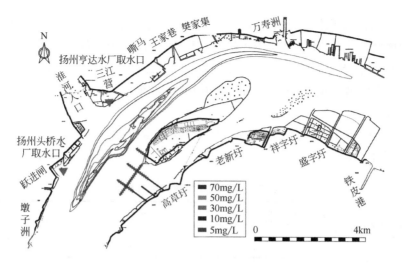

图4.6　口岸直水道疏浚区域悬浮泥沙增量浓度包络线

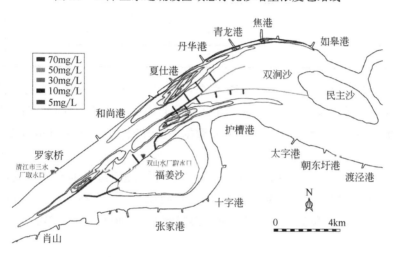

图4.7　福姜沙水道疏浚区域悬浮泥沙增量浓度包络线

表4.12　建设期底栖生物损失量估算结果

水道名称	建设方式	涉水面积/m²		平均生物量/（g/m²）	计算年限/年	损失生物量/t
福姜沙	潜堤、丁坝、护岸、疏浚	临时	5863488	57.02	3	1003.0
		永久	27600		20	31.5
鳗鱼沙	潜堤、护滩带、护岸、疏浚	临时	2336974	4.16	3	29.2
		永久	225864		20	18.8
落成洲	潜堤、丁坝、护底、护岸、疏浚	临时	1197823	4.16	3	14.9
		永久	196685		20	16.4
和畅洲	潜堤、切滩、护岸、疏浚	临时	1849338	13.74	3	76.2
		永久	338724		20	93.1
世业洲	潜堤、丁坝、护底、护岸、疏浚	临时	1654936	18.75	3	93.1
		永久	132210		20	49.6
合计		13823650				1425.8

考虑到施工期监测数据不公开的情况，本部分拟直接采用调查结果进行实物量化分析。

① 浮游植物生物资源损失率。施工结束后和施工前期对比，浮游植物的生物资源密度变化情况分别为：仪征水道0.97%，和畅洲0.88%，口岸直0.92%，福姜沙0.92%。

② 浮游动物生物资源损失率。世业洲为0.14%，和畅洲为0.37%，落成洲为0.28%，靖江为0.24%，如皋为0.17%。

③ 鱼类生物资源损失量。施工期鱼类资源损失量主要以仔稚鱼计，鱼苗年损失量为544045尾，见表4.13。

表4.13　施工期仔稚鱼的损失数量

水道	平均密度/（尾/m³）	悬浮物超标面积/km²	工程区域平均水深/m	死亡率/%	折成鱼苗比例/%	一次性损失量/尾
世业洲水道	0.89	3.31	10	10	5	147295
和畅洲水道	0.70	5.04	10	10	5	176400
口岸直水道	0.65	6.78	10	10	5	220350
福姜沙水道	0	14.36	10	10	5	0
合计						544045

（5）水生生物多样性　从重点保护物种减少量、生物多样性变化量两方面进行评价。

① 重点保护物种减少量（ΔS）。本示范工程项目不会造成重点保护物种种类数目减少。

② 生物多样性变化。考虑到施工期监测数据不公开的情况，本部分拟直接采用调查结果进行实物量化分析。

① 浮游植物变化。施工结束后和施工前期对比，浮游植物的多样性指数变化情况分别为：世业洲1.06～1.89，和畅洲1.4～1.99，落成洲1.28～2.02，靖江1.35～1.87，如皋1.41～1.97。

世业洲ΔBD_i为0.83；和畅洲ΔBD_i为0.59，落成洲ΔBD_i为0.8，靖江ΔBD_i为0.52，如皋ΔBD_i为0.56。

② 浮游动物变化。世业洲为0.14，和畅洲为0.37，落成洲为0.28，靖江为0.24，如皋为0.17。

③ 底栖动物变化（以GBI指数考虑，此处略过）。

④ 鱼类变化。鱼类多样性指数变化量为0.095。

（6）水生态系统服务功能　如果涉及除水产品或生物多样性支持以外的水生态系统服务功能受损，如支持功能（地形地貌破坏量）、产品供给服务（水资源供给量、砂石资源破坏量）、调节服务（水源涵养量、蒸散量、污染物净化量、土壤保持量）、文化服务（休闲娱乐水平、旅游人次）等受到严重影响。

可根据水生态系统服务功能的类型特点和评估水域实际情况，选择适合的评估指标，确定水生态系统服务功能的受损害程度或损害量。航道工程的建设，将改善长江航道江苏段通航条件，提高航道等级，确保水道畅通，有利于推动沿江港口进一步深化发展，促进沿江地区乃至江苏省经济发展，创造更多就业机会。工程的实施具有广泛社会效益。本工程建设避开了取水口设施，不会对取水口造成破坏或其他影响；工程各工点除和畅洲河段的切滩、疏浚工程位于主航道、对船舶通航影响较大外，其余工点均与主航道有一定距离，对船舶通航基本无影响；工程实施后，工程河段水动力条件的改变以及河床的冲淤调整对防洪排涝以及河势的影响不大；工程所在长江干流是重要的渔业水域，施工期间疏浚、切滩、筑坝、护岸等涉水施工将对工程区域渔业水产产生不利影响。一是工程施工可能破坏长江鱼类现有的产卵场、索饵场、越冬场，影响鱼类的正常繁殖、洄游、觅食活动，施工以及施工可能导致的水环境恶化还会造成鱼类的意外死亡，造成一定数量的渔业资源损失。二是工程河段内分布有多处渔业水域，是沿江渔民的主要捕鱼区，如落成洲水域，工程施工对鱼类有驱赶效应，将导致施工区域鱼类数量减少，造成渔民的经济损失。三是工程建设特别是筑坝工程改变区域生态环境，可能导致部分渔业水域功能的改变，造成地方渔业经济的损失。

4.6.2.5 淡水生态环境损害恢复方案确定及生态环境损害价值量化

分析恢复受损淡水生态环境的可行性，基于等值原则，选用淡水环境质量或水生态关键物种作为恢复目标，制定基本恢复方案，计算生态环境期间损害，制定补偿性恢复方案，筛选确定淡水生态环境综合恢复方案。

对于已经采取的污染清除活动，统计实际产生的费用；对于可以恢复的地表水生态环境损害，估算恢复方案的实施费用；对于难以恢复的地表水生态环境损害，计算地表水生态环境损害的价值量；对于已经自行恢复的地表水生态环境损害，利用虚拟治理成本法计算损害数额。

① 底栖生物损失价值量化。因工程建设需要，占用渔业水域，使渔业水域功能被破坏或生物资源栖息地丧失，其损失参照《建设项目对海洋生物资源影响评价技术规程》（SC/T 9110—2007）。各类生物资源损害量评估按以下公式计算。

$$W_i = D_i S_i$$

式中，W_i 为第 i 种类生物资源受损量，尾、个、kg；D_i 为评估区域内第 i 种类生物资源密度，尾（个）/km^2、尾（个）/km^3、kg/km^2；S_i 为第 i 种类生物占用的渔业水域面积或体积，km^2 或 km^3。

本工程施工期对底栖生物的损失分为按永久占用和临时占用计算，其中设计低水位以下的占用面积按临时占用，损失量以3倍计算；设计低水位以上的按永久占用，损失量以20倍计算。

工程建设造成的底栖生物量损失以100%计算，工程区域底栖生物平均生物量取各水道多次调查数据的平均值计算，建设期底栖生物损失量估算结果见表4.12。

本项目施工期底栖生物总损失量为1425.8t。若以15元/kg计算，则底栖生物经济损失为2138.7万元。

② 仔稚鱼损失价值量化。本书取悬浮泥沙浓度人为增量超过10mg/L的水域面积估算其对仔稚鱼的影响损失。由于悬浮物超标形成的死亡率以10%计算，仔鱼生长到商品鱼苗按5%成活率计算，悬浮物超标面积依据数学模拟的结果（表4.13），疏浚工程区域平均水深为10m，最终损失折算成鱼苗的年损失量约为544045尾。考虑到持续性生物资源损害实际影响年限低于3年，渔业资源损害的补偿年限按3年计算，因此鱼苗总的损失量约为1632135尾。采用近年长江江苏河段放流的主要经济品种（四大家鱼、中华绒螯蟹等）的价格来折算鱼苗的平均商品价格为1.5元/尾，鱼苗经济价值损失补偿额约244.8万元。

③ 保护区及周边鱼类生态环境的改造与修复费用。工程施工会对保护区及相关水域环境产生改变，包括浮游生物、底栖动物的损失以及鱼类和其他水生动物的损失，因此在施工前应规划和设计对工程区域湿地进行恢复，施工期应采用合理科学的施工工艺尽量减少对保护区的影响，施工完成后应尽快对水域生态环境开展评价和修复工作。以下初步设计了生态环境改造及修复方案。

初步方案为：在和畅洲护岸及切滩上游工程及下游补充建设60000m²的人工鱼巢，以弥补产黏性卵鱼类的产卵场所的损失，分三年执行：第一年建设5000m²，根据实际效果调整鱼巢位置及布设方案；第二年建设25000m²；第三年建设30000m²。在和畅洲南岸疏浚水域下游建设生态浮岛50亩，在和畅洲入口右缘切滩区域上游建设生态浮岛50亩，和畅洲左汊第二个潜坝以东建设生态浮岛50亩，分三年逐步实施。同时根据底栖动物损失量，在保护区每年投入螺蚬蚌等底栖动物45t。施工期的最后半年及运行期的第一年，在护岸区域栽种挺水植物500亩。

保护区及邻近水域主要生态修复方位如图4.8（见彩插）所示。

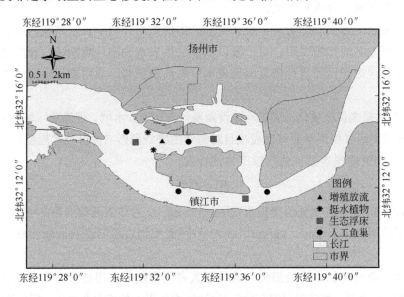

图4.8 保护区及邻近水域主要生态修复方位示意

④ 开展水生生物人工增殖放流。人工增殖放流是恢复天然渔业资源的重要手段，通过有计划地开展人工放流经济鱼类苗种，可以增加经济鱼类资源中低、幼龄鱼类数量，扩大群体规模，储备足够量的繁殖后备群体，同时亦可扩大江豚的饵料生物密度，维持一部分江豚活跃保护区非施工区域。鉴于工程对保护区渔业资源诸多影响，采取人工增殖放流是最为直接有效的手段。根据《中华人民共和国渔业法》和《中华人民共和国自然保护区条例》等法律、法规的规定，工程业主应对受损失的渔业资源采取必要的补救措施。

增殖放流工作应根据《中国水生生物资源养护行动纲要》《水生生物增殖放流管理规定》《水生生物增殖放流技术规程》和《江苏省水生动物增殖放流技术规范》等规范性执行。

（1）放流苗种来源 部分已有繁育场的土著品种应就近选择放流苗种供应单位，信誉良好、管理规范、具备相应技术力量的国家级或省级水产原良种场和良种繁育场、渔业资源增殖站、野生水生生物驯养繁殖基地或救护中心以及其他具有相关资质的苗种生产单位为优先考虑的单位。部分未有繁育场的但遭受破坏严重的小生境特有品种，应因地制宜地建立增殖放流站，由省级以上科研单位协助解决人工繁殖、批量育苗等关键技术，并在科研单位的指导下实施增殖放流工作。放流的幼鱼必须是由野生亲本人工繁殖的子一代。

（2）放流苗种种质要求　放流苗种必须无伤残和病害、体格健壮，符合渔业行政主管部门制定的放流苗种种质技术规范。放流前，苗种供应单位应提供放流苗种种质鉴定和疫病检验检疫报告，以保证用于增殖放流苗种的质量，避免对增殖放流水域生态造成不良影响。鱼类放流活动应与渔政管理机构及保护区管理机构协调，并在该机构的监督与指导下进行。保护区中的渔业生物放流任务应坚持长期进行，以消除工程施工及运营对水生生物的影响。

（3）放流规划　根据施工影响区域渔业群落组成特点及前文所述的工程对渔业资源的影响，初步规划补偿性增殖放流活动集中于工程施工期，放流量及资金投入见表4.14，运行期后再根据监测结果，由渔政主管部门根据自身的放流计划动态调整进行补充性放流。

表4.14　工程涉及水域渔业生物增殖放流计划

序号	放流种类	规格	数量/万尾
1	青鱼	6～8cm	5
2	草鱼	6～8cm	5
3	鲢	2～4cm	200
4	鳙	2～4cm	200
5	鲫	6～8cm	400
6	鳊	3～4cm	100
7	中华绒螯蟹	4～5g	100
	合计		1010

（4）开展水生生物资源及生态环境监测　工程施工对保护区及其周边水域生态环境产生不同程度的影响，这些影响可能在相当长的时间内才能逐渐显现出来。为及时了解工程施工及运行引起的生态环境变化及发展趋势，掌握工程建设前后相关水域生态环境变化的时空规律，预测不良趋势并及时发布警报，渔政管理部门及保护区管理部门应委托科研院所定期开展水生生物及水环境因子监测，对小生境群落结构重建效果进行评估，并重新制定保护区资源保护措施。根据动态监测结果，对分布于保护区的水生动物资源量及变动趋势进行科学评估，并制定并执行有效的保护措施。具体如下。

① 监测区域。江苏镇江长江豚类省级自然保护区及邻近水域。

② 监测内容。监测水域的渔业生物群落组成、优势种组成、群落多样性、渔获规格及资源量等；监测水域浮游植物、浮游动物、底栖动物和水生维管植物群落组成、资源量等；监测水域水文、水质指标；定居性鱼类产卵场生态环境；重要保护对象种质资源、种群及数量变化。

③ 监测时间与频次。施工期每年监测，主要评估施工活动对保护区渔业资源产生的实际

影响；运行期监测2年，评估水环境因子变化后对保护区水生生物产生的实际影响，以及实施增殖放流及生态修复措施后渔业资源的恢复效果，并动态调整恢复策略。目前工程施工对保护区和相关水域存在的正、负面影响评估可能并不全面，具有较大的不确定性，一些潜在影响在短时期内可能不会立刻显现，随着工程施工的进展，甚至工程投入运行后才会逐步显现出来。因此，在工程运行期，结合前期监测结果，开展工程对保护区及相关水域影响的综合评估，以便重新制定保护措施。每年监测时间为每季度1次。

（5）江豚救护康复能力建设　船舶通行会直接导致对豚类的伤害。在长江各江段的保护区和其他水域已经多次发生豚类被船舶螺旋桨伤害、被渔网缠绕死亡和因环境变化导致豚类死亡事件。和畅洲左汊通航后，噪声、环境变化、船舶航行给豚类带来的伤害概率将明显增大，为有效保护和抢救受伤豚类，急需建立豚类救护养护机制，配备专业设备和人员，提升保护区对于误伤江豚及其他水生动物的应急救护能力。

（6）替代生境（增建豚类自然保护区）　建议从地理位置和水环境条件以及饵料生物资源等角度考虑，在长江干流中选择适合豚类生活的区域建设豚类保护区，从而抵消部分通航对江豚保护效果的影响。

2008年3月至2011年10月的7次长江商船考察中，在南京江段共发现58次、60头次长江江豚，2012年中国科学院水生生物研究所组织的长江淡水豚考察中，用截线采样考察方法在南京江段共发现长江江豚9次18头次（两艘考察船，包括上行和下行），运用被动声学考察方法在南京江段发现长江江豚5次8头次（两艘考察船，下行），并且得出长江南京段长江江豚的分布密度为0.1409头/km²。

根据调查结果发现，长江南京段适合豚类栖息，因此经江苏省政府批准，同意江苏省海洋与渔业局提出的在南京市城区江段建立南京长江江豚省级自然保护区。

根据保护区规划，将保护区划分为核心区、缓冲区、实验区3部分。总面积86.92km²，其中核心区面积30.25km²，缓冲区面积23.66km²，实验区面积33.01km²，分别占保护区总面积的34.80%、27.22%、37.98%。

新建立南京长江江豚省级自然保护区可以作为对镇江豚类自然保护区航道整治及后期通航的一个弥补措施及替代生境。

（7）保护区生态保护经费核算　长江南京以下二期航道工程将对江苏镇江长江豚类省级自然保护区产生一定的影响，需开展相关保护措施。根据保护区水生生态保护需求，保护经费总投资预估为12000万元，详见表4.15。

表4.15　生态补偿经费计算

项目	实施年限/年	预算经费/万元	备注
一、水域生态修复	3	450	施工期和畅洲等涉及豚类保护区重点施工区域、底栖动物恢复和移植、人工鱼巢构建等，投资 100万元/年，水生植被重建每年需50万元，执行期3年，则共计450万元
二、水生生物增殖放流	3	600	工程涉及水域放流苗种180万元/年，放流监理及组织管理20万元/年。执行期为施工期3年，则共计600万元
三、水生生物监测	5	500	对工程涉及水域开展渔业资源环境监测，以便实时掌握工程影响的具体情况，并同时对增殖放流效果、生态修复效果进行评估。施工期3年，运行期前2年，每年监测经费100万元，共计500万元

项目	实施年限/年	预算经费/万元	备注
四、征润洲趸船式救护监测执法站	3	150	在征润洲北侧近岸水域设立趸船式水生野生动物监测执法站，以提高水生野生动物监测救护执法能力。执行期为3年，总经费150万元
五、执法能力及渔政管理	3	90	渔政管理主要进行监督、管理及宣传工作，制作保护区宣传牌，施工期加强巡视，和畅洲河段渔政管理补贴等
六、江豚救护基地建设	2	4210	主要用于焦北滩（征润洲）江豚救护基地的建设，包括勘测测量、基础设施建设、救护基地夹江的挖掘整治护栏，救护基地基础办公设施建设等
七、新建江豚自然保护区	3	4000	具体核算依据请参看江苏南京长江江豚自然保护区建设规划
八、建立江苏省江豚保护专项基金	1	2000	用于江苏省江豚保护的长期资金来源
合计		12000	

（8）价值量化总计　价值量化金额合计约14383.5万元。

参考文献

［1］Barbier E B. Progress and challenges in valuing coastal and marine ecosystem services［J］. Review of Environmental Economics and Policy，2012，6（1）：1-19.

［2］Oikonomou V，Dimitrakopoulos P G，Troumbis A Y. Incorporating ecosystem function concept in environmental planning and decision making by means of multi-Criteria evaluation：the case-study of Kalloni，Lesbos，Greece［J］. Environmental Management，2011，47（1）：77-92.

［3］Oikonomou V，Dimitrakopoulos P G，Troumbis A Y. Incorporating ecosystem function concept in environmental planning and decision making by means of multi-Criteria evaluation：the case-study of Kalloni，Lesbos，Greece［J］. Environmental Management，2011，47（1）：77-92.

［4］Maes F. Marine resource damage assessment-liability and compensation for environmental damage［M］. The Netherlands：Springer，2005.

［5］吴宜，余志晟，乔冰，等. 典型淡水生态环境损害量化技术研究初探［J］. 交通节能与环保，2021，83（3）：46-52.

［6］於方，张衍燊，徐伟攀.《生态环境损害鉴定评估技术指南　总纲》解读[J]. 环境保护，2016，599（20）：9-11.

［7］於方，齐霁，张志宏.《生态环境损害鉴定评估技术指南　损害调查》解读[J]. 环境保护，2016，603（24）：16-19.

［8］王丹丹. 环境公益诉讼中的环境损害赔偿金问题研究［D］. 长春：吉林大学，2018.

［9］李兴宇. 论我国环境民事公益诉讼中的"赔偿损失"［D］. 重庆：西南政法大学，2016.

［10］梁剑琴. 水资源司法问题亟需重视[J]. 环境经济，2012，98（Z1）：70-75.

［11］Joanna Burger，Michael Gochfeld，Charles W. Powers. Integrating long-term stewardship goals into the remediation process：Natural resource damages and the Department of Energy［J］. Journal of Environmental Management，2005，82（2）：189-199.

［12］Tae-Goun Kim，James Opaluch，Daniel Seong-Hyeok Moon，Daniel R. Petrolia. Natural resource damage assessment for the Hebei Spirit oil spill：An application of Habitat Equivalency Analysis ［J］. Marine Pollution Bulletin，2017，121（1-2）：183-191.

［13］ Desheng Wu，Shuzhen Chen. Benchmarking Discount Rate in Natural Resource Damage Assessment with Risk Aversion ［J］. Risk Analysis，2017，37（8）：1522-1531.

［14］ Daniel W. Bromley. Property rights and natural resource damage assessments ［J］. Ecological Economics，1995，14（2）：129-135.

［15］ Wei Feng Liu，Shu Xia Zhang，Wei Liu，et al. Study of Ecological Environment on Assessment Model of Ecosystem Damage Caused by Oil Spill in Ocean［J］. Advanced Materials Research，2014，3103（908）：392-395.

［16］ Xiaobing Duan. On Ecological Damage Compensation Responsibilities in China ［J］. Frontiers of Legal Research，2015，2（2）：16-22.

［17］ 张红振，曹东，於方，等. 环境损害评估：国际制度及对中国的启示 ［J］. 环境科学，2013，34（5）：1653-1666.

［18］ 牛坤玉，於方，张红振，等. 自然资源损害评估在美国：法律、程序以及评估思路 ［J］. 中国人口、资源与环境，2014，163（S1）：345-348.

［19］ 於方，刘倩，齐霁，等. 借他山之石完善我国环境污染损害鉴定评估与赔偿制度［J］. 环境经济，2013，119（11）：38-47.

［20］ 蔡锋，赵士波，陈刚才，等. 某货车侧翻水污染事件的环境损害评估方法探索［J］. 环境科学，2015，36（5）：1902-1910.

［21］ Mazzotta M J，Opaluch J J，Grigalunas T A. Natural Resource Damage Assessment：The Role of Resource Restoration ［J］. Natural Resources Journal，1994，34（1）：153-178.

［22］ Unsworth，R E，Bishop R C. Assessing Natural Resource Damages Using Environmental Annuities ［J］. Ecological Economics，1994（11）：35-41.

［23］ Jones C A，Pease K A. Restoration-Based Compensation Measures in Natural Resource Liability Statutes［J］. Contemporary Economic Policy，1997，15（4）：111-122.

［24］ 郑鹏凯，张天柱. 等价分析法在环境污染损害评估中的应用与分析 ［J］. 环境科学与管理，2010，148（3）：177-182.

［25］ 罗园. 基于生态系统的河流污染损害评估方法与应用 ［D］. 北京：清华大学，2014.

［26］ 於方，张衍燊，赵丹，等. 环境损害鉴定评估技术研究综述 ［J］. 中国司法鉴定，2017，94（5）：18-29.

［27］ 裴倩楠. 突发水环境事件水生态环境损害量化方法与应急对策研究 ［D］. 郑州：郑州大学，2018.

第 **5** 章

淡水生态环境损害鉴定评估
应用技术指南

为贯彻落实《中华人民共和国民法典》《中华人民共和国环境保护法》《中华人民共和国水污染防治法》和《生态环境损害赔偿制度改革方案》的要求，保护地表水和沉积物生态环境，保障公众健康，规范涉及地表水和沉积物的生态环境损害鉴定评估工作，特制定本指南。本指南是已发布的GB/T 39792.2—2020的报送版，是2016年科学技术部启动重点研发计划项目"生态环境损害鉴定评估业务化技术研究（2016YFC0503600）"课题1"淡水生态环境损害基线、因果关系及损害程度的判定技术方法"成果的重要组成部分，因此作为一章在本书中呈现。

本指南规定了涉及地表水和沉积物生态环境损害鉴定评估的内容、程序、方法及技术要求。

本指南由生态环境部组织制定。

本指南主要起草单位：生态环境部环境规划院、中国科学院生态环境研究中心、中国环境监测总站、中国水利水电科学研究院、中国环境科学研究院、中国科学院大学。

本指南由生态环境部解释。

5.1 适用范围

本指南适用于因污染环境或破坏生态导致的涉及地表水和沉积物的生态环境损害鉴定评估。其他类型的生态环境损害鉴定评估可参照本指南执行。

本指南不适用于核与辐射所导致的涉及地表水和沉积物的生态环境损害鉴定评估。

5.2 评估程序

参照《生态环境损害鉴定评估技术指南　总纲和关键环节　第1部分：总纲》（GB/T 39791.1—2020），地表水生态环境损害鉴定评估工作程序包括以下内容。

① 工作方案制定。掌握地表水和沉积物生态环境损害的基本情况和主要特征，确定生态环境损害鉴定评估的内容、范围和方法，编制鉴定评估工作方案。

② 损害调查确认。开展地表水和沉积物环境状况及水生态服务功能调查，必要时开展水文地貌调查，确定地表水和沉积物环境质量及水生态服务功能基线，判断地表水和沉积物生态环境是否受到损害，确定损害类型。

③ 因果关系分析。分析污染环境或破坏生态行为与地表水和沉积物环境及水生生物、水生态系统、水生态服务功能损害之间是否存在因果关系，可根据需要采用同源性分析、暴露评估等分析方法。

④ 地表水生态环境损害实物量化。筛选确定地表水生态环境损害的评估指标，对比评估指标现状与基线，确定污染物浓度、生物量、生物多样性、水生态服务功能等地表水生态环境损害的范围和程度，计算地表水生态环境损害实物量。

⑤ 地表水生态环境损害恢复方案确定。分析恢复受损地表水生态环境的可行性，基于等值原则，选用地表水、沉积物环境质量或水生态关键物种作为恢复目标，制定基本恢复方案，计算地表水和沉积物生态环境期间损害，制定补偿性恢复方案，筛选确定地表水和沉积物生态环境综合恢复方案。

⑥ 地表水生态环境损害价值量化。对于已经采取的污染清除活动，统计实际产生的费用；对于可以恢复的地表水生态环境损害，估算恢复方案的实施费用；对于难以恢复的地表水生态环境损害，计算地表水生态环境损害的价值量；对于已经自行恢复的地表水生态环境损害，利用虚拟治理成本法计算损害数额。

⑦ 地表水生态环境损害鉴定评估报告编制。编制地表水生态环境损害鉴定评估报告（意见）书，同时建立完整的鉴定评估工作档案。

⑧ 地表水生态环境恢复效果评估。定期跟踪地表水和沉积物生态环境的恢复情况，评估恢复效果是否达到预期目标，决定是否需要开展补充性恢复。

地表水生态环境损害鉴定评估程序见图5.1。

5.3 工作方案制定

5.3.1 基本情况调查

（1）污染环境或破坏生态行为调查　对于一般水环境污染事件，了解水域及周边区域排污单位、纳污沟渠及农业面源等污染分布情况，分析或查明污染来源；对于突发水环境污染事件，还应查明事件发生的时间、地点，可能产生污染物的类型和性质等情况。

对于水生态破坏事件，了解破坏事件性质、破坏方式、发生时间、地点等基本情况，查明破坏生态行为的开始时间、结束时间、持续时长、频次、破坏面积、破坏量等情况。

（2）污染源调查　涉及排污单位的，应调查其生产工艺、生产原料和辅料、产品和副产品、副产物等使用或产生情况；主要产污节点及特征污染物、污染处理工艺、污染处理设施的运行状况等。

对于排放污水的，应调查污水排放来源，点源应该标明监测点位名称、排放口的属性（总

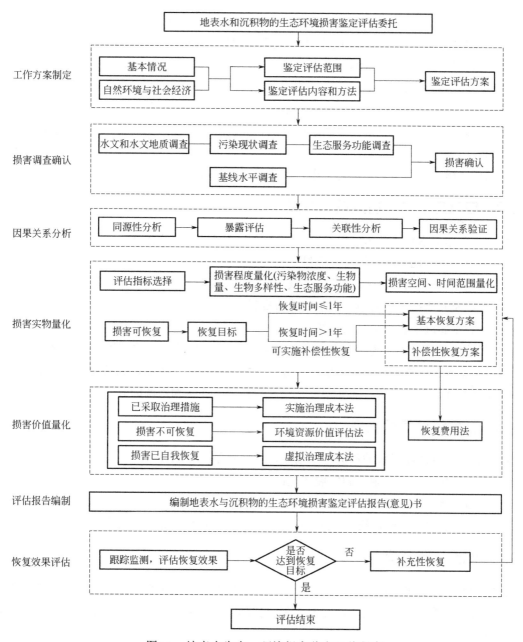

图5.1 地表水生态、环境损害鉴定评估程序

外排口、车间排口）、平面位置、排放方向、排放流量；非点源应该标明排放方式、去向（有组织汇集、无组织漫流等）；调查外排废水中的主要污染物（特别是特征污染物）、排放规律（稳定连续排放、周期性连续排放、不规律连续排放、有规律间断排放、不规律间断排放等）、排水去向、排放量、污水处理工艺及处理设施运行情况；《污水综合排放标准》（GB 8978—2002）规定的第一类污染物是否在车间有处理设施或专门另设了污染物处理设施等。

对于产生固体废物的，调查固体废物的种类、形态、数量、属性；固体废物产生环节、产生形式，储存及处置方式（露天堆存、专用危险废物库内堆存、渣棚内堆存）；固体废物去向；尾矿库情况；防扬散、防雨、防洪、防渗漏、防流失等污染防治措施。

（3）污染环境或破坏生态基本情况调查　掌握受污染或破坏水生态系统的自然环境（包括水文地貌、水环境质量）、生物要素和服务功能受损害的时间、方式、过程和影响范围等信息。

对于水环境污染事件，了解污染物排放方式、时间、频率、去向、数量，特征污染物类别、浓度；污染物进入地表水和沉积物环境生成的次生污染物种类、数量及浓度等信息。

（4）事件应对基本情况调查　了解污染物清理、防止污染扩散等控制措施，实施地表水和沉积物生态环境治理修复以及水生态恢复的相关资料和情况，包括实施过程、实施效果、费用等相关信息。

掌握环境质量与水生生物监测工作开展情况及监测数据。

5.3.2　自然环境与水功能信息收集

调查收集影响水域以及水域所在区域的自然环境信息，具体包括：
① 水域历史、现状和规划功能资料；
② 水域地形地貌、水文以及所在区域气候气象资料；
③ 水域及其所在区域的地质和水文地貌资料；
④ 地表水和沉积物历史监测资料；
⑤ 影响水域内饮用水源地、生态保护红线、自然保护区、重要湿地、风景名胜区及所在区域内基本农田、居民区等环境敏感区分布信息，以及浮游生物、底栖动物、大型水生植物、鱼类等游泳动物、水禽、哺乳动物及河岸植被等主要生物资源的分布状况。

5.3.3　社会经济信息收集

收集影响水域所在区域的社会经济信息，主要包括：
① 经济和主要产业的现状和发展状况；
② 地方法规、政策与标准等相关信息；
③ 人口、交通、基础设施、能源和水资源供给、相关水产品、水资源价格等相关信息。

5.3.4　制定工作方案

根据所掌握的监测数据、损害情况以及自然环境和社会经济信息，初步判断地表水生态环境损害可能的受损范围与类型，必要时利用实际监测数据进行污染物与水生生物损害空间分布模拟。

根据事件的基本情况和鉴定评估需求，明确要开展的损害鉴定评估工作内容，设计工作程序，通过调研、专项研究、专家咨询等方式，确定鉴定评估工作的具体方法，编制工作方案。

5.4　地表水生态环境损害调查确认

5.4.1　确定调查对象与范围

（1）调查原则　按照评估工作方案的要求，参照HJ/T 91—2002、HJ 493—2009、HJ 494—2009、HJ 495—2009、HJ 589—2010等相关标准，根据事件特征开展地表水和沉积物布点采样分析，确定地表水和沉积物环境状况，可对水生态服务功能、水生生物种类与数量开展调查；收集水文地貌资料，掌握流量、流速、水位、河道湖泊地形及沉积物深度、地表水与地下水连通循环等关键信息。同时，通过历史数据查询、对照区调查、标准比选等方式，确定基线，通过对比确认地表水生态环境是否受到损害。

（2）水生态服务功能调查　获取调查区水资源使用历史、现状和规划信息，查明地表水生态环境损害发生前、损害期间、恢复期间评估区的主导生态功能与服务类型，如珍稀水生生物栖息地、鱼虾类产卵场、仔稚幼鱼索饵场、鱼虾类越冬场和洄游通道、种质资源保护区、航道运输、岸带稳定性等支持服务功能，洪水调蓄、侵蚀控制、净化水质等调节服务功能，集中式饮用水源用水、水产养殖用水、农业灌溉用水、工业生产用水、渔业捕捞等供给服务功能，人体非直接接触景观功能用水、一般景观用水、游泳等休闲娱乐等文化服务功能。

（3）不同类型事件的调查重点　根据事件概况、受影响水域及其周边环境的相关信息，确定调查对象与范围。

对于突发水环境污染事件，主要通过现场调查、应急监测、模型模拟等方法，重点调查研判污染源、污染物性质、可能涉及的环境介质、受水文和水文地质环境以及事件应急处置影响污染物可能的扩散分布范围及二次污染物、污染物在水体中的迁移转化行为、水生态服务功能和水生生物受损程度及时空范围。因未能及时开展应急监测，未能获取地表水中污染物浓度的情形，可采用模型进行模拟预测，并利用实际监测数据进行模型校验。

对于累积水环境污染事件，主要通过实际环境监测和生物观测等方法，重点调查污染源、污染物性质、可能涉及的环境介质、污染物的扩散分布范围、污染物在水体、沉积物、生物体中的迁移转化行为及其可能产生的二次污染物、水生态服务功能和水生生物受损程度及时空范围。

对于水生态破坏事件，主要通过实际调查、生物观测、模型模拟等方法，重点调查水生态服务功能和水生生物受损程度及时空范围、水生态破坏行为可能造成的二次污染及其对水环境与水生态服务功能和水生生物的影响。

5.4.2　确定调查指标

根据地表水生态环境事件的类型与特点，选择相关指标进行调查、监测与评估，不同类型地表水生态环境事件调查推荐指标见表5.1。

（1）特征污染物的筛选　对于污染源明确的情况，参考行业排放标准，通过现场踏勘、资料收集和人员访谈，根据排污企业的生产工艺、使用原料助剂，以及物质在地表水和沉积物迁移转化中发生物理、化学变化或者与生物相互作用可能产生的二次污染物，综合分析识别特征污染物。

对于污染源不明的情况，通过对采集样品的定性和定量化学分析，识别特征污染物。

特征污染物的筛选应优先选择我国相关水环境质量标准和污水排放标准、优先控制化学品名录以及有毒有害水污染物名录中规定的物质，结合区域水功能特征和化学物质的理化性质、易腐蚀性、环境持久性、生物累积性、急慢性毒性和致癌性等特点，筛选识别特征污染物。必要时结合相关实验测试，评估其危害，确定是否作为特征污染物。化学物质的危害性分类方法参考GB/T 22234—2008和GB 13690—2009。所依据的化学物质的毒性数据质量需符合HJ 831—2017相关筛选原则。

表 5.1 不同类型地表水生态环境事件调查推荐指标

事件类型	环境质量		水生态服务功能																
	污染物浓度		产品供给				支持服务						航运支持	调节服务				文化服务	
			水产品生产			水资源供给	生物多样性维护					地形地貌		洪水调蓄	水质净化	气候调节	土壤保持	休闲娱乐	景观科研
	地表水	沉积物	生物体污染物残留浓度	种类	数量	水量	生物体污染物残留浓度	种类	污染致畸致死数量	破坏数量	栖息地面积	破坏量	运量	调蓄量	净化量	蒸散量	保持量	休闲娱乐频次	旅游人次
突发水环境污染事件	++	+	+	+	+	++	+	+	+	+	+		+					+	+
累积水环境污染事件	++	++	++	++	++	+	++	++	++	+	++							+	+
生态破坏事件 非法捕捞	+	+	++	++	++		++	++	++	++	+							+	+
生态破坏事件 非法采砂	+	+		+	+	+		+		++	+	++		+	+			+	+
生态破坏事件 侵占围垦	+	+	+	+	+	++	+	++	+	++	++	+	+	+	+	+	+	+	+
生态破坏事件 违规工程建设	+	+	+	+	+	+	+	++	+	++	++	+	+	+	+	+	+	++	++
生态破坏事件 物种入侵			++	++	++		++	++	++	++	++							++	++
生态破坏事件 圈占养殖	++	+	++	++	++	+	+	+	+	+	++							+	

注：+表示建议调查，++表示建议重点调查。

水环境污染事件涉及的常见特征污染物主要包括以下内容。

① 无机污染物：重金属、酸、碱、氰化物、氟化物等。

② 有机污染物：油类、脂肪烃、卤代烃类、多环芳烃类、苯系物、有机酸、醇类、醛类、酮类、酚类、酯类等。

③ 富营养化特征指标：总磷、总氮等营养物指标，叶绿素a、透明度、藻类生物量等生物学指标，微囊藻毒素和致嗅物质等藻华产生的有毒物质。

影响污染物对地表水和沉积物环境及水生生物潜在损害的指标主要包括以下内容。

① 水文指标：温度、流速、水深及其他与流动变化有关的水文指标。

② 水质指标：pH值、硬度、电导率、溶解氧、浊度、COD、氧化还原电位等。

③ 沉积物理化性质指标：粒度、有机碳、硫化物等。

（2）水文地貌指标的确定

① 对于河流类水体，选择事件发生的河流流域水系、流域边界、河流断面形状、河流断面收缩系数、河流断面扩散系数、河床糙率、降雨量、蒸发量、河川径流量、河底比降、河流弯曲率、流速、流量、水位、水温、泥沙含量、本底水质、地表水与地下水补给关系、河床沉积结构等指标。

② 对于湖库类水体，重点关注湖泊形状、水温、水深、盐度、湖底地形、出入湖（库）流量、湖流的流向和流速、环流的流向、流速、稳定时间，湖（库）所在流域气象数据，如风场、气温、蒸发、降雨、湿度、太阳辐射、地表水与地下水补给关系、湖库底层及侧壁地层岩性、导水裂隙分布等指标。

（3）水生生物指标的确定　根据地表水生态环境事件类型和影响水域实际情况，选择代表性强、操作性好的水生生物指标开展监测。

重金属、有毒有机物、石油类等污染物导致的水环境污染事件的水生生物调查指标包括生物种类、数量或生物量、形态和水生生物组织中特征污染物的残留浓度。酸、碱、氮、磷等污染物和有机质、溶解氧、电导率、温度等指标变化导致的水环境污染事件的水生生物调查指标包括生物种类、数量、生物量。

浮游生物调查指标包括种类组成、生物量；底栖动物调查指标包括种类组成、数量和生物量；鱼类及其他大型水生生物调查指标包括种类组成、数量和生物量等；水禽调查指标包括种类组成和数量。重点关注国家重点保护野生水生动物和鸟类相关物种。

（4）水生态服务功能指标的确定　导致水生态支持服务功能改变的，调查评估指标主要包括生物种类、数量和生物量、栖息地面积、航运量、水文地貌参数，重点关注保护物种、濒危物种；导致水生态供给服务功能改变的，调查评估指标主要包括水资源量、水产品产量和种类；导致水生态调节服务功能改变的，调查评估指标主要包括洪水调蓄量、降温量、蒸散量、水质净化量、土壤保持量；导致水生态文化服务功能改变的，调查评估指标主要包括休闲娱乐人次和水平、旅游人次和服务水平。

5.4.3　水文地貌调查

（1）调查目的　水文地貌调查的目的在于了解调查区地表水的流速、流量、岸带与水下地形地貌、流域范围、水深、水温、气象要素、地层沉积结构、与周边水体水力联系及其他水动力参数等信息,获取污染物在环境介质中的扩散条件,判断事件可能的影响范围,掌握污染物在地表水和沉积物中的迁移情况、采砂等活动对水文水力特性及地形地貌的改变情况,为地表水和沉积物损害状况调查分析提供技术参数,为水生态服务功能受损情况的量化提供依据。

（2）调查原则与方法

① 充分利用现有资料。根据现有资料对调查区水文信息进行初步提取,重点关注已有水文站、监测站建档资料,以初步识别污染物在地表水和沉积物中迁移及损害行为造成地表水与沉积物介质特性改变所需的水文参数。现有资料不足时,开展进一步调查。

② 开展评估区水文参数调查。以评估水域为重点调查区,获得评估水域水文资料,根据区域资料初步分析判断上述资料的可用性,对于区域资料不能满足评估精度要求的,开展相应的水文测验、水力学试验、水文地质试验等工作获取相关参数。

5.4.4 布点采样

5.4.4.1 布点采样要求

以掌握地表水生态环境损害发生流域（水系）状况、反映发生区域的污染状况或生态影响的程度和范围为目的,根据水系流向、流量、流速等水文特征、地形特征和污染物性质等,结合相关规范和指南的要求,合理设置监测断面或采样点位。依据水生态服务功能和事件发生地的实际情况,以最少的监测断面（点）和采样频次获取足够有代表性的信息,同时考虑采样的可行性。对于感潮水域,应根据事件实际情况选择涨平潮、退平潮等不同时段开展监测。

对于突发水环境污染事件,根据实际情况和HJ 589—2010的要求进行地表水和沉积物布点采样。初步调查和系统调查可以同步开展,系统调查采样应不晚于初步调查24h开展。事件刚发生时,采样频次可适当增加,待摸清污染物变化规律后,可以减少采样频次。

对于累积水环境污染事件,根据流向和污染实际情况及HJ/T 91—2002的要求进行地表水与沉积物布点采样;应在地表水体和沉积物污染区域布设监测断面或采样点位,并在死水区、回水区、排污口处等疑似污染较重区域布点;对河流的监测断面布点应在损害发生区域及其下游加密布点采样,对湖（库）的监测垂线布设以损害发生地点为中心,按水流波动方向以一定的间隔进行扇形或圆形布点采样。

对于水生态破坏事件,根据实际情况和相关技术导则进行水体、沉积物和水生生物布点采样。

5.4.4.2 调查采样准备

开展地表水生态环境事件现场调查,应准备记录工具、定位工具、采样工具、现场便携检测设备、样品保存装置以及安全防护用品。采样前,应现场确定采样点的具体位置和地面标高,并在图中标出。

5.4.4.3 初步调查采样

初步调查采样的目的是通过现场定点监测和动态监测,进行定性、半定量及定量分析,初步判断污染物类型和浓度、污染范围、水生态服务功能变化和水生生物受损情况,为研判污染趋势、进一步优化布点、精确监测奠定基础。

初步调查阶段,对于污染物监测以感官判断现场快速检测为主,实验室分析为辅,可根据实际情况选择现场或实验室分析方法,或两者同时开展。根据污染物的特性及其在不同环境要素中的迁移转化特点，对于易挥发、易分解、易迁移转化的污染物应采用现场快速检测手段进行监测。按环境要素，监测的紧迫程度通常为地表水>沉积物>生物。进行样品快速检测的，根据相关规范保存部分样品，以备实验室复检。

对于污染团明显的难溶性污染物，结合遥感影像图进行辅助判断。

按污染物的理化性质和结构特征分类，采用能涵盖多指标同类污染物的高通量快速检测分析方法。

5.4.4.4　系统调查采样

（1）调查目的　系统调查阶段的目的是通过开展系统的布点采样和定量分析，确定污染物类型和浓度、污染范围、水生生物受损程度，为损害确认提供依据。

（2）污染源布点采样　根据排污单位的现场具体情况，对产生污染物的污染源排污口布点，对接纳污染物的地表水体布点。具体参照HJ 91.1—2019。

（3）地表水布点采样　河流、湖（库）布点采样与保存的具体要求参照HJ/T 91—2002、HJ 493—2009、HJ 495—2009等相关技术规范执行。

（4）沉积物布点采样　沉积物布点采样和保存参照 HJ/T 91—2002、HJ/T 166—2004执行。河流、湖（库）沉积物采样布点位置和数量可以参考地表水体布点方案确定，同时，结合沉积物中污染物空间范围模拟的需求确定采样深度和点位。

（5）生物布点采样　在地表水生态环境事件影响范围内，考虑水体面积、水功能区、水生生物空间及时间分布特点及调查目的，采用空间平衡随机布点法布置采样点或沿生物、水生态受损害梯度布置采样点。采样时间应考虑生物节律，包括植物的季节变化以及动物的季节变化和日变化。采样方法具体参照HJ 710.4—2014、HJ 710.6—2014、HJ 710.7—2014、HJ 710.8—2014、HJ 710.12—2016、《淡水浮游生物调查技术规范》（SC/T 9402—2010）、《淡水生物调查技术规范》（DB43/T 432—2009）以及《污染死鱼调查方法（淡水）》等相关标准执行，缺少规定的，可以参考HY/T 078—2005等相关标准和技术文件执行。

（6）其他　地表水对土壤或地下水可能造成污染的，需要对土壤和地下水开展必要的布点采样，参照《生态环境损害鉴定评估技术指南　环境要素　第1部分：土壤和地下水》（GB/T 39792.1—2020）、HJ/T 166—2004、HJ/T 164—2004等相关技术规范。

特征污染物是挥发性有机污染物的，需要结合风向、地表水流速对大气环境开展必要的布点采样，一般在下风向进行扇形布点，具体参照HJ 589—2010。

因外来物种入侵导致生物受损的，需要对外来物种种类、来源、数量等开展调查，有针对性地布点观测。

因开采、建设等行为导致地表水、沉积物及水生生物陷漏的，需要对地下水连通情况进行必要的布点调查。

5.4.5　样品检测分析与质量控制

应采用现有国家或行业标准分析方法进行水、沉积物、土壤等样品测定。生物样品参照GB/T 14551—2003、食品安全国家标准等相关标准技术规范执行。

对于无国家或行业标准分析方法的，可采用转化的国外标准分析方法或业界认可的分析方法，但需通过资质认定并经过委托方签字认可。

地表水、沉积物、环境空气和地下水样品采集、保存、运输、实验室分析过程质量控制参照 HJ/T 91—2002、HJ 194—2017、HJ/T 164—2004和HJ/T 166—2004；污染源样品采集、保存、运输、实验室分析过程质量控制参照HJ/T 91—2002、HJ 91.1—2019。

5.4.6 基线调查与确认

（1）优先使用历史数据作为基线水平 查阅相关历史档案或文献资料，包括针对调查区开展的常规监测、专项调查、学术研究等过程获得的文字报告、监测数据、照片、遥感影像、航拍图片等结果，获取能够表征调查区地表水和沉积物环境质量及生态服务功能历史状况的数据。选择考虑年际、年内水文节律等因素的历史同期数据。应对历史数据的变异性进行统计描述，识别数据中的极值或异常值并分析其原因确定是否剔除极值或异常值，根据专业知识和评价指标的意义确定基线，确定原则参照GB/T 39791.1—2020中基线确认的相关内容。

（2）以对照区数据作为基线水平 针对调查区地表水和沉积物环境质量以及水生态服务功能历史状况的数据无法获取的，可以选择合适的对照区，以对照区的历史或现状调查数据作为基线水平。对照区数据应对评估区域具有较好的时间和空间代表性，且其数据收集方法应与评估区域具有可比性，并遵守评估方案的质量保证规定。对照区的水功能区、气候条件、自然资源、水文地貌、水生生物区系等性质条件应与评估水域近似。对照区的具体采样布点要求参照5.4.4小节执行。利用对照区数据确定基线的原则参照GB/T 39791.1—2020中基线确认的相关内容。

（3）参考环境质量标准确定基线水平 对于无法获取历史数据和对照区数据的，则根据调查区地表水和沉积物的使用功能，查找相应的地表水和沉积物环境质量标准或基准。对于存在多个适用标准的，应根据评估区所在地区技术、经济水平和环境管理需求选择标准。

（4）专项研究 对于无法获取历史数据和对照区数据，且无可用的水环境质量标准的，应开展专项研究，对于污染物指标，根据水质基准制定相关标准，推导确定基线水平。

（5）基线确认的工作程序

① 基线信息调查搜集。基线信息调查搜集主要包括：

a. 针对调查区的专项调查、学术研究以及其他自然地理、生态环境状况等相关历史数据；

b. 针对与调查区的地理位置、气候条件、水文地貌、水功能区类型、水生生物区系等类似的未受影响的对照区，搜集水环境与水生态状况的相关数据；

c. 污染物的水环境基准和标准；

d. 污染物的水生态毒理学效应、调查区生物多样性分布等文献调研和实验获取数据。

② 基线确定方法筛选。优先采用历史数据和对照区调查数据，其次采用环境质量标准或通过专项研究推导确定基线。

③ 基线水平的确定。按照基线选取的优先顺序，对基线水平的科学性和合理性进行评价，确定评估区的地表水和沉积物生态环境基线水平。

5.4.7 损害确认

地表水生态环境损害的确认原则包括：

① 地表水和沉积物中特征污染物的浓度超过基线，且与基线相比存在差异；

② 评估区指示性水生生物种群特征（如密度、性别比例、年龄组成等）、群落特征（如多度、密度、盖度、丰度等）或生态系统特征（如生物多样性）发生不利改变，超过基线；

③ 水生生物个体出现死亡、疾病、行为异常、肿瘤、遗传突变、生理功能失常、畸形；

④ 水生生物中的污染物浓度超过相关食品安全国家标准或影响水生生物的食用功能；

⑤ 损害区域不再具备基线状态下的服务功能，包括支持服务功能（如生物多样性、岸带稳定性维持等）的退化或丧失、供给服务（如水产品养殖、饮用和灌溉用水供给等）的退化或丧失、调节服务（如涵养水源、水体净化、气候调节等）的退化或丧失、文化服务（如休闲娱乐、景观观赏等）的退化或丧失。

5.5 地表水和沉积物生态环境损害调查和确认

5.5.1 污染环境行为导致损害的因果关系分析

5.5.1.1 因果关系分析过程

结合工作方案制定以及损害调查确认阶段获取的损害事件特征、评估区环境条件、地表水和沉积物污染状况等信息，采用必要的技术手段对污染源进行解析；开展污染介质、载体调查，开展特征污染物从污染源到受体的暴露评估，并通过暴露路径的合理性、连续性分析，对暴露路径进行验证，构建迁移和暴露路径的概念模型；基于污染源分析和暴露评估结果，分析污染源与地表水和沉积物环境质量损害、水生生物损害、水生态服务功能损害之间的因果关系。

5.5.1.2 污染物同源性分析

通过人员访谈、现场踏勘、空间影像识别等手段和方法，分析潜在的污染源，开展进一步的水文地貌与水生生物调查。根据实际情况选择合适的检测和统计分析方法确定污染源。污染物同源性分析常用的检测和统计分析方法包括以下内容。

① 污染特征比对法。采集潜在污染源和受体端地表水、沉积物和生物样品，分析污染物类型、浓度、组分、比例等情况，通过统计分析进行特征比对，判断受体端和潜在污染源的同源性，确定污染源。

② 同位素技术。对于损害时间较长，且特征污染物为含有铅、镉、锌、汞、氯、碳、氢、氮等元素的重金属或有机物时，可对地表水和沉积物样品进行同位素分析，根据同位素组成和比例等信息，判断受体端和潜在污染源的同源性，确定污染源。

③ 多元统计分析法。采集潜在污染源和受体端地表水和沉积物样品，分析污染物类型、浓度等情况，采用相关性分析、主成分分析、聚类分析、因子分析等统计分析方法分析污染物或样品的相关性，判断受体端和潜在污染源的同源性，确定污染源。

5.5.1.3 暴露评估

（1）暴露性质、方式和持续时间

① 暴露评估的目的是评估潜在受影响的水体和水生生物暴露于污染源的方式、时间和路径。

② 暴露评估需要考虑的因素包括环境暴露的性质或方式、暴露的时间、与其他环境因素的关系（溶解氧浓度的日变化、水文水动力因素）、暴露的持续性（急性与慢性、连续与间歇、生物代暴露等）以及影响暴露的局部水文、地球化学或生态因素等。

（2）暴露路径分析与确定　基于前期调查获取的信息，对污染物的传输机理和释放机理进行分析，初步构建污染物暴露路径概念模型，识别传输污染物的载体和介质，提出污染源到受体之间可能的暴露路径的假设。

传输的载体和介质包括水体、沉积物和水生生物。

涉及地表水和沉积物的污染物传输与释放机理主要包括：地表水径流与物理迁移扩散，沉积物-水相的扩散交换，悬浮颗粒物和沉积物的物理吸附、解吸，沉积物的沉积、再悬浮和掩埋；污染物在暴露迁移过程中发生的沉淀、溶解、氧化还原、光解、水解等物理化学反应过程。

涉及生物载体的污染物传输与释放机理主要包括：水生生物从地表水和沉积物介质摄取污染物的过程（经鳃吸收、摄食等），生物体内传输代谢和清除过程（鳃转移、组织分布、代谢转化、排泄、生长稀释等），生物受体之间的食物链传递与生物放大作用。

建立暴露路径后，需要对其是否存在进行验证，即识别组成暴露路径的暴露单元，对每个单元内的污染物浓度、污染物的迁移机制和路线以及该单元的暴露范围进行分析，以此确定各个暴露单元是否可以组成完整的暴露路径，将污染源与生物受体连接起来。

（3）二次暴露　污染物在地表水和沉积物中发生反应并产生副产物，则发生二次暴露。污染物可以直接发生二次物理、化学和生物效应。对于具有生物累积性的污染物可以通过食物网的传递发生二次暴露。

（4）关联性证明　建立暴露路径，识别污染物与损害结果的关联后，进一步通过文献回顾、实验室实证研究和模型模拟方法对损害关联性进行证明。

首先基于现有文献，对污染物与损害之间的暴露-反应关系进行研究判断；其次，采用实验与模型模拟研究方法，对污染物与损害之间的暴露-反应关系进行验证判断。通过对与评估区暴露条件类似的损害与暴露关系进行实验室研究，来确定实际评估区的暴露-反应关系，该方法可单独使用，也可以与模型模拟方法配合适用。

模型提供了一种模拟污染物与环境和受体之间相互作用的方法，可以对污染事件产生的水环境暴露与损害结果进行预测。

针对特征污染物的理化特性以及在水体中的迁移转化过程，可采用水动力模型和水质模型模拟预测水环境污染事件发生后污染物在水体中的暴露迁移过程；河流、湖库、入海河口等不同类型地表水体污染物的常用水动力模型和水质模型包括河流/湖库均匀混合模型（零维模型）、纵向一维模型、河网模型（河流）、垂向一维模型（湖库）、平面二维模型、立面二维模型、三维模型等，参照《环境影响评价技术导则　地表水环境》（HJ 2.3—2018）常用数学模型基本方程及解法。

针对特征污染物的理化特性、暴露在不同介质的传输分布以及与生物受体之间的相互作用，可采用环境逸度模型模拟预测污染物在气、水、沉积物、生物体等环境介质中的分布动态与归趋，如模拟地表水-沉积物暴露归趋的QWASI模型、模拟水生生物富集和食物链传递的FISH模型及FOOD WEB模型；采用生态模型模拟水生态综合效应，如AQUATOX模型。

5.5.1.4 因果关系分析

同时满足以下条件，可以确定污染源与地表水、沉积物以及水生生物和水生态服务功能损害之间存在因果关系：

① 存在明确的污染源；

② 地表水和沉积物环境质量下降，水生生物、水生态服务功能受到损害；

③ 排污行为先于损害后果的发生；

④ 受体端和污染源的污染物存在同源性；

⑤ 污染源到受损地表水和沉积物以及水生生物、水生态之间存在合理的暴露路径。根据需要，分析其他原因对地表水生态环境损害的贡献。

5.5.2 破坏生态行为导致损害的因果关系分析

通过文献查阅、现场调查、专家咨询等方法，分析非法捕捞、湿地围垦、非法采砂等破坏生态行为导致水生生物资源和水生态服务功能以及地表水环境质量受到损害的作用机理，建立破坏生态行为导致水生生物和水生态服务功能以及地表水环境质量受到损害的因果关系链条。同时满足以下条件，可以确定破坏生态行为与水生生物资源、水生态服务功能损害或水环境质量下降之间存在因果关系：

① 存在明确的破坏生态行为；

② 水生生物、水生态服务功能受到损害或水环境质量下降；

③ 破坏生态行为先于损害的发生；

④ 根据水生态学和水环境学理论，破坏生态行为与水生生物资源、水生态服务功能损害或水环境质量下降具有关联性。

根据需要，分析其他原因对水生生物资源、水生态服务功能损害或水环境质量下降的贡献。

5.6 地表水生态环境损害实物量化与恢复方案制定

5.6.1 损害程度和范围量化

5.6.1.1 损害程度

基于地表水和沉积物中特征污染物浓度与基线水平，确定超过基线点位地表水和沉积物的受损害程度，计算方法见4.4.3.2、（1）。

5.6.1.2　水生生物量

根据区域水环境条件和对照点水生生物状况，选择具有重要社会经济价值的水生生物和指示生物，参照GB/T 21678—2018，计算方法见4.4.3.2、（2）。

5.6.1.3　水生生物多样性

从重点保护物种减少量、生物多样性变化量两方面进行评价，计算方法见4.4.3.2、（3）。

5.6.1.4　水生态服务功能

常见地表水生态服务功能量化方法可根据水生态服务功能的类型特点和评估水域实际情况，选择适合的评估指标，确定水生态服务功能的受损害程度或损害量。计算方法见4.4.3.2、（4）。

5.6.1.5　损害空间范围

根据各采样点位地表水和沉积物、水生生物、水生态损害确认和损害程度量化的结果，分析地表水和沉积物环境质量、水生生物、水生态服务功能等不同类型损害的空间范围。对于涉及污染物泄漏、污水排放、废物倾倒等污染地表水的突发水环境污染事件，缺少实际调查监测数据的生态环境损害，可以通过收集污染排放数据、水动力学参数、水文参数、水生态效应参数，构建水动力学、水质模拟、水生态效应概念模型，模拟污染物在地表水和沉积物中的迁移扩散情况，不同位置的污染物浓度及其随时间的变化，确定损害空间范围。

5.6.2　恢复方案的制定与期间损害计算

5.6.2.1　恢复方案的确定原则

通过文献调研、专家咨询、专项研究、现场实验等方法，评价受损地表水生态环境及其服务功能恢复至基线的经济、技术和操作的可行性。

自生态环境损害发生到恢复至基线的持续时间大于1年的，应计算期间损害，制定基本恢复方案和补偿性恢复方案；小于等于1年的，仅制定基本恢复方案。需要实施补偿性恢复的，同时需要评价补偿性恢复的可行性。

对于突发水环境污染事件，如果地表水和沉积物中的污染物浓度不能在应急处置阶段恢复至基线水平，或者能观测或监测到水生生物种类、形态、质量和数量以及水生态服务功能明显改变，对于能够恢复的，制定基本恢复方案，恢复周期超过1年的，需要制定补偿性恢复方案。

当不具备经济、技术和操作可行性时，地表水和沉积物及其生态服务功能应恢复至维持其基线功能的可接受风险水平；可接受风险水平与基线之间不可恢复的部分，可以采取适合的替代性恢复方案，或采用环境价值评估方法进行价值量化。

基本恢复方案和补偿性恢复方案的实施时间与成本相互影响，应考虑损害的程度与范围、不同恢复技术和方案的难易程度、恢复时间和成本等因素，确定备选基本和补偿性恢复方案。参照 GB/T 39791.1—2010中恢复方案制定的相关内容，统筹考虑地表水和沉积物环境质量、水生生物资源以及其他水生态服务功能的恢复，根据不同方案的社会效益、经济效益和公众满意度等因素对备选综合恢复方案进行筛选，确定最佳综合恢复方案。

5.6.2.2　基本恢复方案

（1）基本恢复目标的确定　基本恢复的目标是将受损的地表水生态环境恢复至基线水平。对于受现场条件或技术可达性等原因限制的，地表水和沉积物生态环境不能完全恢复至基线水平，根据水功能规划，结合经济、技术可行性，确定基本恢复目标。

对于水生态受到影响的事件，选择具有代表性的水生生物相关指标表征水生态损害；对于没有水生生物受到损害的，选择水资源供给量、航运量、休闲旅游人次等水生态服务功能作为恢复目标。

（2）制定原则

① 对于突发水环境污染事件，应急处置方案为基本恢复方案。

② 对于累积水环境污染事件以及污染在应急处置阶段没有消除或存在二次污染的突发水环境污染事件，根据污染物的生物毒性、生物富集性、生物致畸性等特性，分析受损地表水和沉积物生态环境自然恢复至基线的可能性，并估计"无行动自然恢复"的时间，对于不能自然恢复的，制定水环境治理、水生态恢复基本方案。

③ 对于水生态破坏事件，分析受损水生态服务功能自然恢复至基线的可能性，并估计"无行动自然恢复"的时间，对于不能自然恢复的，制定水生态恢复基本方案。

5.6.2.3　损害时间范围确定

基本恢复方案达到预期恢复目标的持续时间为地表水生态环境损害持续时间。涉及产品供给服务、水源涵养等调节服务、休闲旅游等文化服务功能以及航运交通和栖息地等支持功能的，分析地表水环境治理方案、水生态恢复方案实施对产品供给、水源涵养、航运交通、生物栖息地、休闲舒适度、旅游人次等生态服务功能影响的持续时间，确定损害时间范围。

没有适合的基本恢复方案时，为永久性生态环境损害。

5.6.2.4　期间损害计算

利用等值分析法对地表水生态环境损害开始发生到恢复至基线水平的期间损害进行量化，计算补偿性恢复的规模。期间损害的计算一般选择基本恢复方案中表征损害范围或损害程度时间最长的指标，根据地表水生态环境损害的特点，可以选择资源类指标（如指示性水生生物物种数量或密度、水产品产量、水资源供给量、采沙量等）或者服务类指标（如河流或湖库的长度或面积、航运量、休闲旅游人次、洪水调蓄量等）计算期间损害；如果实物量指标不可得或没有适合的补偿性恢复方案，可以选择损害价值量作为量化指标（如旅游收入等）计算期间损害。

期间损害的计算方法参照GB/T 39791.1—2020中等值分析法的相关内容。

5.6.2.5　补偿性恢复方案

（1）补偿性恢复目标确定　补偿性恢复的目标是补偿受损地表水和沉积物生态环境恢复

至基线水平期间的损害。当采用资源类指标表征期间损害时，原则上补偿性恢复目标与基本恢复目标采用相同的表征指标；当采用服务类指标表征期间损害时，利用服务指标表征补偿性恢复规模，并根据实际需要选择其他资源类指标表征服务水平。

（2）制定原则　补偿性恢复方案可以与基本恢复方案在不同或相同区域实施，包括恢复具有与评估水域类似水生生物资源或服务功能水平的异位恢复，或使受损水域具有更多资源或更高服务功能水平的原位恢复。比如，对于受污染沉积物经风险评估无需修复，可以异位修复另外一条工程量相同的被污染河流沉积物，或通过原位修建孵化场培育较基线种群数量更多的水生生物，或通过修建公共污水处理设施替代受污染的地表水自然恢复损失等资源对等或服务对等、因地制宜的水环境、水生生物或水生态恢复方案。

5.6.3　恢复技术筛选

基本恢复方案及补偿性恢复方案可以是一种或多种地表水和沉积物恢复技术的组合。

地表水和沉积物损害的恢复技术包括地表水治理技术、沉积物修复技术、水生生物恢复技术、水生态服务功能修复与恢复技术。在掌握不同恢复技术的原理、适用条件、费用、成熟度、可靠性、恢复时间、二次污染和破坏、技术功能、恢复的可持续性等要素的基础上，参照类似案例经验，结合地表水和沉积物污染特征、水生生物和水生态服务功能的损害程度、范围和特征，从主要技术指标、经济指标、环境指标等方面对各项恢复技术进行全面分析比较，确定备选技术；或采用专家评分的方法，通过设置评价指标体系和权重，对不同恢复技术进行评分，确定备选技术。提出一种或多种备选恢复技术，通过实验室小试、现场中试、应用案例分析等方式对备选恢复技术进行可行性评估。基于恢复技术比选和可行性评估结果，选择和确定恢复技术。

5.7　地表水生态环境损害价值量化

5.7.1　实际治理成本法

对于突发水环境污染事件，如果地表水和沉积物中的污染物浓度在应急处置阶段内恢复至基线水平，水生生物种类、形态和数量以及水生态服务功能未观测到明显改变的，采用实际治理成本法统计应急处置费用。

对于其他地表水生态环境损害，已经或正在开展水环境治理或水生态恢复的，适用实际治理成本法。

实际治理成本基础数据的统计与校核参见《突发环境事件应急处置阶段环境损害评估推荐方法》和《突发生态环境事件应急处置阶段直接经济损失核定细则》。

5.7.2　恢复费用法

按照地表水和沉积物生态环境基本恢复和补偿性恢复方案，采用费用明细法、指南和手册参考法、承包商报价法、案例比对法等方法，计算恢复方案实施所需要的费用。具体参照

GB/T 39791.1—2020中生态环境恢复费用计算的相关内容。

5.7.3 环境资源价值量化方法

对于受损地表水和沉积物生态环境不能通过实施恢复措施进行恢复或完全恢复到基线水平，或不能通过补偿性恢复措施补偿期间损害的，基于等值分析原则，采用环境资源价值评估方法对未予恢复的地表水生态环境损害进行计算。具体根据评估区的水生态服务功能，采用直接市场法、揭示偏好法、效益转移法、陈述偏好法等，对不能恢复或不能完全恢复的生态服务功能及其期间损害进行价值量化，具体如下：

① 对于以水产品生产为主要服务功能的水域，采用市场价值法计算水产品生产服务损失；

② 对于以水资源供给为主要服务功能的水域，采用水资源影子价格法计算水资源功能损失；

③ 对于以生物多样性和自然人文遗产维护为主要服务功能的水域，建议采用恢复费用法计算支持功能损失，当恢复方案不可行时，采用支付意愿法、物种保育法计算；

④ 对于砂石开采影响地形地貌和岸带稳定的情形，采用恢复费用（实际工程）法计算岸带稳定支持功能损失；

⑤ 对于航运支持功能的影响，建议采用市场价值法计算航运支持功能损失；

⑥ 对于洪水调蓄、水质净化、气候调节、土壤保持等调节功能的影响，建议采用恢复费用法计算，当恢复方案不可行时，建议采用替代成本法计算调节功能损失；

⑦ 对于以休闲娱乐、景观科研为主要服务功能的水域，建议采用旅行费用法计算文化服务损失，当旅行费用法不可行时，建议采用支付意愿法计算；

⑧ 常见水生态服务功能价值量化方法参见5.10部分；对于采用非指南推荐的方法进行环境资源价值量化评估的，需要详细阐述方法的合理性。

对于超过地表水环境质量基线，但没有超过地表水环境质量标准并影响水生态功能的情况，根据损害发生地的水资源非使用基准价值和根据超过基线倍数确定的水资源非使用基准价值调整系数计算水资源受损价值，其调整系数见表5.2。地表水资源非使用基准价值为损害发生地水资源费或水资源税的1/2；当损害涉及多个地方时，根据多个地方的水资源税费和水量加权计算确定。对于超过地表水环境质量标准并影响水生态功能的情况，如果计算得到的水生态功能损害价值小于受损的水资源非使用价值，可以以受损的水资源非使用价值作为计算结果，但两者不能相加，以避免重复计算。

表5.2 水资源非使用基准价值调整系数

地表水环境质量超基线的倍数	调整系数
≤5倍	0.2
5~20倍	0.4
20~1000倍	0.6
100~1000倍	0.8
>1000倍	1.0

5.7.4　虚拟治理成本法

对于向水体排放污染物的事实存在，但由于生态环境损害观测或应急监测不及时等原因导致损害事实不明确或无法以合理的成本确认地表水生态环境损害范围和程度或量化生态环境损害数额的情形，采用虚拟治理成本法计算生态环境损害。具体参照《生态环境损害鉴定评估技术指南　基础方法　第2部分：水污染虚拟治理成本法》（GB/T 39793.2—2020）。

5.8　鉴定评估报告编制

地表水生态环境损害鉴定评估报告的格式和内容参见GB/T 39791.1—2020中生态环境损害鉴定评估报告书的编制要求。

5.9　地表水生态环境损害恢复效果评估

5.9.1　工作内容

制定恢复效果评估计划，通过采样分析、现场观测、问卷调查等方式，定期跟踪地表水和沉积物生态环境恢复情况，全面评估恢复效果是否达到预期目标；如果未达到预期目标，应进一步采取相应措施，直到达到预期目标为止。

5.9.2　评估时间

恢复方案实施完成后，地表水和沉积物的物理、化学和生物学状态以及水生态服务功能基本达到稳定时，对恢复效果进行评估。

地表水恢复效果通常采用一次评估的方式，沉积物与水生态服务功能恢复效果通常需要结合污染物特征、恢复方案实施进度、水生态服务功能恢复进展进行多次评估，直到沉积物环境质量与水生态服务功能完全恢复至基线水平，至少持续跟踪监测12个月。

5.9.3　评估内容和标准

恢复过程合规性，即恢复方案实施过程需满足相关标准规范要求，无二次污染或二次破坏。

恢复效果达标性，即根据基本恢复、补偿性恢复中设定的恢复目标，分别对基本恢复和补偿性恢复的效果进行评估。

恢复效果评估标准参照5.6.2小节确定的恢复目标。

5.9.4　评估方法

（1）现场踏勘　通过现场踏勘，了解地表水生态环境恢复进展，判断地表水和沉积物是否仍有异常气味或颜色，观察关键水生态服务功能指标的恢复情况，确定监测、观测与调查时间、周期和频次。

（2）监测分析　根据恢复效果评估计划，对恢复后的地表水和沉积物进行采样监测，分析地表水和沉积物污染物浓度等指标，开展生物调查以及水生态服务功能调查。调查应覆盖全部恢复区域，并基于恢复方案的特点制定分别针对地表水和沉积物环境以及水生态服务功能的差异化监测调查方案。基于监测调查结果，采用逐个对比法或统计分析法分析恢复效果。

（3）分析比对　采用分析比对法，对照地表水和沉积物环境治理与水生态恢复方案，以及相关的标准规范，分析地表水和沉积物环境治理以及水生态服务功能恢复过程中各项措施与方案的一致性、合规性；分析治理和恢复过程中的相关监测、观测数据，判断有无二次污染和其他生态影响产生；综合评价治理恢复过程的合规性。

（4）问卷调查　通过设计调查表或调查问卷，调查基本恢复、补偿性恢复措施所提供的生态服务功能类型和服务量，判断恢复效果；此外，调查公众与其他相关方对于恢复过程和结果的满意度。

5.9.5　补充性恢复方案的制定

由于现场条件或技术可达性等限制原因，地表水和沉积物生态环境基本恢复方案实施后未达到基本恢复目标或补偿性恢复方案未达到补偿期间损害的目标，需要进一步制定补充性恢复方案，使受损的地表水和沉积物生态环境实现既定的基本恢复和补偿性恢复目标。对于补充性恢复方案不可行或无法达到预期效果的，采用环境资源价值量化方法计算相应的损失。

补充性恢复完成后，也应该开展恢复效果评估。

5.9.6　恢复效果评估报告编制

应编制独立的地表水生态环境恢复效果评估报告。主要内容和要求包括：地表水和沉积物及水生态服务功能恢复效果评估内容、标准、效果评估过程所采用的方法及评估结果；地表水和沉积物生态环境恢复过程规范性评价所依据的标准及评估结果；效果评估点位布设方案和依据，调查方法（包含样品采集、保存和流转方法，分析测试方法，质量控制措施），以及调查结果；对于采用调查问卷或调查表对恢复效果和公众满意度进行调查的，应详细介绍主要调查内容和结果。

5.10 常用淡水生态环境修复和恢复技术适用条件与技术性能

常用淡水生态环境修复和恢复技术适用条件与技术性能见表5.3。

表5.3 常用淡水生态环境修复和恢复技术适用条件与技术性能

修复恢复技术	技术功能	目标污染物	适用性	成本	成熟度	可靠性	二次污染和破坏
曝气增氧技术	向处于缺氧（或厌氧）状态的河道进行人工充氧，增强河道水体的自净能力，净化水质，改善或恢复河道的生态环境	有机污染物	在污水截流管道和污水处理厂建成之前，为解决河道水体的有机污染问题而进行人工充氧；在已治理的河道中使用过少，尚在治理中设立人工曝气装置作为应对突发性河道污染的应急措施	设备简单、机动灵活，安全可靠、操作便利，见效快；适应性广，但河流曝气增氧-复氧成本较大	该技术在国外应用已经非常成熟，国内除了在北京、上海等地的小河道治理中使用过外，尚未在大规模河道综合治理中应用	非常适合于城市景观河道和微污染水源水的治理	对生态不产生二次污染和破坏
生态浮床技术	将植物种植于浮于水面的床体上，利用植物根系直接吸收和植物根系附着微生物的降解作用有效进行水体修复	总磷、氨氮、有机物等	适用于当营养化水体的原位修复，受植物的季节性影响严重	投资成本低，运营成本高	技术相对成熟，国内有一定的应用案例	技术可靠	部分植物有生物入侵，造成风险
引水冲污/换水稀释技术	通过加强沉积物-水体界面物质交换，缩短污染物滞留时间，从而降低底污染浓度指标，死水区、非主流区重污染河水得到改善河道水质	无机和有机污染物	适用于水资源丰富的地区。通常作为应急措施或者辅助方法	需要耗费大量优质水资源，引水工程量较大，费用较高	在国内治理黑臭河化治理中有所应用，对于污染严重且流动缓慢的河流也可考虑采用	技术可靠	部分植物有生物入侵的风险
底泥疏浚技术	去除底泥所含的污染物，消除污水体的内源，减少底泥污染物向水体的释放	氮、磷、重金属、有毒有害有机物	实施的基础和前提条件是湖泊及河流外源必须得到有效控制与治理，否则无法保证疏浚效果的持续，也就无法达到改善水质与水生态的目的之一是当底泥污染严重，大的局部区域释放量大的河段与湖段开展底泥疏浚；需与大的河道重建有机结合才能达到良好的效果	工程量大，成本高	成熟度高，在国内外已经得到广泛的工程应用	技术可靠	疏浚过深将破坏原有生态系统；对于清除的底泥需要进行后续处理，处理不当易引起二次污染
化学絮凝技术	通过投加化学药剂去除水中污染物以达到改善水质的目的	磷、重金属等	适用于突发水环境事件临时应急措施	工程量大，成本高	成熟度较高，国内多次应用在突发环境事件中，如磷污染、锑污染和急性污染等	技术可靠、快速高效。	处理效果易受水环境变化的影响，且必须顾及化学药剂对水生生态和对生态系统的二次污染，应用具有很大的局限性

修复恢复技术	技术功能	目标污染物	适用性	成本	成熟度	可靠性	二次污染和破坏
生物膜技术	结合河道污染特点及土著微生物类型和生长特点,培养适宜的条件使微生物固定生长或附着生长在固体填料载体的表面,生成胶质相连的生物膜。生物膜通过水的流动和空气的搅动,生物膜表面不断更新和溶解生物膜表面不断吸收,污水中有机污染物和溶解氧被生物膜所吸收从而使生物膜上的微生物生长壮大	溶解性的和胶体状的有机污染物	微生物群体通过摄取有机物,在一定范围内繁殖并将出菌群,能持续去除水中污染物。生物膜的适应能力很强,可根据水质、水文、水量的变化发生变化,消化能力与处理能力变化较好	投资运营费用较高,实施时需要大量的投资,以及一定的管理技术和经费	用于河流净化的生物膜技术在国外研究较多,尤其是日本,已在工程实践中运用多种生物膜技术对污染严重的中小河流进行净化	能有效去除污染物中的氨氮、有机物,可以大大改善水质	该技术未改变地表水体的原生态,不会造成二次污染和破坏
人工湿地技术	湿地修建在河道周边,利用地势高低或建造机械动力将部分河水引入湿地长草的芦苇、香蒲等水生植物的湿地中,污水在沿一定水力流动过程中,经过土壤和植物的净化作用回到原水体	氮、磷、重金属等污染物	污水处理系统的组合具有多样性和针对性,减少或减缓外界因素对建设和理影响,起到美化城市景观的作用;可以减少或者美化城市景观的影响;紧密结合、起到美化环境的作用;气候结合,运行参数设计、运行参数不精确,占地面积较大,容易产生淤积、饱和现象;对恶劣气候条件防御能力弱;净化能力受作生长成熟程度的影响大	投资费用低,建设、运行成本低,处理过程能耗低	该技术已经非常成熟,在国内外有广泛的工程应用	污水处理稳定,效果稳定可靠	位置选择不当或处理能力不满足实际需求时,会污染周围土壤和地下水
微生物直接净化技术	利用微生物唤醒或激活河道水中原本存在的可以净之水体的微生物,增加河流断面上微生物在水中污染物接触过程中与污染物接触降解水体中的污染物	氮、磷、重金属等污染物	微生物有效促进有机污染物降解。适合湖库水在微生物大量曝发前使用,可弥补微生物生长的缺点	工程量小,投资成本高	技术相对成熟,国内外有一定应用	受限于生物生物适应性和水体特点,修复效果不一	所投加的微生物若含有病原生物等有害菌等微生物,会破坏水体原生态系统
砾间接触氧化技术	通过在河流中放置一定量的砾石做充填层,增加河川流断面上的附着微生物数,水中污染物在砾石间流动过程中与砾石上附着的生物膜接触沉淀	—	适用于河流污染浓度较低的河流,当水体BOD高于30mg/L时,应增加曝光系统	投资和运行成本低	该技术在国外应用已经非常成熟,在日本和韩国有成熟的工程应用案例	技术可靠	对水生态不产生二次污染和破坏
河道稳定塘技术	利用植被的天然净化能力处理污水,实现水体净化	—	可利用河边的低洼地构建稳定塘,对中小河流(不通航、不泄洪)可直接在河道上筑坝拦蓄河道滞留的水面种植多种水生植物、养殖鱼、贝、虾等,建立复杂的多级稳定塘系统	投资较少	成熟度高,国内外已经得到广泛工程应用	具有统一及调蓄和微生物和水生植物的修复的功能,修复效果好	对水生态不产生二次污染和破坏

修复恢复技术	技术功能	目标污染物	适用性	成本	成熟度	可靠性	二次污染和破坏
河床生态构建技术	通过埋石法、抛石法、固床工法、粗柴沉床法或固定巨石材料置于河床上，营造水生或微生物生长的河床、改善水体生态系统	—	埋石法一般用于水流湍急且河床基础坚固的地区	投资费用低、运行过程能耗低	成熟度高，国内外已得到工程应用	能有效改善水体生物和微生物生长环境	重构水生态系统，对生态不产生二次污染和破坏
增殖放流技术	增加水生生物数量	—	地表水体中鱼类生物数量受到损害而降低，可采用增殖放流的措施进行恢复，具体方法参考《水生生物增殖放流技术规程》（SC/T 9401—2010）	对水域条件、苗种来源、苗种培育等有严格要求，技术要求较高	该技术在国内应用成熟，具有相关技术规范	适合鱼虾等水生生物数量严重受损，且适合进行恢复的情况	对水生态不产生二次污染和破坏
河道整治	按照恢复河道演变规律，恢复河道稳定结构、水流定结构和河道边界条件，改善河道生态环境的治理活动	—	因非法采砂等生态破坏行为造成受损，威胁水文情势与生存环境，如河岸、河床、河滩地等安全及水生生物栖息，具体方法参考《河道整治设计规范》（GB 50707—2011）	操作较简单，成本较高	该技术在国内应用成熟，具有相关技术规程	适合河道破坏，需要通过工程措施，如回填等恢复稳定到河道结构状态	有产生二次污染和破坏的风险
物种孵化技术	采用人工孵化技术，对受损水生生物种进行恢复，增加物种数量	—	适合于受损物种的数量恢复，孵化技术措施包括饲养场选择、布局，如笼舍、孵化室、育雏室、饲养笼等	需要一定的场地空间，开展养笼建设等，成本较高。技术水平及环境条件要求较高	该技术在国内应用成熟，具有相关技术规程	非常适合动物物种数量的恢复	无产生二次污染和破坏的风险
洄游通道	通过恢复河道自然连通、增设鱼类洄游通道等措施构建鱼类洄游路线，促进其自然繁殖、栖息	—	适合鱼类因挡水工程建设阻挡鱼类洄游通道，导致鱼类洄游减少或消失的情况。通过恢复洄游通道，保证自然繁殖	需要通过河道整治，在水利工程处补建洄游通道、重建洄游质量等措施，成本较高	综合了多方面的措施，成本较高	适合鱼类洄游通道恢复	无产生二次污染和破坏的风险
营建人工繁殖岛（栖息地建设）	针对部分水生生物、集群营巢的鸟类（如鸥、燕鸥和一些水禽）、水生哺乳动物等可以通过岸滩修复、渔业资源增殖放流等来帮助创造营巢地、栖息地，创造适宜动物栖息的生态状况	—	适用于水生生物、水禽栖息地破坏导致物种和种群数量减少的情况。通过建立人工繁殖岛，促进物种种群数量增长与恢复	需要一定的适宜空间，并建立适宜栖息环境，且需要适当的监测维护措施，成本较高	针对不同物种有一定数量的建设，国内外均有成功案例。但针对水鸟栖息地建设的成熟度及发展水平不一。部分鸟类栖息地建设发展较为成熟，而针对水生生物栖息地建设的缺少成熟技术规范	适合水生哺乳动物等物种和种群数量的恢复	无产生二次污染和破坏的风险

续表

修复恢复技术	技术功能	目标污染物	适用性	成本	成熟度	可靠性	二次污染和破坏
自然衰减+监测技术	利用地表水体的自净、污染物的自然恢复等能力，实现地表水生态环境的修复和恢复，同时对地表水、沉积物等生物进行定期监测和监控	—	适用范围较窄，一般仅适用于污染程度较低、污染物自然衰减能力较强的区域，且不适用于对地表水生态环境恢复时间要求较短的情况	主要为地表水、沉积物和水生生物监测产生的费用，成本较低	作为一种有效的方法在世界范围内得到应用	取决于污染程度、污染物自然衰减能力以及生态系统自我修复能力	一般不会对水生态产生二次污染和破坏

参考文献

[1] GB/T 39792.2—2020. 生态环境损害鉴定评估技术指南 环境要素 第2部分：地表水和沉积物 [S].

第 *6* 章

淡水生态环境损害鉴定评估
管理办法相关咨询报告

6.1　背景

　　淡水生态环境损害鉴定评估相关管理办法咨询报告是2016年科学技术部启动重点研发计划项目"生态环境损害鉴定评估业务化技术研究（2016YFC0503600）"课题1"淡水生态环境损害基线、因果关系及损害程度的判定技术方法"成果之一，是淡水生态环境损害鉴定评估技术指南的配套文件，共同构成一个完整的淡水生态环境损害鉴定评估技术体系。淡水生态环境损害鉴定评估相关管理办法咨询报告主要包括《淡水生态环境损害调查管理办法》《淡水生态环境损害赔偿磋商管理办法》《淡水生态环境损害修复评估管理办法》和《淡水生态环境损害赔偿信息公开办法》4部分。

　　本报告适用于因污染环境或破坏生态导致的涉及淡水生态环境损害鉴定评估。其他类型的生态环境损害鉴定评估可参照本报告执行。

　　本报告不适用于核与辐射所导致的涉及淡水生态环境损害鉴定评估。

6.2　内容简介

6.2.1　《淡水生态环境损害调查管理办法》简介

　　（1）理顺调查管理体制　淡水生态环境损害赔偿调查有别于以往的行政案件的调查，有必要就其管理体制进行重点规范。为此，该办法以中共中央办公厅、国务院办公厅印发的《生态环境损害赔偿制度改革方案》（中办发〔2017〕68号）规定的适用范围为基础，细化了调查的适用情形；明确调查职责分工，实行分级分类管理，各部门及相关管委会，根据职责，分工负责组织各自领域内淡水生态环境损害的调查工作。此外，针对突发水生态环境事件设定了应急处置优先的原则。

（2）规范调查内容及方式　调查的内容与方式是淡水生态环境损害调查工作的核心问题。一是明确了调查内容与方式，同时规定其他执法过程中获得的有关淡水生态环境损害事件的材料可以作为淡水生态环境损害调查的证据。二是规范鉴定评估委托工作，调查机关认为需要开展淡水生态环境损害鉴定评估的，可以委托具有相应资质或能力的鉴定评估机构开展鉴定评估，特定情形下可以采取委托专家评估的方式出具专家意见。三是明确了鉴定评估的内容，强调了鉴定评估机构及人员应当对出具的鉴定评估报告负责。

（3）明确调查与索赔的衔接流程　淡水生态环境损害赔偿责任与行政责任、刑事责任的衔接。赔偿义务人承担淡水生态环境损害赔偿责任，不能免除法律、法规规定的相应行政责任和刑事责任，但同时，赔偿义务人积极主动配合磋商、落实淡水生态环境损害赔偿责任的，赔偿权利人代表可以将磋商及协议履行情况提供给司法机关和相关行政机关，供其在刑事处罚和行政处罚时予以考虑。

6.2.2 《淡水生态环境损害赔偿磋商管理办法》简介

（1）明确磋商组织模式　淡水生态环境损害赔偿磋商同以往的环境执法活动不尽相同，有必要对其组织模式进行规范。为此，该办法做了以下规定：一是对淡水生态环境损害赔偿磋商进行了界定，明确了磋商应当遵守依法、自愿、公平的原则；二是规定了磋商主体，明确赔偿权利人可指定相关部门或机构作为赔偿权利人代表，负责职责范围内的淡水生态环境损害赔偿具体工作，与赔偿义务人开展磋商；三是确立了磋商的两种组织方式，即自行组织磋商或委托符合条件的第三方机构组织磋商。

（2）细化磋商程序　该办法对磋商程序进行了细化：一是对磋商次数进行了限制，磋商原则上不应超过三次；二是规定了磋商不成的情形，赔偿义务人拒绝磋商等四种情形下，可视为磋商不成，应及时向人民法院提起淡水生态环境损害赔偿诉讼。

（3）规范磋商协议　规范、严谨的磋商协议有助于后续修复等工作的顺利推进。为此，该办法明确了磋商内容，赔偿权利人代表就损害事实和程度、修复启动时间和期限、赔偿的责任承担方式和期限等具体问题与赔偿义务人进行磋商。同时，该办法明确，淡水生态环境损害赔偿协议可经由司法确认程序赋予强制执行力。

6.2.3 《淡水生态环境损害修复评估管理办法》简介

（1）明确修复责任人及类型　该办法明确了淡水生态环境损害赔偿协议或判决确定的赔偿义务人是淡水生态环境损害修复的责任人；修复类型包括自行修复与替代修复两类。

（2）规范修复方案编制及落实工作　修复方案是修复工作的核心，应予以重点规范。为此，该办法规定了以下内容：一是规定了修复方案的编制主体、内容及要求；二是明确了修复的实施方式，修复施工应严格按照修复方案进行，确保工程质量和施工安全，赔偿义务人应做好修复施工过程的全面管理。同时，修复施工应当全过程管理。

（3）确立修复效果评估制度　修复效果评估工作可以确保修复得以全面有效落实。为此，该办法规定了以下内容：一是组织修复效果后评估，修复完成后，赔偿义务人应通报赔偿权利人代表，由赔偿权利人代表组织开展修复效果评估。二是评估结果的落实，根据是否达到淡水生态环境修复目标，该办法规定了不同的处理模式，并将赔偿义务人不履行或不完全履行义务的情况纳入社会信用体系。

6.2.4 《淡水生态环境损害赔偿信息公开办法》简介

（1）明确了淡水生态环境损害赔偿信息公开基本模式　淡水生态环境损害赔偿信息公开管理应以现行环境行政管理为基础，与现行信息公开机制相契合。为此，该办法规定了以下内容：一是确立了淡水生态环境损害赔偿信息公开公正、公平、合法、便民的原则；二是明确了淡水生态环境损害赔偿信息公开的职责分工，规定由赔偿权利人代表负责其行政管理职能范围内的淡水生态环境损害赔偿信息公开的具体工作。

（2）规定了淡水生态环境损害赔偿信息公开的具体方式　淡水生态环境损害赔偿信息公开也需分别予以规定。对此，该办法一是明确了信息公开的方式和渠道，赔偿权利人代表应当在淡水生态环境损害赔偿工作结束后及时通过政府公报、政府网站、微信、微博等方式进行公开；二是明确信息公开应保障合法利益。

（3）确立了淡水生态环境损害赔偿信息监督管理机制　淡水生态环境损害赔偿信息公开需确立监督管理机制。对此，该办法规定了以下内容：一是就信息保存、归档事宜做出规定，明确赔偿权利人代表负责淡水生态环境损害赔偿信息的保存与归档工作；二是确立了淡水生态环境损害赔偿信息公开行政监督机制，对相关部门或机构的违规行为视情节轻重追究责任人责任。

参考文献

[1] 上海市生态环境损害赔偿制度改革实施方案［OL］.

[2] 上海市生态环境局, 上海市司法局, 上海市规划和自然资源局, 上海市农业农村委员会, 上海市水务局, 上海市绿化和市容管理局. 关于印发《上海市生态环境损害调查管理办法》《上海市生态环境损害赔偿磋商管理办法》《上海市生态环境损害修复评估管理办法》《上海市生态环境损害赔偿信息公开办法》的函［OL］.

[3] 龙岩市生态环境局, 龙岩市自然资源局, 龙岩市住房和城乡建设局, 龙岩市农业农村局, 龙岩市林业局. 关于印发《龙岩市生态环境损害赔偿调查启动管理办法（试行）》的通知［OL］.

[4] 三明市生态环境局. 三明市生态环境损害赔偿调查启动管理办法（试行）［OL］.

[5] 泉州市生态环境局, 自然资源局, 城市管理局, 农业农村局, 林业局, 水利局, 海洋与渔业局. 关于印发泉州市生态环境损害赔偿调查启动管理规定（试行）的通知［OL］.

[6] 湖南省生态环境厅, 湖南省高级人民法院, 湖南省人民检察院, 湖南省司法厅, 湖南省财政厅, 湖南省自然资源厅, 湖南省住房和城乡建设厅, 湖南省水利厅, 湖南省农业农村厅, 湖南省林业局, 国家税务总局湖南省税务局.湖南省生态环境厅等11部门关于印发《湖南省生态环境损害调查办法》等6个文件的通知［OL］.

附　　录

附录1　淡水生态环境损害调查管理办法

第一条　目的和依据

为规范淡水生态环境损害调查工作，根据《生态环境损害赔偿制度改革方案》（中办发〔2017〕68号）、《关于推进生态环境损害赔偿制度改革若干问题的具体意见》（环法规〔2020〕44号）、《生态环境损害鉴定评估技术指南　环境要素　第2部分：地表水和沉积物》（GB/T 39792.2—2020）等相关法律法规、国家标准的规定及文件要求，结合实际，特制定本办法。

第二条　基本原则

淡水生态环境损害调查应当坚持依法依规、科学合理、客观公正、及时全面的原则。

第三条　适用范围

适用于因污染环境或破坏生态导致的涉及淡水生态环境损害事件的调查工作。

淡水生态环境损害包括以下情形：

（一）发生较大及以上突发环境事件的；

（二）在国家和省级主体功能区规划中划定的重点生态功能区、禁止开发区发生水环境污染、水生态破坏事件的；

（三）生态保护红线范围内（水域范围）发生一般及以上突发环境事件的；

（四）违法排放污染物，造成生态环境严重损害，导致渔业水域及其他水资源等基本功能丧失或者其他严重后果的；

（五）其他生态环境严重损害行为或者赔偿权利人认为有必要进行淡水生态环境损害赔偿的。

历史遗留且责任主体不明确的淡水生态环境损害问题，由所在地人民政府纳入生态环境治理工作解决，不纳入本办法规定的生态环境损害调查范围。

第四条　职责分工

淡水生态环境损害调查实行分级分类管理。

各省、自治区及直辖市生态环境主管部门统一协调生态环境损害赔偿相关工作。设区的市级生态环境、规划资源、水务、农业农村、绿化市容等部门，以及其他负有管理职责的行政机关等（以下简称"调查机关"），根据职责，分工负责组织各自领域内生态环境损害的调查工作。涉及多个部门职责的，相关部门可以联合进行调查。

下列生态环境损害，由省、自治区、直辖市相关部门、机构组织开展调查：

（一）跨行政区的淡水生态环境损害；

（二）省、自治区、直辖市相关部门作为责任主体的生态保护红线范围内的淡水生态环境损害；

（三）省、自治区、直辖市政府授权相关机构管理的特定区域内的淡水生态环境损害。

其他淡水生态环境损害调查工作由市级相关部门负责。

第五条　调查启动

发现涉嫌本办法第三条规定情形的案件，调查机关应当及时启动生态环境损害调查工作。

其他部门发现涉嫌本办法第三条规定情形的案件，应及时移送有管辖权的调查部门，调查部门应按规定启动调查工作，并及时告知移送部门。

检察机关发现涉嫌本办法第三条规定情形的案件，可通过提出检察建议等方式督促有管辖权的调查机关开展调查工作。

第六条　应急处置优先

发生突发水环境事件的，应当根据国家和省市相关的突发事件应急管理制度进行应急处置。应急处置完成后，符合调查工作启动条件的，依照本办法启动淡水生态环境损害调查工作。

第七条　调查内容

调查机关应围绕淡水生态环境损害是否存在、受损范围、受损程度等开展调查工作。

调查过程中，调查机关应当通过现场检查、踏勘等方式收集相关证据材料；调查机关有权向有关单位和个人了解案件事实情况，并要求提供相关材料，相关单位和个人应当积极配合。

负有相关水环境资源保护监督管理职责的部门或者其委托的机构在行政执法过程中形成的勘验笔录或询问笔录、调查报告、行政处理决定、检测或监测报告、鉴定评估报告、生效法律文书等资料可以作为索赔的证明材料。

第八条　鉴定评估的委托

调查过程中，调查机关认为需要开展淡水生态环境损害鉴定评估的，可以根据相关规定委托具有相应资质或能力的鉴定评估机构进行鉴定评估。调查机关可以自行委托，或者与赔偿义务人协商共同委托鉴定评估机构。

对于损害事实简单、责任认定无争议、损害较小的案件，可以采用委托专家评估的方式，出具专家意见。也可以根据与案件相关的法律文书、监测报告等资料综合做出认定。

第九条　鉴定评估机构管理

鉴定评估机构应当根据委托协议的要求，出具鉴定意见或评估报告。

淡水生态环境损害鉴定评估的主要内容包括：生态环境损害判定、因果关系分析、损害实物量化、修复方案制定及损害价值量化等。

鉴定评估应符合国家及省市相关技术规范和标准。鉴定评估机构、人员应当对出具的报告和意见负责。

第十条　调查报告

调查结束后，应当形成淡水生态环境损害调查报告。调查报告应当包括以下内容：

（一）事件的基本情况；

（二）淡水生态环境损害的程度和影响范围；

（三）事件责任主体和淡水生态环境损害量化结果；

（四）调查结论和淡水生态环境修复建议。

第十一条　提出索赔意见

调查机关应当根据调查结论，及时提出索赔意见，并向省或设区的市级人民政府（以下称"赔偿权利人"）报告；属于其他部门职责的，赔偿权利人可以指定相关部门作为赔偿权利人代表。

对于未及时启动索赔的，赔偿权利人应要求具体开展索赔工作的部门或机构及时启动索赔。

赔偿权利人代表应当结合调查报告及相关鉴定评估或专家意见情况，向赔偿义务人提出索赔。索赔期间需要补充调查的，由赔偿权利人代表按照本办法组织实施。

第十二条　责任追究

调查相关部门及其工作人员在事件调查过程中有下列行为之一的，依法追究相关责任，构成犯罪的，依法追究刑事责任：

（一）在调查过程中存在弄虚作假致使调查结果失实的，或在调查淡水生态环境损害事件中指使篡改、伪造监测数据及其他相关调查资料的；

（二）在履职过程中发现淡水生态环境损害事件未及时报告，致使损害扩大、造成不良社会影响的。

鉴定评估机构及其从业人员、相关专家在鉴定评估工作中存在隐瞒情况、弄虚作假等行为，致使鉴定评估结论失实或鉴定评估结论错误的，相关管理部门应依法追究鉴定评估机构及相关个人责任。

第十三条　施行日期

本办法自202×年×月×日起施行。

附录2 生态环境损害赔偿磋商管理办法

第一条　目的和依据

为规范生态环境损害赔偿磋商工作，根据《生态环境损害赔偿制度改革方案》（中办发〔2017〕68号）、《关于推进生态环境损害赔偿制度改革若干问题的具体意见》（环法规〔2020〕44号）等相关法律法规的规定及文件要求，结合实际，特制定本办法。

第二条　定义

本办法所称的淡水生态环境损害赔偿磋商，是指淡水生态环境损害发生后，经调查发现需要追究淡水生态环境损害赔偿责任的，赔偿权利人及其指定的部门或机构与赔偿义务人就淡水生态环境损害赔偿有关事宜进行协商的活动。

第三条　基本原则

淡水生态环境损害赔偿磋商应当遵守依法、自愿、公平的原则，磋商结果应当有利于保护淡水生态环境。

第四条　磋商主体

省、市人民政府是本行政区域范围内淡水生态环境损害赔偿权利人。

违反法律法规造成淡水生态环境损害，应当承担淡水生态环境损害赔偿责任的单位或个人，是赔偿义务人。

赔偿权利人可以指定相关部门或机构作为赔偿权利人代表，负责职责范围内的淡水生态环境损害赔偿具体工作，与赔偿义务人开展磋商。

第五条　磋商组织

赔偿权利人代表可以自行组织磋商，或按照相关规定委托符合条件的第三方机构组织磋商。

与淡水生态环境损害赔偿有利害关系的单位或个人，可以作为第三人参加磋商。

磋商组织者可以邀请淡水生态环境损害发生地街道、镇及以上人民政府、相关管理部门、相关领域专家、司法行政机关、检察机关等参与磋商。

第六条　前期准备

淡水生态环境损害赔偿磋商应当具备以下条件：

（一）完成淡水生态环境损害调查；

（二）确定淡水生态环境损害赔偿义务人；

（三）法律、法规等规定的其他条件。

在正式启动磋商前，赔偿权利人代表应形成初步磋商方案。磋商方案应包括：磋商方式和流程、磋商参与人、损害事实、责任承担方式和期限等，需要修复的，还应包括修复目标、修复启动时间和期限等具体问题。

第七条　启动磋商

淡水生态环境损害赔偿权利人代表在磋商会议举行前，向赔偿义务人送达淡水生态环境损害赔偿磋商告知书。告知书应当包括以下内容：

（一）淡水生态环境损害赔偿义务人名称（姓名）、住所地（地址）；

（二）淡水生态环境损害赔偿事由；

（三）淡水生态环境损害赔偿调查情况；

（四）磋商会议的时间、地点；

（五）其他必要事项。

赔偿义务人同意进行磋商的，应在规定的时间内告知赔偿权利人代表。赔偿权利人代表应及时组织召开磋商会议。

第八条　召开磋商会议

磋商会议由赔偿权利人代表或受委托的第三方机构主持。

赔偿权利人代表应当根据淡水生态环境损害调查结论、鉴定评估报告或专家意见，综合考虑淡水生态环境损害影响程度、修复方案可行性、赔偿义务人赔偿能力等情况，就修复启动时间和期限、赔偿的责任承担方式等具体问题与赔偿义务人进行磋商。

磋商达成一致的，赔偿权利人代表与赔偿义务人签订淡水生态环境损害赔偿协议。

第九条　协议内容

淡水生态环境损害赔偿协议应当包括下列内容：

（一）协议双方名称、地址等基本信息；

（二）淡水生态环境损害事实、赔偿理由、法律依据；

（三）协议双方对鉴定评估结论、修复方案的意见；

（四）履行淡水生态环境损害赔偿责任的方式、期限；

（五）淡水生态环境损害修复效果的评估事宜；

（六）违约责任的承担；

（七）争议的解决途径、不可抗力因素的处理及其他事项；

（八）双方认为有必要明确的其他内容。

第十条　司法确认

经磋商达成赔偿协议的，赔偿权利人代表和赔偿义务人可以向人民法院申请司法确认。

申请司法确认时，应当提交司法确认申请书、赔偿协议、鉴定评估报告或专家意见等材料。

经人民法院依法确认的淡水生态环境损害赔偿协议，赔偿义务人不履行或不完全履行的，赔偿权利人代表可以向人民法院申请强制执行。

第十一条　磋商不成

有下列情形之一的，可视为磋商不成：

（一）赔偿义务人明确表示拒绝磋商或未在磋商函件规定时间内提交答复意见的；

（二）赔偿义务人无故不参与磋商会议或退出磋商会议的；

（三）已召开磋商会议3次，赔偿权利人代表认为磋商难以达成一致的；

（四）赔偿权利人代表认为磋商不成的其他情形。

上述情形发生后，应及时向人民法院提起淡水生态环境损害赔偿诉讼。

第十二条　公众参与

磋商组织者可以积极创新公众参与方式，邀请利益相关的公民、法人、其他组织参加磋商工作，接受公众监督。

第十三条　赔偿义务人责任

赔偿义务人应当如实提供相关材料，主动积极配合赔偿权利人代表进行磋商。不得非法干预、提供虚假材料影响淡水生态环境损害赔偿磋商。

第十四条　赔偿权利人责任

赔偿权利人及其指定的部门或机构的工作人员在磋商过程中存在滥用职权、玩忽职守、徇私舞弊等违法违纪行为的，依法依规追究相应责任。

第十五条　责任衔接

赔偿义务人积极主动配合磋商、落实淡水生态环境损害赔偿责任的，赔偿权利人代表可以将磋商及协议履行情况提供给相关行政机关，在做出行政处罚裁量时予以考虑，或提交司法机关，供其在案件审理时参考。

第十六条　施行日期

本办法自202×年×月×日起施行。

附录3　淡水生态环境损害修复评估管理办法

第一条　目的和依据

为规范淡水生态环境损害修复行为，确保受损害的生态环境得到及时有效修复，根据《生态环境损害赔偿制度改革方案》（中办发〔2017〕68号）、《关于推进生态环境损害赔偿制度改革若干问题的具体意见》（环法规〔2020〕44号）等文件要求，结合实际，特制定本办法。

第二条　定义

本办法所称淡水生态环境损害修复，是指淡水生态环境损害发生后，采取各项必要的、合理的措施将淡水生态环境及其生态系统服务恢复至基线水平，同时补偿淡水生态环境损害恢复至基线水平期间服务功能的活动。

第三条　适用范围

本办法适用于赔偿权利人及其指定部门或机构（以下简称"赔偿权利人代表"）对淡水生态环境损害修复及效果评估的监督管理活动。

第四条　基本原则

淡水生态环境损害修复评估遵循客观公正、科学合理、全过程监督的原则。

第五条　职责分工

省级生态环境、规划资源、水务、农业农村、绿化市容等部门，根据赔偿权利人的指定，作为赔偿权利人代表，分工负责组织开展各自领域内淡水生态环境损害修复监督工作。

第六条　修复类型及修复责任人

淡水生态环境损害赔偿协议或判决确定的赔偿义务人是淡水生态环境损害修复的责任人。

淡水生态环境损害修复类型包括以下内容。

（一）自行修复。赔偿义务人根据赔偿协议或判决要求，组织开展淡水生态环境损害修复。赔偿义务人无能力开展修复的，可以委托具备修复能力的社会第三方机构进行修复。

（二）替代修复。赔偿义务人造成的淡水生态环境损害无法修复的，实施替代修复。替代修复按照国家和本市有关规定实施。

第七条　修复方案

修复方案应当以鉴定评估报告或专家意见为基础，并符合淡水生态环境损害赔偿协议或判决要求。

淡水生态环境修复方案应包括修复的环境要素、修复范围、修复目标及标准、技术方案、修复进度等。淡水生态环境修复方案应兼顾有效性、合法性、技术可行性、公众可接受性、环境安全性和可持续性，并提供数据来源与依据。

第八条　修复实施

修复应当严格按照修复方案进行，确保工程质量和施工安全，全面落实修复施工过程中的淡水生态环境损害保护措施，防止发生次生生态环境问题。

赔偿义务人要做好修复施工过程的全面管理，可以委托专业监理单位进行施工监理。

第九条　全过程管理

修复责任人应当建立施工台账，实施全过程管理。施工台账应当包括：修复实施过程的记录文件（如污染水体底泥和岸滩等清挖和运输记录等）、修复设施运行记录、二次污染物排放监测记录、修复工程竣工记录等相关资料。

第十条　修复效果评估

修复完成后，赔偿义务人应当通报赔偿权利人代表。赔偿权利人代表应及时组织相关部门开展修复效果评估，确保淡水生态环境得到及时有效修复。

修复效果评估可以采取委托第三方机构、专家论证等方式实施。评估费用由赔偿义务人承担。

第十一条　评估结果落实

经修复效果评估认定达到淡水生态环境修复目标的，修复效果评估报告应当报赔偿权利人代表备案存档。

评估认定未达到淡水生态环境修复目标的，赔偿义务人应当按照修复方案确定的目标继续修复。

第十二条　信息公开

淡水生态环境损害修复效果信息应及时向社会公开，接受公众监督。

第十三条　赔偿义务人责任

修复义务履行情况纳入社会信用体系。赔偿义务人不履行或不完全履行修复义务的，赔偿权利人代表应当依法申请人民法院强制执行。

赔偿义务人因施工故意延期、施工质量问题、施工导致次生环境问题等造成不良影响的，依法依规追究相关责任。

第十四条　赔偿权利人代表责任

赔偿权利人代表的负责人和工作人员在淡水生态环境损害修复过程中滥用职权、玩忽职守、徇私舞弊的，依法追究相应责任。

第十五条　施行日期

本办法自202×年×月×日起施行。

附录4　淡水生态环境损害赔偿信息公开办法

第一条　目的和依据

为保障公众获取淡水生态环境损害赔偿信息和监督淡水生态环境损害赔偿活动的权利，促进淡水生态环境损害赔偿信息公开工作依法开展，根据《生态环境损害赔偿制度改革方案》（中办发〔2017〕68号）、《关于推进生态环境损害赔偿制度改革若干问题的具体意见》（环法规〔2020〕44号）等文件要求以及有关法律法规的规定，结合实际，特制定本办法。

第二条　基本原则

淡水生态环境损害赔偿信息公开工作遵循公正、公平、合法、便民的原则。

公民、法人和其他组织使用淡水生态环境损害赔偿信息，不得损害国家利益、公共利益和他人的合法权益。

第三条　职责分工

赔偿权利人代表负责其行政管理职能范围内的淡水生态环境损害赔偿信息公开的具体工作。多部门或机构共同开展工作的，由工作牵头部门或机构负责淡水生态环境损害赔偿信息公开的具体工作。

第四条　公众参与

赔偿权利人代表可以邀请专家和利益相关的公民、法人、其他组织参与到淡水生态环境修复或赔偿磋商等工作中。

第五条　信息公开内容

赔偿权利人代表应当建立健全淡水生态环境损害赔偿信息发布机制，公开下列信息：

（一）淡水生态环境损害调查结论；

（二）淡水生态环境损害赔偿磋商、诉讼结果；

（三）淡水生态环境修复效果评估结果。

实施替代修复的，还应当根据相关规定公开淡水生态环境损害赔偿资金使用情况。

第六条　信息公开方式

赔偿权利人代表应当在淡水生态环境损害赔偿工作结束后及时公开本办法第五条所列信息。

赔偿权利人代表可以通过政府公报、政府网站、微信、微博或者其他互联网政务媒体、新闻发布会以及报刊、广播、电视等方式进行公开。

第七条　合法利益保障

淡水生态环境损害赔偿信息公开不得危及国家安全、公共安全、经济安全和社会稳定；涉及商业秘密或个人隐私等第三方合法权益的，应事先征得第三方同意。

第八条　信息保存、归档

赔偿权利人代表负责淡水生态环境损害赔偿信息的保存与归档工作。

第九条　责任追究

赔偿权利人代表有下列情形之一的，视情节轻重，依法依规追究相应责任：

（一）不按规定履行淡水生态环境损害赔偿信息公开职能的；

（二）公开内容不真实、弄虚作假，造成严重影响的；

（三）违反法律、法规，泄露国家秘密的；

（四）其他违反法律法规规定的。

第十条　施行日期

本办法自202×年×月×日起施行。

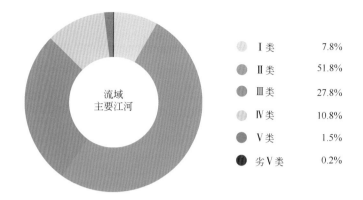

图 1.6　2020 年全国流域总体水质状况

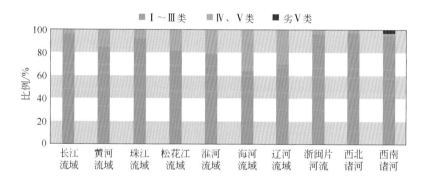

图 1.7　2020 年七大流域和浙闽片河流、西北诸河、西南诸河水质状况

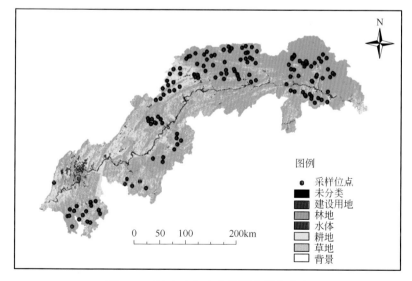

图 2.3　三峡水库入库支流调查样点分布

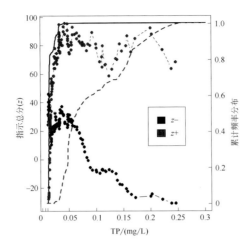

图 2.7 TITAN 附石硅藻物种负响应种指示总分和正响应种指示

总分对候选 TP 突变点的响应曲线点虚线代表负响应种（黑色）或正响应种（红色）的响应曲线；
线 - 虚线代表自举抽样突变点的累积频率分布

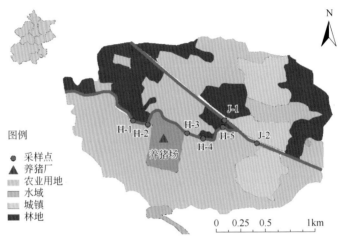

图 3.16 环境水样采集点分布图

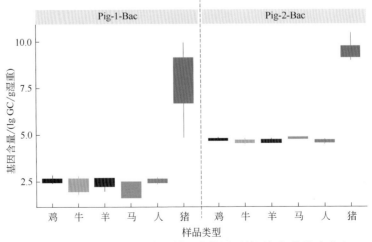

图 3.17 定量方法在所有粪便样品中检测到基因标记的浓度分布

每个箱线图显示每种宿主粪便样品中检测到的基因标记浓度的中位数以及上、下四分位数。

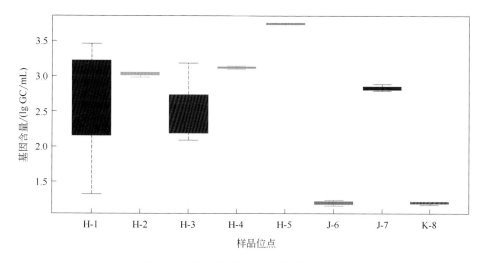

图 3.19　第一次环境基因标记浓度分布

每个箱线图显示了每个采样点水样中检测到的基因标记浓度的中位数以及上、下四分位数。

不同颜色代表不同的采样点

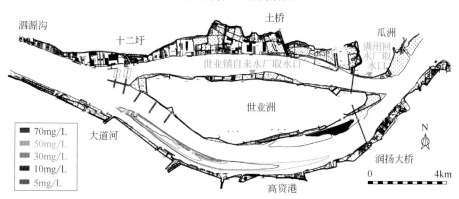

图 4.4　世业洲水道疏浚区域悬浮泥沙增量浓度包络线

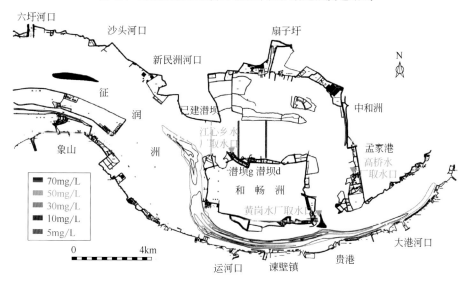

图 4.5　和畅洲水道切滩、疏浚区域悬浮泥沙增量浓度包络线

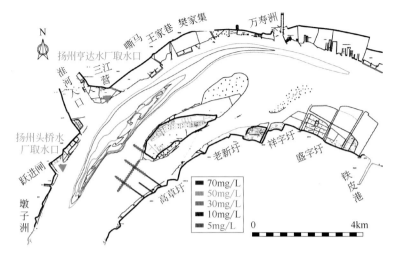

图 4.6　口岸直水道疏浚区域悬浮泥沙增量浓度包络线

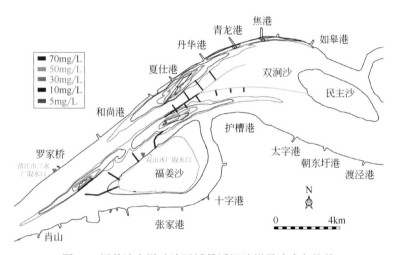

图 4.7　福姜沙水道疏浚区域悬浮泥沙增量浓度包络线

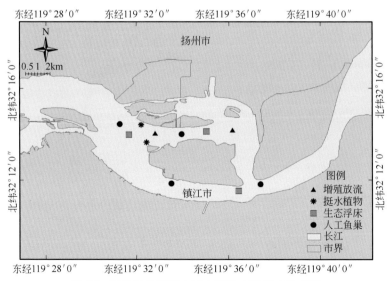

图 4.8　保护区及邻近水域主要生态修复方位示意